"十二五"国家科技支撑计划课题"传统村落基础设施完善与使用功能拓展关键技术研究与示范"（编号：2014BAL06B02）阶段性成果

· 中国传统村落及其民居保护与文化地理研究文库 ·

肖大威　主编

传统村落基础设施特征与评价研究

魏 成　等著

U0222761

中国建筑工业出版社

中国城市出版社

审图号GS（2017）2525号

图书在版编目（CIP）数据

传统村落基础设施特征与评价研究／魏成等著．—北京：中国城市出版社，2016.8

（中国传统村落及其民居保护与文化地理研究文库／肖大威主编）

ISBN 978-7-5074-3087-5

Ⅰ．①传…　Ⅱ．①魏…　Ⅲ．①村落－基础设施建设－乡村规划－中国　Ⅳ．①TU982.29

中国版本图书馆CIP数据核字（2016）第219021号

　　本书从分析传统村落基础设施的"适应性"、"生态性"以及"地域性"三个基本特征入手，以2555个（前三批）中国传统村落为基础，在构建传统村落基础设施特征区划的基础上，系统地梳理了各分区传统村落基础设施的典型特征，并对传统村落基础设施进行综合评价，最后结合传统村落基础设施的基本特征，对传统村落基础设施的保护提出了针对性的思考，以期丰富与深化传统村落保护的既有研究。

责任编辑：付　娇　兰丽婷
责任校对：李欣慰　李美娜

中国传统村落及其民居保护与文化地理研究文库
肖大威　主编
传统村落基础设施特征与评价研究
魏　成　等著
＊
中国建筑工业出版社
中国城市出版社　出版、发行（北京海淀三里河路9号）
各地新华书店、建筑书店经销
北京锋尚制版有限公司制版
北京顺诚彩色印刷有限公司印刷
＊
开本：787×1092毫米　1/16　印张：20¾　字数：450千字
2017年8月第一版　2017年8月第一次印刷
定价：**128.00**元
ISBN 978 – 7 – 5074 – 3087 – 5
（904026）

序

中国的人居文化源远流长，最早可追溯到农耕文化时代，以家族为基础的居住群组产生，并延续至今。星罗棋布、量大面广的传统村落可以说是最能反映中国农耕历史的物质风貌，蕴涵了丰富的历史文化信息，具有很高的历史、文化、科学、艺术、社会和经济价值。传统村落及其基础设施体现了先民与自然和谐共存的生态智慧，是中华民族的宝贵遗产，也是地域文化、建筑艺术、建设科技的载体和活化石。

近百年来，由于文化理念和建设变迁的原因，全国300多万个村落到今天能够称得上是传统村落（含未报认定）的，可能不足15000个，而且有迅速灭失之趋。据相关单位研究的数据显示，中国平均每天消亡1.6个传统村落，这给传统村落的保护与传承带来了严峻的挑战。中国在历经三十多年的经济高速增长后，如今则是该保护传统村落（是全世界最大的一批历史文化遗产）的时候了。可喜的是，近年来，国家开始重视对传统村落的保护。住房城乡建设部、文物局等部门组织了传统村落的普查与认定工作，并逐年给予抢救保护工作的财政补助。自2014~2016年分四批认定公布了4157个中国传统村落，这对传统村落的保护起到了重要的推动作用。尽管认定公布的传统村落分布非常不均衡，多是根据各地上报而选定的，从而造成上报积极性高的地区获批者众多，而上报积极性弱的地区获批者少的局面。但随着对传统村落保护工作的深入和保护理念的推广，必将会有更多的传统村落出现在世人的视野里。

对相关古村落的研究早在20世纪伴随着建筑历史的研究就有所涉及，其中较多的研究是伴随着民居研究而展开，作为民居研究的陪衬。在有关民居的研究中，基本都会探索典型村落的布局、风貌特征及某些作为文化景观特征存在的村落基础设施，如排水系统等。21世纪以来，对传统村落的保护无论是理论还是实践都在迅速增加，但由于理念和经济等多种原因，对传统村落的基础设施的研究却严重不足。许多具有较高历史、文化、科技价值的基础设施被忽视或破坏，这也影响了对传统村落的系统性保护。

基础设施是传统村落存续与村民生活的重要保障，是传统村落的有机组成部分，其合理的利用是传统村落保护的一个重要方面。它与传统村落共存亡，是传统人居生活的物质载体。传统村落的基础设施主要包括道路交通、给水排水、能源、通信、环境卫生及防灾减灾等六个系统。有别于城镇和一般的村落，传统村落的基础设施除了作为物质性载体功能并受地理环境及气候条件等因素的约束外，还具有丰富的历史文化价值与地域特色，尤其是传统村落的道路交通、给水排水及防灾减灾设施，均与自然环境及地域文化等关系紧密。如部分传统村落的道路多连接着山水古道（盐道、茶道等），其铺设均采用透水材料并有其特殊的尺度（走马或挑担的尺度等）。

同时，中国传统村落分布广阔，不同的气候条件、地理区位、地貌环境、水文地质等因素都会对传统村落的形成和演变产生重大的影响，也会对传统村落的基础设施产生极大的约束。平原、山地、高原、水乡等地理环境与湿润、干旱、寒冷、温暖等气候特点成为决定传统村落形态和基础设施的基础。因此，传统村落基础设施主要体现了较强的地理环境"适应性"、"生态性"以及"地域性"的特征，以应对诸如暴风骤雨、山洪泥流、高温湿热、干旱骤冷等气候环境的剧烈变化与自然灾害的不利影响。

研究传统村落基础设施的目的在于在保护与发展中了解其基础设施的特性，不可因视而不见而使其遭受破坏。同时应加以利用，起到在利用中进行保护的作用。传统村落中的基础设施有其生态适应性的智慧和优势，尤其是许多独特的形式是人类文明的象征，具有极高的历史文化价值，甚至是孤例，值得保护。在传统村落的保护与发展实践中，传统村落的基础设施面临的问题主要集中在两个层面：其一是"持续性的衰败"。多数传统村落的基础设施已相对薄弱，基础设施的可持续供给缺乏。生产生活方式的转变及人员外出打工造成的村落"空心化"，使得传统村落基础设施的相关营建与维护技艺在传承上出现"断层"，其原有的基础设施通常缺乏日常使用与维护更新，造成物质的老化与功能的衰退，影响了人居环境质量和村民的正常生活；其二是"建设性的破坏"。即使在当前保护传统村落的热情下，受部门主导不力、民众参与不足、保护力量薄弱、地方保护意识淡薄以及"商业化"开发等相关条件的制约，传统村落基础设施建设仍常常面临"建设性破坏"的威胁。新建或改造的基础设施有时直接取代传统基础设施，并多数与传统村落的原有风貌格局格格不入，这为传统村落的保护与传承带来了极大的挑战。

　　本书的撰写基于"十二五"国家科技支撑计划重大课题"传统村落基础设施完善与使用功能拓展关键技术研究与示范"（编号：2014BAL06B02），主要是对传统村落的基础设施进行研究，对于推动传统村落的保护与传承具有较强的指导意义。自2014年课题启动与开展以来，笔者分别对北方地区（山西、陕西、河北、山东）、南方地区（广东、广西、浙江、福建）、中部地区（安徽、江西、湖南）以及西部地区（四川、重庆、贵州、云南）等地的部分传统村落及其基础设施进行了普查与调查，收集了大量的第一手资料，为本书的撰写提供了重要的资料支撑。同时，本书的撰写也参考并梳理了大量的既有保护文献与地方史志材料。

　　本书从分析传统村落基础设施的"适应性"、"生态性"以及"地域性"三个基本特征入手，以2555个（前三批）中国传统村落为基础，在构建传统村落基础设施特征区划的基础上，系统地梳理了各分区传统村落基础设施的典型特征，并对传统村落基础设施进行综合评价，最后结合传统村落基础设施的基本特征，对传统村落基础设施的保护提出了针对性的思考，以期丰富与深化传统村落保护的既有研究。本书各章节的主要分工为第一章：李骁、肖大威、魏成，第二章：魏成、王璐、苗凯，第三章：王璐、魏成，第四章：邓海萍、魏成、魏明娟，第五章：韦灵琛、魏成，第六章：张世君、苗凯、袁文清、魏成，第七章：苗凯、黄铎、魏成，第八章：肖大威、魏成、王璐、张俊。

　　在本书撰写过程中，得到了很多老师和朋友的大力帮助。感谢"十二五"国家科技支撑计划"传统村落保护规划和技术传承关键技术研究"的项目组织单位，以及中国建筑设计（集团）城镇规划设计研究院副总规划师、《小城镇建设》执行主编陈继军先生，为我们提供了很好的课题组织协调与指导建议；感谢华南理工大学亚热带建筑科学国家重点实验室为我们提供了优质的研究条件与技术支持；感谢中国建筑工业出版社（中国城市出版社）的大力支持与精心编排。由于时间紧促，笔者的能力有限，本书的错误与疏漏之处，谨请学术界同仁批评指正。

目录

01

传统村落基础设施研究概况与进展

- 传统村落基础设施概说及研究概况
- 传统村落基础设施地方营建经验的研究进展
- 传统村落基础设施问题的研究进展
- 小结

1.1 传统村落基础设施概说及研究概况

传统村落是指村落形成较早，拥有较丰富的传统文化资源，具有一定历史、文化、科学、艺术、社会及经济价值，应予以保护的村落。2012年9月，经传统村落保护和发展专家委员会第一次会议决定，将之前习惯称为的"古村落"改称为"传统村落"，以突出其文化价值及传承意义。传统村落是中华民族的宝贵遗产，体现着当地的传统文化、建筑艺术和聚落空间格局，反映了村落与周边自然环境的和谐关系。尽管在悠久灿烂的农耕文化的影响下，中国积累了为数众多的具有一定地域文化价值的古村落，但在近三十年的快速城镇化的影响下，很多的古村落已经或者濒临消亡。中国村落文化研究中心提供的数据显示，颇具历史、民族、地域文化和建筑艺术研究价值的传统村落，在2004年的总数约为9707个，至2010年则仅剩余5709个，平均每年递减7.3%，每天消亡1.6个传统村落，这给传统村落的保护与传承带来了极大的挑战。

传统村落是中华优秀传统文化的重要载体，保护、抢救传统村落是延续中华文脉的重要工作，扭转传统村落衰败、消失之势，使它们得到积极的保护与发展，时不我待[1]。为更好地保护与抢救古村落，近年来，在历史文化村镇认定的基础上，住房和城乡建设部、文物局等国家部委开展了传统村落的普查认定与财政资金补助工作，自2012~2014年分三批共认定公布了2555个中国传统村落（图1-1和图1-2），云南省（502个）、贵州省（426个）最多，其次是浙江省（176个）、山西省（129个）、广东省（126个）、福建省（125个）、江西省（125个）及安徽省（111个）。南方地区传统村落分布较为密集。

我国对古村落的关注始于1980年代，真正重视古村落的保护与研究，则是1990年代的事（刘沛林，1997）[2]。先期开展的历史文化名城和历史街区的研究，对中国古村镇的保护具有重要的影响，对各类历史建筑古迹的保护，经历了从点（建筑）到面（街区、城市、村镇），从城市到乡村的逐步认识与发展过程（董艳芳等，2006）[3]，并逐渐建立起由"文物保护单位、历史文化街区、历史文化名城、历史文化名镇（名村）"组成的多层次遗产保护体系（赵勇，2008；魏成，2009）[4、5]。目前众多的与传统村落保护相关的研究文献主要集中在聚落形态、民居建筑、文化传承、旅游发展等方面，而对传统村落基础设施的研究则较为薄弱，针对传统村落基础设施的整体、系统的研究文献屈指可数。

基础设施作为传统村落存续与村民生活的物质性载体，为传统村落的保护与传承提供了重要的支撑体系与基础保障，其完善与协调与否是衡量传统村落保护与发展的重要标志。基础设施主要包括交通、给水排水、能源、通信、环卫及防灾等六大工程系统。有别于城

1　罗德胤. 抢救中国传统村落. 党政干部参考，2015，7：19-21.

2　刘沛林. 古村落：和谐的人居空间[M]. 上海：上海三联书店，1997：6.

3　董艳芳，杜白操，薛玉峰. 我国历史文化名镇（村）评选与保护[J]. 建筑学报，2006，5：12-14.

4　赵勇. 中国历史文化名镇名村保护理论与方法[M]. 北京：中国建筑工业出版社，2008：3.

5　魏成. 路在何方——"空巢"古村落保护的困境与策略性方向[J]. 南方建筑，2009，（4）：21-24.

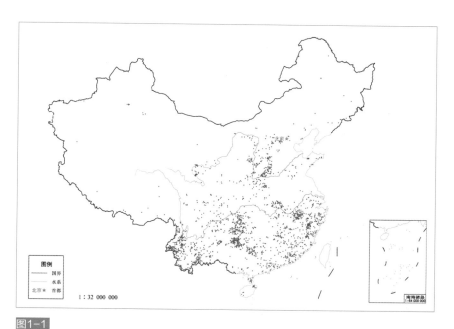

图1-1
中国传统村落的分布
（资料来源：笔者自绘）

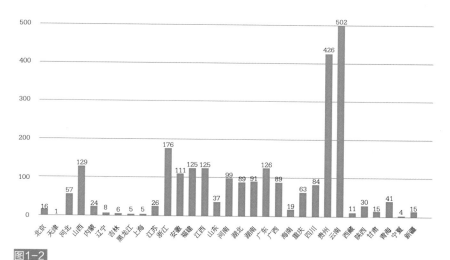

图1-2
中国传统村落各省市区数量分布（未包含台湾省）
（资料来源：笔者自绘）

镇与一般的农村聚落，传统村落的基础设施除了作为物质性载体的功能并受到地理环境及气候条件等因素的较大约束之外，还具有丰富的历史文化价值与地域特色，特别是传统村落的道路交通、给水排水以及防灾减灾等设施与自然地理环境以及地域文化等关系紧密，具有较强的"适应性"、"生态性"以及"地域性"特征。

　　我国村镇文化遗产的保护实践开始于20世纪80年代末，以同济大学阮仪三教授为代表开始对江南水乡古镇开展全面、深入的调查研究，逐个编制古镇保护规划。先期开展的历史文化名城和历史街区的研究，对中国传统聚落的保护具有重要的影响，对各类历史文化遗产的保护，经历了从点（建筑）到面（街区、城市、村镇），从城市到乡村的逐步认识与发展过程，并逐渐建立起从保护文保单位单一体系到以历史文化名城为重点的双层保护体系和以历史街区、历史文化村镇为重心的多层保护体系（赵勇等，2005）[1]。2002年修订的《中华人民共和国文物保护法》中第一次明确提出了历史文化村镇的概念，以法律的形式确立了名镇名村在我国遗产保护体系中的地位，从而使包括古民居在内的历史文化镇（村）成为我国遗产保护体系中的一个重要组成部分。2008年，《历史文化名城名镇名村保护条例》经国务院常务会议通过，正式颁布实施。以上法律法规的制定，在很大程度上促进了我国传统村落在环境修复整治、基础设施改造等方面的发展。

　　传统村镇的保护是近年来社会各界与学界所关注的热点，并主要集中在建筑学、城市规划、旅游地理与文化保护等领域。21世纪90年代至今关于传统村落基础设施的研究散布在保护文献中，主要涉及基础设施建设、道路交通、环境卫生、消防等问题。阮仪三等（1996）较早的探讨了江南水乡古镇的保护与规划问题，提出了保护古镇风貌、整治生态环境、提高旅游质量、改善居住环境的保护纲领[2]。刘沛林（1997）在探讨徽州古村落保护和开发时，建议改善公共基础设施建设，包括维修道路、增设路灯、增加公共绿地等[3]。吴晓勤等（2001）以皖南古村落为例，探讨了古村的保护方法，其中包括基础设施建设内容[4]。王景慧（2002）在探讨文化遗产保护的做法时，提出要对基础设施改造和建设，包括维修道路、增加排水设施等[5]。大多数保护文献在涉及基础设施的内容上均点到为止，没有深入研究。

　　直到21世纪初，由于保护与发展之间的平衡问题受到重视，基础设施作为村镇发展的一个重要因素开始受到关注。相关的研究文献多数集中在地方营建经验、存在问题以及改善措施等方面，涉及了建筑学、城市规划、旅游地理、文化保护等多门学科，但文献分布较散，不成体系。针对传统村落基础设施整体系统研究的文献屈指可数，如李志新（2011）对沁河中游古村镇传统基础设施进行调研，并重点选取街巷交通系统、给水排水设施、安全防御体系为主要内容，总结构成元素、空间布置、建造工艺等的价值特色，针对具体问题探讨其保护与再利用模式[6]；王琨（2012）以梅州地区历史文化村落为例，通过对村落基础设施现状进行深入的调研，总结分析出历史文化村落基础设施现存的问题及其原因，并

1　赵勇，张捷，秦中. 我国历史文化村镇研究进展[J]. 城市规划学刊，2005，2：59-64.
2　阮仪三，黄海晨，程俐聪. 江南水乡古镇保护与规划[J]. 建筑学报，1996，9：22-25.
3　刘沛林. 徽州古村落的特点及其保护性开发[J]. 衡阳师专学报，1997，2：86-91.
4　吴晓勤，万国庆，陈安生. 皖南古村落与保护规划方法[J]. 安徽建筑，2001，8（3）：26-29.
5　王景慧. 论历史文化遗产保护的层次[J]. 规划师，2002，6：9-13.
6　李志新. 沁河中游古村镇基础设施调查研究[D]. 北京：北京交通大学，2011.

根据村落保护的不同层次，提出了相应的改善措施[1]。另外，大部分文献是针对某个子系统的研究，主要集中在给水排水系统、道路交通系统和防灾系统三个方面，并以具体的某一个地区展开。如贺为才（2006）对徽州城市村镇水系营建与管理的研究[2]，韦宝畏和许文芳（2010）探析了皖南古村落给水排水设计[3]，王巍（2006）对徽州传统聚落巷路的研究[4]，吕文文（2013）对历史文化名村小河村道路交通设施的研究[5]，邢烨炯（2007）以陕西韩城党家村为例分析了古村落的火灾隐患及防火对策[6]，张昊（2011）探讨了山区传统乡村聚落的地质灾害安全与防治体系[7]，郭靖和吴大华（2013）对侗寨民间防火规范的研究[8]等。

　　总体而言，我国对传统村落基础设施的理论研究才刚起步，大部分文章着眼于具体某一个地区或某一个系统，以挖掘其经济价值为导向，研究角度的技术性较强，但缺乏从传统村落保护层面上对传统村落基础设施的系统研究。

1.2　传统村落基础设施地方营建经验的研究进展

　　在村落营建过程中，其所处的地理环境、选址格局、聚落形态、建筑材料等都对基础设施的组织影响颇大，从而形成了一些具有较强的适应性、生态性、地域性的传统基础设施，尤其体现在给水排水、道路交通、综合防灾等方面，关于传统基础设施营造经验的文献研究也主要集中在这些方面。

　　我国自古就有丰富的理水经验，对给水排水经验的文献研究也较早，涉及建筑学、城乡规划学、历史学、景观学等领域。吴庆洲（1995）总结了中国古代城市水系功能、营造经验，并论述了城市水系与防洪、防灾的辩证关系[9]。20世纪90年代初，文化遗产保护研究开始切入到传统村镇，彭一刚（1994）[10]就针对传统聚落的景观与水系进行了分析。受不同气候条件和地理环境的影响形成了不同地域的给水排水经验，比如善于理水的徽州地区、满足不同高程灌溉的云南哈尼族梯田灌溉系统以及新疆吐鲁番地区为适应极旱地区特征而创造的一种古老地下水利工程——坎儿井等。传统聚落给水排水的研究文献也主要集中在这些地区，如贺为才（2006）[11]、陈旭东（2010）[12]等对徽州地区古村落水资源的人文内涵、利用方式及营建技

1　王琨. 历史文化村落基础设施改善措施研究[D]. 广州：华南理工大学，2012.

2　贺为才. 徽州城市村镇水系营建与管理研究[D]. 广州：华南理工大学，2006.

3　韦宝畏，许文芳. 皖南古村落给排水设计探析[J]. 资源环境，2010，2：80-81.

4　吕文文. 历史文化名村小河村道路交通基础设施普查及改善研究[D]. 北京交通大学. 2013.

5　王巍. 徽州传统聚落的巷路研究[D]. 合肥：合肥工业大学，2006.

6　邢烨炯. 古民居村落的消防对策研究——韩城党家村火灾隐患分析及防火对策研究[D]. 西安：西安建筑科技大学，2007.

7　张昊. 山区传统乡村聚落地质灾害安全与防治体系研究[D]. 北京：北京建筑大学，2014.

8　郭靖，吴大华. 侗寨民间防火规范研究[J]. 民间法，2013，12：379-388.

9　吴庆洲. 中国古代城市防洪研究[M]. 北京：中国建筑工业出版社，1995.

10　彭一刚. 传统村镇聚落景观分析[M]. 北京：中国建筑工业出版社，1994.

11　贺为才. 徽州城市村镇水系营建与管理研究[D]. 广州：华南理工大学，2006.

12　陈旭东. 徽州传统村落对水资源合理利用的分析与研究[D]. 合肥：合肥工业大学，2010.

艺等方面的归纳总结，其中尤其重视水口景观的营造；王磐（2011）[1]、王婷（2014）[2]等针对水口景观的构成要素、功能以及价值进行了分析；王清华（1999）[3]、史军超（2005）[4]阐述了云南红河哈尼族"村寨–梯田–江河"的聚落风貌，马岑晔（2009）[5]探析了梯田开垦和沟渠开凿的严谨的管理系统及奖惩制度；关东海等（2005）[6]、王毅萍等（2008）[7]、赵丽等（2009）[8]阐述了坎儿井的构成、价值，分析了其不断减少并面临消亡威胁的原因，并提出了一些保护措施。另外，也有一部分文献以具体某一个村为例阐述其给水排水经验。例如，朱晓明和高增元（2010）分析了山西米脂县杨家沟村的立体排水系统[9]；吴庆洲（2010）[10]、谭徐明等（2011）[11]对被称为"黔中都江堰"的贵州安顺鲍家屯村水利工程进行了研究，总结了其营造工艺以及功能价值；范任重（2011）[12]、宋文（2013）[13]总结了山西榆次后沟村为防止黄土被冲刷塌陷而建立的明走暗泄的排水系统；何飞斌（2013）[14]、刘世强（2014）[15]分析了在雨量充沛的福建培田村从引水到控水再到排水的一套较为完备的体系，等。

与城市防灾体系相比，乡村地区灾害多而频发。关于乡村地区的防灾文献比较分散，涉及建筑学、城乡规划学、给水排水、市政学、消防等多个领域。此类文献多以具体某个地区的营造经验展开，比如对侗寨防火"秘籍"的研究。傅安辉（2011）[16]、廖君湘（2013）[17]、郭靖等（2013）[18]分析了侗寨的防火设施、防火教育以及村规民约对火灾的奖惩制度等。又如，肖达斯和杨思声（2014）[19]以福建沙县霞村为例，阐述了在村民主动防灾意识下动态形成了其兼顾灌溉、防火、防御等多种防灾功能的防灾体系，并具有可持续性。

总体而言，目前针对传统村落基础设施地方营建经验的文献研究相对较少，且分布散杂，切入点较微观，不成体系，缺乏从宏观层面系统地对其进行分类、分片区的研究。

1　王磐. 徽州村落中的水口园林[J]. 安徽建筑，2011，18（3）：53-54.
2　王婷. 徽州古村落的水口文化研究[D]. 合肥：安徽大学，2014.
3　王清华. 梯田文化论：哈尼族生态农业[M]. 昆明：云南大学出版社，1999.
4　史军超. 文明的圣树——哈尼梯田[M]. 哈尔滨：黑龙江人民出版社，2005.
5　马岑晔. 哈尼族梯田灌溉管理系统探析[J]. 红河学院学报，2009，6：1-4.
6　关东海，张胜江等. 新疆坎儿井现状分析及保护利用对策[J]. 新疆水利，2005，（3）：1-4.
7　王毅萍，周金龙等. 新疆坎儿井现状及发展[J]. 地下水，2008，（6）：49-52.
8　赵丽，宋和平等. 吐鲁番盆地坎儿井的价值及保护[J]. 水利经济，2009，（5）：14-16.
9　朱晓明，高增元. 不只是红色屡迹——论陕西米脂杨家沟扶风寨的聚落特征[J]. 理想空间，2010，（10）：26-29.
10　吴庆洲. 贵州小都江堰——安顺鲍屯水利[J]. 南方建筑，2010，（4）：78-82.
11　谭徐明，王英华，朱云枫. 贵州鲍屯古代乡村水利工程研究[J]. 工程研究——跨学科视野中的工程，2011，（2）：189-194.
12　范任重. 山西后沟古村落的现状和保护[D]. 太原：太原理工大学，2011.
13　宋文. 山西榆次后沟古村落景观研究[D]. 北京：北京林业大学，2013.
14　何飞斌. 连城培田古村落园林及其保护研究[D]. 福州：福建农林大学，2013.
15　刘世强. 福建培田客家古村落水系景观研究[D]. 福州：福建农林大学，2014.
16　傅安辉. 黔东南侗族地区火患与防火传统研究[J]. 原生态民族文化学刊，2011，（2）：72-78.
17　廖君湘. 论侗寨本土知识与火患防范[J]. 湖南科技大学学报，2013，（2）：38-41.
18　郭靖，吴大华. 侗寨民间防火规范研究[J]. 民间法，2013，（12）：379-388.
19　肖达斯，杨思声. 基于"活态演变"的闽西客家古村落有机防灾策略研究[J]. 小城镇建设，2014，（6）：96-99.

1.3 传统村落基础设施问题的研究进展

随着村落自身的发展对基础设施提出的新的需求以及由旅游开发带来的现代基础设施的冲击，传统村落基础设施的供给与建设开始出现各种问题，相关文献研究主要围绕供应不足、陈旧破败、改善滞后、历史风貌破坏等内容。田轲和刘颖奇（2009）从保护和发展两个方面指出历史文化名镇（村）基础设施存在的问题，主要表现在：第一，基础设施的缺失威胁到历史文化名镇（村）的全面保护；第二，基础设施建设混乱破坏历史文化名镇（村）的整体风貌；第三，基础设施容量不足制约历史文化名镇（村）的长远发展；第四，基础设施建设无序影响历史文化名镇（村）的和谐发展[1]。李志新（2011）对沁河中游部分历史文化名村按照已改善基础设施和未改善基础设施两类进行调研，梳理出这些历史文化名村基础设施存在的主要问题：第一是由于资金不足和村民保护意识淡薄等原因，缺乏对传统基础设施的维护和充分利用，大量设施失修损坏；第二是村民思想意识中对历史院落居住环境普遍的废弃态度，导致历史院落空置，进一步加剧破损；第三是基础设施改善中的建设性破坏问题，对保护和发展两者的关系处理失当[2]。王琨（2012）以梅州地区历史文化村落为例，分析总结了历史文化村落基础设施的问题，如设施陈旧落后、供应总量不足、缺乏系统化设计、对传统村落风貌的破坏、传统设施荒废且破坏严重等[3]。郑鑫（2014）指出江西省湖洲村在保护过程中面临的问题之一就是基础设施改善滞后，尤其是水塘和明沟排水系统瘫痪多年，生活垃圾无序乱丢等[4]。

综上所述，传统村落基础设施整体问题研究主要集中在两个方面：其一是经济条件欠佳的传统村落其基础设施存在较大的缺乏与薄弱，基础设施的可持续供给缺乏，一定程度上影响了村民的日常生活，垃圾随意堆放以及污水的侵蚀甚至给村民的生命财产带来重大威胁；其二是受技术力量、地方意识以及"商业化"开发等相关条件的制约，传统村落基础设施建设面临"建设性的破坏"，与传统村落的风貌格局格格不入。

1.3.1 给水排水系统问题

从供水方面来说，其一，由于普遍的资金缺乏，传统村落的供水设施维护与建设严重不足，部分村落面临着水源不足、饮水安全难以保障等问题，严重影响村民的正常生活。许伟（2012）在徽州古村落空间整治对策研究中指出其空间环境存在问题的原因之一就是

1 田轲，刘颖奇. 历史文化名镇（村）保护发展中的基础设施建设问题与对策[J]. 城市建设，2009，（6）：80-81.
2 李志新. 沁河中游古村镇基础设施调查研究[D]. 北京：北京交通大学，2011.
3 王琨. 历史文化村落基础设施改善措施研究[D]. 广州：华南理工大学，2012.
4 郑鑫. 传统村落保护研究——以江西省湖洲村为例[D]. 北京：北京建筑大学，2014.

村落水体受到不同程度的破坏和污染[1]。徽州保存较好的水口有宏村的南湖、西递水口及唐模水口等，这些村落会定期派专人维护和保养，但其他一些村落政府和居民对水口保护的重视度较低，历史风貌逐渐消失，如安徽省歙县许村的富资河。郑鑫（2014）以江西省湖洲村保护规划实践为例，指出湖洲村村民以自打深水压水井作为供水水源，用水不便，且未经净化处理直接饮用，安全缺乏保障。其二，在拥有煤矿的北方干旱地区，不仅面临着"看天吃饭"的缺水困难，而且由于煤炭的开采带来的地下水下降等一系列生态问题，其水源不足问题尤其棘手[2]。李志新（2011）指出上庄村在开采煤炭过程中，生态环境、地下水资源以及山体地质等诸多方面，都受到了不同程度的破坏，造成人居环境的不理想，村民生活用水只能分区定时供给；另外，为改善基础设施条件的新农村建设与传统村落的旅游开发，也在缺乏技术支撑以及薄弱的保护意识下，因给水管网的随意敷设而带来"极不搭调"的"建设性破坏"[3]。王琨（2012）通过对梅州地区客家历史文化村落的调研指出，给水排水管网大多数都是随意铺设的，没有经过统一的设计和规划，且大部分管线直接裸露布置在室外，直接影响和干扰了街巷的传统风貌[4]。

从排水方面来说，一方面，随着乡村居民收入的不断提高，村民生活用水量在不断增加，生活污水排放量急增，传统村落排水设施已经不能满足生活需求，生活污水和雨水一起随街道沟渠随意排放，危害公共卫生。王琨（2012）指出梅州地区多数历史文化村落尽管拥有成体系的传统排水设施，但部分设施已荒废甚至破败不堪，出现了现代设施无法引进，同时传统设施不被重视的两难境地[5]。吕文文（2013）通过对山西省历史文化名村小河村的调研，指出小河村内污水雨水均未分流，极易造成管道阻塞、难以清理等问题，且上游的工业污水与小河村的生活污水均未经任何无害化处理而直接排放，加剧了水体的污染；另一方面，村民的生活方式发生了显著的变化，由此导致生活污水的成分与以往有了很大的差异，如洗衣粉、清洁剂等的大量使用，造成传统村落的污水肥效大大降低，生活污水由此也失去了用做肥料这一重要的消化途径，农村水体污染日益严重，不仅影响了传统村落良好的整体风貌与生态环境意向，也对村民的生命健康与饮水安全带来重大的威胁[6]。

1.3.2　道路交通系统问题

传统村落有关道路交通系统的研究，从微观到宏观层面，从技术问题到使用状况等都有相关研究文献涉及。例如，吕文文（2013）以山西省小河村为调查对象，从道路系统格

1　许伟. 徽州古村落空间整治对策研究[D]. 合肥：安徽建筑大学，2012.
2　郑鑫. 传统村落保护研究[D]. 北京建筑大学. 2014.
3　李志新. 沁河中游古村镇基础设施调查研究[D]. 北京：北京交通大学，2011.
4　王琨. 历史文化村落基础设施改善措施研究[D]. 广州：华南理工大学，2012.
5　王琨. 历史文化村落基础设施改善措施研究[D]. 广州：华南理工大学，2012.
6　吕文文. 历史文化名村小河村道路交通基础设施调查及改善研究[D]. 北京：北京交通大学，2013.

局、道路横纵断面、道路交叉口、道路铺装四个方面分析了小河村交通基础设施存在的问题[1]。王爱恒（2013）在对京郊传统村落保护规划中的道路系统研究中指出，道路系统存在的问题主要有：道路系统供需矛盾；道路分级与通行能力问题；道路系统建设问题、基础设施与安全问题等[2]。

受经济条件和保护意识的影响，传统村落道路设施的问题主要表现在：第一，多数当地居民对传统村落的道路交通设施不够重视，常年风吹雨淋与使用磨损，且保护措施不力，致使部分传统村落的道路设施逐步满足不了居民的日常生活条件，再加上分布街巷与道路本不适合现代交通工具的通行，致使部分传统道路设施被遗弃。李志新（2011）的调查指出，山西省晋城市西黄石村的街巷主要有石板铺装铺地、水泥砂浆铺地以及未经处理的泥土道路，石板路经多年使用坑洼不平，在雨雪天气街巷积水泥泞，造成居民使用不便[3]；

第二，部分区位较好、旅游资源较佳的传统村落，在旅游发展与"商业化"开发的冲击下，翻新或新建的道路设施（如道路铺装形式及材料、道路设施构造方式与工艺）对传统村落的风貌带来"建设性的破坏"。王路（2000）指出超尺度的，片面追求便捷的过境交通切割古老的村落，把村落一分为二，作为村民社区生活场所的广场、街道现在成了停车场[4]。吕文文（2013）指出由于山西省小河村传统铺装老化，为了出行方便铺设了水泥、梅花砖等现代铺装材料。近年来小河村大力倡导恢复传统风貌，又从外地引进和崔巍岩、锈石板等兼具传统和现代风格的材料，致使目前小河村铺地种类繁多，出现传统和现代铺地混杂现象[5]；

第三，传统村落道路交通基础设施的投资与维护管理相对匮乏。在传统村落经济落后以及国家财政投入不足的情形下，传统村落道路设施完善的建设资金面临严重不足，使得现有的道路设施不能得到及时的修缮和维护，面临逐渐消亡的困境。张哲（2011）在对珠三角历史文化名村保护策略研究中，指出名村现状问题包括街巷网络逐渐弱化、基础设施杂乱落后等。街巷网络逐渐弱化具体包括对传统街巷保护不够、利用不足；交通承载力不足、设施缺乏；节点空间及细节处理欠缺[6]。

1.3.3　综合防灾系统问题

受所处地理位置、自然气候条件以及建筑材料的影响，传统村落常常面临火灾、山洪、泥石流、滑坡等防灾问题。在火灾问题上，主要围绕消防水源不稳定、消防通道不畅、消防设施匮乏等问题。邢烨炯（2007）研究了陕西省党家村存在的消防问题，指出存在火灾

1　吕文文. 历史文化名村小河村道路交通基础设施调查及改善研究[D]. 北京：北京交通大学，2013.
2　王爱恒. 京郊传统村落保护规划中的道路系统研究[D]. 北京：北京建筑大学，2013.
3　李志新. 沁河中游古村镇基础设施调查研究[D]. 北京：北京交通大学，2011.
4　王路. 村落的未来景象——传统村落的经验与当代聚落规划[J]. 建筑学报，2000，（11）：16-22.
5　吕文文. 历史文化名村小河村道路交通基础设施调查及改善研究[D]. 北京：北京交通大学，2013.
6　张哲. 基于要素控制与引导的珠三角历史文化名村保护策略研究[D]. 广州：华南理工大学，2011.

隐患的原因有：巷道狭窄曲折，消防车难以通行；水资源短缺；现有灭火设施配备不足等[1]。李志新（2011）得出，山西省晋城市上庄村除中街和水街外，大部分街巷狭窄，存在消防隐患，且目前村内基本没有消防设施。王琨（2012）指出梅州地区大多数历史文化村落没有市政给水管网系统，消防用水只能利用村落中的水井、河流等，但村落中缺少布置加压水泵等设施的场地，同时，部分水井水源较不稳定，存在干涸的情况[2]。

在其他防灾问题上，现代防灾设施的引进对传统风貌也造成了很大冲击。吕霞等（2013）以天津市西井峪国家历史文化名村为例，指出防灾规划和相关设施建设对山地历史文化名村风貌的巨大冲击有三个方面：第一，在规划系统层面上，为追求防灾避险的效果，常常寻求规整的布局，从而对原来的空间风貌格局形成潜在损害；第二，村落外围为防治自然灾害而规划建设的各类护坡、沟渠等工程设施，会因其人工化的处理方式，而影响村落景观的自然本底；第三，村落内依路而设的各类现代化、机械化风格的防灾标识会对传统的建成环境造成视觉上和心理上的冲击[3]。

1.3.4　环境卫生系统问题

在环卫系统问题研究上，主要围绕垃圾无序乱丢、缺乏绿化等问题。主要表现在以下几个方面：其一，由于资金匮乏，部分传统村落环卫设施以及环卫人员严重不足，垃圾随意堆放现象严重，臭气熏天无人管理，对传统村落的环境造成很大影响。王琨（2012）指出梅州地区历史文化村落中的环卫配套设施十分缺乏，部分垃圾会被定期收集，运出村子处理，但还是存在其余垃圾随处堆放的情况，对环境影响较大；其二，在环境治理意识淡薄以及垃圾处理技术力量薄弱的双重情形下，部分传统村落集中收集垃圾后没有经过处理直接露天堆放或填埋，填埋面积越来越大，久而久之会严重污染地下水；其三，受经济条件和生活水平限制，大量传统村落依然使用会招来蚊蝇和滋生细菌的旱厕，对村民生活环境和传统风貌造成很大影响[4]。李志新（2011）指出，晋城市上庄村目前尽管设有一定数量的垃圾收集点，但仍然可见有垃圾在核心区民居院落周边堆放，仍有垃圾倾倒在庄河岸边，影响了古村落的景观形象。同时，指出上庄村内目前没有公共厕所，各家居民的厕所分散在街巷中，目前厕所形式都是旱厕，没有进行相应无公害化处理，存在卫生问题[5]。

1　邢烨炯. 古民居村落的消防对策研究——韩城党家村火灾隐患分析及防火对策研究[D]. 西安：西安建筑科技大学，2007.
2　李志新. 沁河中游古村镇基础设施调查研究[D]. 北京：北京交通大学，2011.
3　吕霞，张赫，夏青，叶青. 山地历史文化名村防灾规划及设施的景观化途径研究[J]. 城市发展研究，2013，（7）：28-32.
4　王琨. 历史文化村落基础设施改善措施研究[D]. 广州：华南理工大学，2012.
5　李志新. 沁河中游古村镇基础设施调查研究[D]. 北京：北京交通大学，2011.

1.3.5 能源系统问题

受村落分散布局以及经济水平的限制，几乎所有传统村落电线电缆都是架空铺设，这存在两方面问题：其一是架空的电线电缆缺乏维护管理，存在很大安全隐患；其二是架空的电线电缆铺设杂乱，对传统风貌影响较大。李志新（2011）指出目前晋城市上庄村和西黄石村的电力、电线管线随意敷设，大多数电线、电视数据线、电话线都是架空安装，不仅破坏古村景观，也存在火灾隐患。入户的管线也是随意地沿墙敷设，并且在建筑墙面上安装了大量的线盒，影响历史建筑外立面的风貌[1]。王琨（2012）指出电力、电信设施在梅州地区历史文化村落中的普及率极高，且有大量电缆暴露的输配线路引入村中，大部分线路是临时附加上去的，布局十分杂乱，甚至出现大量私拉电力线路的情况，对村落的整体风貌和安全都构成了较大威胁[2]。

1.4 小结

综上所述，目前我国传统村落基础设施主要面临供给不足和建设性破坏两大问题。我国关于传统村落基础设施的研究才刚起步，针对传统基础设施营造经验和现存问题的文献研究较杂散，不成体系，且大部分散见于具体某个地区或某个系统的研究，缺乏从宏观层面系统地对其进行分类研究。

由于我国幅员辽阔，在不同的地理区域，传统村落基础设施所面临的具体问题也存在着较大的差异，因而本章仅从宏观层面对传统村落基础设施的研究进展进行综述，而针对某一片区的传统村落基础设施的特征及营建经验详见后文阐述。首先，大量传统村落基础设施存在陈旧破败、改造滞后的问题；其次，部分已经进行开发建设或基础设施改造的传统村落的基础设施存在对传统风貌造成建设性破坏、供给质量较低以及供给结构失衡的问题。

传统村落基础设施问题的形成原因有以下三点：一是在城市化浪潮的冲击下，传统乡土社会正一步一步瓦解，村民自治组织的失效以及传统社会秩序的消亡，导致传统村落面临原有基础设施因无人管理而逐渐破败、现代化基础设施也无法引进的两难境地。二是在供给制度层面，自上而下的决策机制、单一化的筹资机制以及监督管理机制不健全等原因，造成了传统村落基础设施供应不足，供给质量较低，供给结构失衡等问题。最后，在规划控制层面，保护规划与实施方案的脱节，缺乏保护层面的技术规范要求等原因，造成了基础设施改造对传统风貌形成冲击、供给质量较低等问题[3]。

---

1 李志新. 沁河中游古村镇基础设施调查研究[D]. 北京：北京交通大学，2011.
2 王琨. 历史文化村落基础设施改善措施研究[D]. 广州：华南理工大学，2012.
3 李骁. 传统村落基础设施问题研究——以贵州省江口县云舍村为例[D]. 广州：华南理工大学，2016.

02

中国传统村落基础设施
特征区划

- 中国传统村落基础设施的基本特征
- 传统村落基础设施特征区划的划分方法与原则
- 传统村落基础设施特征区划
- 小结

2.1 中国传统村落基础设施的基本特征

基础设施是保障城镇与乡村聚落生存与持续发展的支撑体系，主要包括交通、给水排水、能源、通信、环卫及防灾六大工程系统。有别于城镇与一般的农村聚落，传统村落的基础设施除了作为物质性载体的功能并受到地理环境及气候条件等因素的较大约束之外，还具有丰富的历史文化价值与地域特色。特别是传统村落的道路交通、给水排水以及防灾减灾等设施与自然地理环境及地域文化等关系紧密，具有较强的"适应性"、"生态性"以及"地域性"特征。

2.1.1 地理环境的"适应性"特征

传统村落是中华民族的宝贵遗产，体现着当地的传统文化、建筑艺术和聚落空间格局，反映了村落与周边自然环境的和谐关系。中国的传统村落分布极为广泛，不同的地形地貌、水文条件以及气候条件等地理环境对传统村落的形成与演变具有重要的影响，而与传统村落相伴随的基础设施也因此受到自然地理环境的强烈约束。平原、水乡、高原、山地等地形地貌与湿润、干旱、寒冷、温暖等气候条件共同成为传统村落形态形成的先天基础，在此影响下的传统村落基础设施也体现了对地理环境较强的适应性特征，以应对诸如暴风骤雨、山洪暴发、高温干旱与骤冷骤热等气候环境的剧烈变化及自然灾害（陆元鼎，1999）[1]。

传统村落是农耕文明的产物，村民祖先在悠久的农耕时代下不断适应地理环境而形成的"与田园为生、与山水相伴"的生产生活方式以及顺应自然环境的"和谐自然观"，造就了中国丰富多彩、因地制宜的农耕聚落文明。例如，新疆吐鲁番地区的"坎儿井"供水系统，就是不断适应极度干旱缺水的气候条件下的产物；陕西米脂县杨家沟扶风寨的"截流溢流立体排水系统"即在为适应黄土高原松软土质的防灾考虑下逐步形成的；南方水乡地区道路交通的特点主要体现在与河流水系的密切联系上，道路交通建设的特征更多地体现在与水系的和谐融合，"小桥、流水、人家"一定程度上成为南方水乡地区传统村落的标志性特征；而云南省红河洲元阳县等地所形成的"森林–水渠–村寨–梯田"相互协调与融合的哈尼族聚落风貌，具有"山有多高、水有多高"的整体适应性地理环境特色（图2–1）。可以说，每一个传统村落，都是活着的文化遗产，体现了人与自然和谐相处的文化精髓和集体记忆。

1　陆元鼎，杨谷生. 中国民居建筑[M]. 广州：华南理工大学出版社，1999：79.

图2-1
云南哈尼梯田
（资料来源：陈淑君. 乡村视觉景观及其规划研究［D］. 浙江大学，2010）

2.1.2　因地制宜的"生态性"特征

　　除了体现与地理环境的适应性特性外，传统村落的基础设施大多具有成本低廉、简单易行、生态适宜、低动力等因地制宜的"生态性"特征。多数传统村落基础设施对既有环境的负面冲击较小，与环境的契合度较好，且与地方的经济条件相适应，也易于建设与维护。同时，其"背后蕴藏的生态智慧、生态适应性技艺"也是传统村落基础设施有别于城镇基础设施的显著标志（单霁翔，2008）[1]。部分设施建设蕴含地方生态智慧，甚至在营造技艺上具有重要的价值。例如，云南和顺洗衣亭建筑虽然仅有洗衣台和风雨亭两部分构成，建筑也简易朴素、土生土长，却饱含着对村民生活经验的理解和营造的生态智慧。洗衣台条石的拼接组合与高低变化充分适应了河床水位变化的多种可能。洗衣台与风雨亭的不同组合又为不同天气情况下使用洗衣台提供了多样性的空间，并能结合一些简单的营造手法进行功能性的延伸，如晾晒、跨河桥梁、休憩平台、滨水玩耍等，这些都反映了村社建造者们对生活经验与环境适应性的理解，充分体现了传统乡土公共建筑的生态智慧[2]（图2-2）。

1　单霁翔. 乡土建筑遗产保护理念与方法研究（上）[J]. 城市规划，2008，32（12）：33-39.
2　魏成，王璐，李骁，肖大威. 传统聚落乡土公共建筑营造中的生态智慧——以云南省腾冲市和顺洗衣亭为例[J]. 中国园林，2016，32（6）：5-10.

图2-2
贵州省腾冲市和顺寸家湾洗衣亭
（资料来源：笔者自摄）

又如，理水是徽州地区村民生产与生活实践中的重要内容，村落水系往往在生产与生活组织及防灾减灾中发挥着重要作用。皖南宏村的选址、布局与水系有着直接的关系，其人工水系的营造精致巧妙，"浣汲未妨溪路远，家家门巷有清泉"，堪称中国古村落营建艺术一绝。而云南哈尼族村民利用村寨与梯田的地形关系而发明的"冲肥灌溉"法——村民在春耕时节从大沟中引水冲入村寨的公用积肥塘，农家肥可由此与渠水自流至逐级的耕田中——这是村民生产经验与自然环境巧妙结合的产物，堪称生态农业的典范；被誉称为"小都江堰"的贵州省安顺市鲍家屯村水利工程，则是充分利用当地的自然条件，由横坝、竖坝和龙口等组成，把大坝河分成两条河流及蜿蜒曲折的渠道，并采用"鱼嘴分水"、二级分水坝以及高低"龙口"等堤坝分流技术，以方便实现水流去向与流量的调节分配，不仅使不同高程的耕地均能得到充分的自流灌溉，还有效解决了村民的生活用水、污水净化和水利利用、防灾等问题（张卫东等，2007）[1]。鲍家屯村水利设施结构简单实用、功能完备，以"最少的工程设施、极低的维护成本"以及其持续沿用数百年的历史，诠释着乡土生态与可持续发展的用水理念，是中国古代乡村水利与农业文明的杰出典范（吴庆洲，2010；谭徐明等，2011）[2,3]，在世界水利文化遗产上具有重要地位（图2-3）。

1   张卫东，庞亚斌. 600年鲍屯水利探考[J]. 中国水利，2007，（12）：51-55.
2   吴庆洲. 贵州小都江堰——安顺鲍屯水利[J]. 南方建筑，2010，（4）：78-82.
3   谭徐明，王英华，朱云枫. 贵州鲍屯古代乡村水利工程研究[J]. 工程研究——跨学科视野中的工程，2011，3（2）：189-195.

图2-3
贵州省安顺市鲍家屯村
（资料来源：笔者自摄）

2.1.3 源自乡土的"地域性"特征

　　传统村落基础设施的地域性特征主要体现在乡土传统营造的应用与地域文化的传承，既表现出对山水地形等自然环境条件及建造材料的尊重与依赖，又集中体现乡村本土的人文风俗、民族传统、生活习惯、村规民约等。多数传统村落的街巷道路、溪渠、小桥、堤岸、渡口、水井、池塘、防灾设施等的营造大多"源自于生活、取材于本土"，由当地村民或工匠亲自参与建造的。其基础设施在选址布局、材料质地、形状构造、营建技艺、审美情趣等方面基本上体现了"因地制宜、就地取材、土生土长、朴素无名"的"乡村地域主义"特性。这种在不同自然资源、气候条件、生产力水平、地域文化及习俗的作用下，经过长年的生活与劳动经验积累并由村民利用地方材料而营造的极富多样性与地域性的基础设施，成为各个异彩纷呈的传统村落聚落景观的重要组成部分。

　　例如，广东省连南瑶族自治县三排镇南岗古排村由于村内多石少土，世代在此聚居的瑶民便利用竹木制的水笕、石头制的集水池和石沟渠等整合成了一套完整的给水排水系统，在过去供水不便的情况下，实现了入户"自来水"（图2-4）；福建省龙海市埭尾村将简易木桥与船只搭接而成的"浮桥"，则是为方便村民到对岸田间劳作的产物（图2-5）；而作为乡村水利设施的典范，婺源县汪口村"曲尺堰"独特的"⊥"形结构，不仅发挥了既堵又疏的功效，大大减缓水流对坝体的冲击力，而且还利于泥沙下泄，永不淤塞（图2-6）。其坝体所采用的片石与石料几乎全都从乱石中选择而来，无须经过更多的加工，不必凿平、磨

图2-4
广东省连南瑶族自治县三排镇南岗古排村的水筧
（资料来源：http://www.nlc.gov.cn/newgtkj/
mcmz/201204/t20120409_60980.htm）

光、开榫，其片石砌筑垒坝技术有很强的实用性与地方性（贺为才，2006）[1]；还有被视为村落门户标志与兴旺发达象征的"水口"，其的营造成为徽州地区传统村落建设中的一项重要内容。"水口"通常选择在两山夹峙、河流左环右绕之处，与村民的生活、劳作息息相关，通常建造风水塘、堤坝、石桥、亭台、庙塔等，并"密植以障其空"来增加水口的锁钥之势，集防御、生产、交通、观赏、导向、界定、公共活动等功能于一身，具有鲜明的地域特色。

图2-5
福建省龙海市埭尾村的浮桥
（资料来源：http://www.360doc.com/conte
nt/13/0717/20/137012_300686090.shtml）

图2-6
江西省婺源县汪口村的曲尺堰
（资料来源：http://www.333200.com/news/
newsshow-707.html）

2.2　传统村落基础设施特征区划的划分方法与原则

　　中国传统村落分布极广，尽管其在能源、通信等设施层面存在一定的共性特征，但上述有关传统村落的道路交通、给水排水以及防灾减灾等方面所具有的"适应性、生态性以及地域性"等不同的个性化特征，可作为区分不同地域传统村落基础设施营造差异的基础。因此，传统村落基础设施特征的类型区划研究尤为必要，不仅在理论上是对传统聚落景观区划的补充与丰富，而且对于客观认识各区域传统村落基础设施的特性及其营建经验，有着实质性的推动作用，能为促进传统村落基础设施的保护与利用提供科学依据，并有利于制定切实可行的保护实施方案。

1　贺为才. 徽州先民的亲水情结及其理水技艺[J]. 水利发展研究，2006，（6）：53-60.

　　传统聚落的形成与发展多受到地理环境、地域文化以及建造材料等因素的综合影响。既往的传统聚落景观区划的研究，其景观识别的直接因子主要基于建筑特征（刘沛林等，2010；申秀英等，2006）[1、2]。与传统聚落物质性景观表征不同，基础设施在传统村落中更多的是体现了聚落与周边环境的关系，自然地理环境要素对传统村落基础设施的形成和发展具有决定性的影响。本书在参考传统聚落景观识别与传统民居（建筑）区划的基础上（王文卿等，1994；刘沛林等，2010）[3、4]，并结合生态地理分区方法（吴绍洪等，2003；孔艳等，2013）[5-6]，以构建传统村落基础设施的特征分类体系。

2.2.1　研究方法

1. 主导因子法

　　由上文分析可知，尽管影响传统村落基础设施的原因包括自然因素和人文因素，但多数传统村落基础设施的"适应性、生态性以及地域性"特征，使得地理环境在传统村落基础设施类型划分时成为不可忽视的主导因子，所以在后文分类过程中依据主导因子法，主要考虑其自然地理因素，其他如地域文化与建造材料等因素则作为辅助因子。本研究就基于这种强化突出"主导因子"的方法，提取各地区基础设施特征和区域的识别，构建分类体系。

2. 多因子综合法

　　但仅自然环境因素，其对传统村落的基础设施形成的影响也是综合的，缺乏某一因子，或地形，或气候，或干湿程度，基础设施均不可能形成现在的形态。而且单个因素对基础设施的影响也是多方面的，从建设的原因到结果、由影响到被影响。这种思维方法，即通过系统地、综合地分析各类基础设施和传统村落之间的关系，能全面考虑到与基础设施直接相关的多重因素，不仅包含影响基础设施形成的自然因素，而且包含了在村落发展过程中，基础设施与传统村落相互融合过程中的多种因素。

3. 地理相关分析法

　　由于基础设施的发展与利用与地理环境最具相关性，故也可采用地理相关分析法。地

1　刘沛林，刘春腊，邓运员，等. 中国传统聚落景观区划及景观基因识别要素研究[J]. 地理学报，2010，65（12）：1496-1506.

2　申秀英，刘沛林，邓运员，等. 中国南方传统聚落景观区划及其利用价值[J]. 地理研究，2006，25（5）：485-494.

3　文卿，陈烨. 中国传统民居的人文背景区划探讨[J]. 建筑学报，1994，（7）：42-47.

4　刘沛林，刘春腊，邓运员，等. 中国传统聚落景观区划及景观基因识别要素研究[J]. 地理学报，2010，65（12）：1496-1506.

5　吴绍洪，杨勤业，郑度. 生态地理区域系统的比较研究[J]. 地理学报，2003，58（5）：686-694.

6　孔艳，江洪，张秀英，等. 基于Holdridge和CCA分析的中国生态地理分区的比较[J]. 生态学报，2013，（12）：3826-3836.

理相关分析主要是运用各专门地图、文献及统计资料，对各自然地理成分之间的相互关系做分析后进行区划的方法，在区划工作中的运用比较广泛[1]。

2.2.2 划分原则

基于对传统村落基础设施基本特征的理解以及基础设施所受地域自然地理、社会以及文化条件等的综合影响，本书在传统村落基础设施分类区划时，一方面注重地理环境相似性的划分原则，另一方面还遵循地域的相对完整性原则，并根据相对一致性原则将分类区划分为大区和亚区两个等级。

（1）地理环境相似性原则

同一分区内传统村落基础设施的相似性应该是区域划分的最基本原则，但基础设施的产生主要根据其所在的地理环境，因此传统村落基础设施特征的划分主要依据其地理环境的相似性。即同一分区内的传统村落必须有相似的地理环境背景特征，所有区划单位的自然地理最基本和最本质的特点和发展历史应有共通性。传统村落基础设施地理环境适应性特征使得南方与北方、东部与西部的设施营造差异明显，同一分区内的传统村落势必具备相似的地理环境背景条件。

（2）地域相对完整性原则

传统村落基础设施的形成和发展由于受到自然地理环境的影响在空间分布上有明显的地域性，且由于各分区单位的地理环境是一个相对独立的自然地理系统，在划分区域时应保持同一地理环境的相对完整性。受不同地域文化与风俗习惯的影响，中国传统村落在空间分布上具有明显的地域性内涵，如北方的厚重粗犷，南方的灵巧变通。

（3）相对一致性原则

相对一致性原则要求在划分区域时，必须注意其内部特征的一致性。不同等级的区划单位的一致性也是相对的，各有不同的标准。传统村落的分类可以根据其标准进行自上而下的划分或自下而上的合并，但无论划分或合并，都应保持同一区划单位内的相对一致性。

2.2.3 表达方法

由于各类区划之间的过渡是逐渐变化的，没有清晰的界限，而且考虑到地域文化与自然地理要素（如山脉、河流）也是行政区划的重要因子，由此传统村落的地域性特征也在一定程度上受到历时行政区划条件的影响。因此，在区划时可借助既有的生态地理区划、聚落景观区划，尤其是行政区划的标准进行边界的界定。其中，大类的分区边界较为明显，

1　伍光和，蔡运龙. 综合自然地理学[M]. 北京：高等教育出版社，2004：98-106.

区域间差异较大；亚类的分区界线则较为模糊，区域间差异也更小。

此外，为使传统村落的基础设施类型划分具有更强的针对性与实用性，将传统村落基础设施的类型划分为大区和亚区两大层次。可根据宏观地理环境因素（气候类型、干湿情况、地形地貌）将典型特征非常明显、数量众多的传统村落归入地理环境大区；亚区的划分主要是以能够影响基础设施形成背景的，更为细致的生态地理因素（地貌类型、气候类型、干湿情况）、地方特色（地方建筑类型、主要植被、当地材料、地方技艺）和部分社会文化背景（少数民族、历史文化区域）。

2.3 传统村落基础设施特征区划

基于已公布的前后三批共2555个中国传统村落，参考已有的区划方法，本书区划采用"地理环境大区—特征亚区"二级划分法，首先将全国传统村落基础设施分为典型性较强的北方干旱、南方水乡、山地丘陵3个地理环境大区，以及无法纳入到此三个大区且由数量较少的特色地域亚区与基础设施典型性特征不很明显的一般地区组成的1个其他地理大区。再根据地域文化以及基础设施建造条件等的不同进行细化，在4个大区的基础上再划分为14个特征亚区（详见图2-20、表2-1）。

1. 北方干旱地区（Ⅰ）

属于北方干旱、半干旱地区以及易旱区，主要位于北京、天津、河北、山西、内蒙古、宁夏、甘肃、新疆等地。地形兼有平原、高原和山地，多干旱少雨。包括京津冀华北平原亚区（Ⅰ1）、晋陕周边黄土高原亚区（Ⅰ2）和西北丝路干旱亚区（Ⅰ3），在道路交通、灌溉给水、立体排水、防灾减灾等方面具有干旱地区的特色（图2-7～图2-9）。如新疆吐鲁番地区的"坎儿井"（极干旱地区具有特色的"地下河"灌溉与供水系统）、陕西米脂县杨家沟扶凤寨（针对黄土高原松软土质的防雨考虑，与山脊线和道路结合的截流溢流立体暗渠排水系统）、山西省晋中市榆次区的后沟村（立体排水系统的"活化石"）等较具特色的给排水体系、山西阳城县上庄村道路与排涝水街的结合，等。

2. 南方水乡地区（Ⅱ）

属亚热带季风气候为主，湿润多雨，水网发达，主要位于江浙沪、古徽州地区，以及珠江三角洲地区、桂东南等地。地形以平原、丘陵为主。包括江浙吴越水乡亚区（Ⅱ1）、皖赣徽商水乡亚区（Ⅱ2）和岭南广府水乡平原亚区（Ⅱ3）（图2-10～图2-12）。传统村落多选址山水之间、河流之畔，亲水性强，水系利用与水利设施特色明显，并与居民生活联系紧密。江南水乡地区的交通与水系联系紧密，水陆交通兼具，多有临水街面与水巷、石拱桥，具有独特的"小桥、流水、人家"景象；徽州水乡地区则注重兴修水利，通过开凿

图2-7
北京市门头沟区斋堂镇爨底下村——京津冀华北平原亚区（I1）
（资料来源：朱丹丹. 旅游对乡村文化传承的影响研究［D］.北京林业大学，2008）

图2-8
山西省吕梁市临县碛口镇李家山村——晋陕周边黄土高原亚区（I2）
（资料来源：陈芳. 山西碛口古镇聚落空间景观研究［D］.西安建筑科技大学，2011）

图2-9
新疆维吾尔自治区吐鲁番地区鄯善县吐峪沟乡麻扎村——西北丝路干旱亚区（I3）
（资料来源：蔡五妹. 吐鲁番地区传统民居空间形态研究［D］.上海交通大学，2011）

图2-10
浙江省温州市苍南县桥墩镇
碗窑村——江浙吴越水乡亚
区（Ⅱ1）
（资料来源：王盈.生态视野
下的浙西南山地传统民居研
究［D］.哈尔滨工业大学，
2013）

图2-11
江西省上饶市婺源县沱川乡
理坑村——皖赣徽商水乡亚
区（Ⅱ2）
（资料来源：吴慧敏.旅游对
徽州古村落的影响比较研究
［D］.合肥工业大学，2010）

图2-12
广东省佛山市三水区乐平镇
大旗头村——岭南广府水乡
平原亚区（Ⅱ3）
（资料来源：张哲.基于要素
控制与引导的珠三角历史文
化名村保护策略研究［D］.
华南理工大学，2011）

人工溪流、堰坝和"水圳"进行理水、防洪，其青石板街巷与水系以及"水口景观"等都十分独特；岭南水乡多依山傍水沿珠江各支流分布，巷道多垂直于河涌水系形成梳状布局。

3. 山地丘陵地区（Ⅲ）

多属亚热带季风气候以及南温带高原季风气候，湿润多雨，地貌多样。主要位于闽粤赣及湘鄂交界、川渝巴蜀地区、云贵及桂西北等地，地形多样，以山区丘陵为主。包括闽粤赣客家山地丘陵亚区（Ⅲ1）、湘鄂粤多民族山地亚区（Ⅲ2）、川渝及周边巴蜀山地丘陵亚区（Ⅲ3）以及云贵高原及桂西北山地亚区（Ⅲ4）（图2-13～图2-16）。基础设施建设多受地形地貌及聚落形态的制约，闽粤赣客家村落以散点布局为主，防御性功能突出，"风水塘"具有集水、防洪、防火的作用；川渝地区则因地制宜，借助竹木及石材，设施与周边环境有机融合；云贵等少数民族村寨多依山傍水，建筑多为竹木结构，易生火灾，而水利灌溉及交通设施特色明显，如哈尼梯田的"冲肥灌溉"、云贵地区的灌溉水车及水磨坊、"风雨廊桥"等。

图2-13
福建省漳州市南靖县书洋镇田螺坑村——闽粤赣客家山地丘陵亚区（Ⅲ1）
（资料来源：杨建军. 客家聚居建筑环境艺术的研究［D］. 苏州大学，2008）

图2-14
湖北省恩施土家族苗族自治州宣恩县沙道沟镇两河口村——湘鄂粤多民族山地亚区（Ⅲ2）
（资料来源：http://bbs.enshi.cn/thread-460112-1-1.html）

图2-15
四川省攀枝花市仁和区平地镇迤沙拉村——川渝及周边巴蜀山地丘陵亚区（Ⅲ3）
（资料来源：http://www.sc.gov.cn/10462/10464/11716/11718/2013/3/28/10253830.shtml）

图2-16
云南省红河州红河县甲寅乡作夫村——云贵高原及桂西北山地亚区（Ⅲ4）
（资料来源：http://travel.sina.com.cn/china/2013-07-30/0941204179.shtml）

4．其他地区（Ⅳ）

典型特征迥异的几个亚区的组合，村落数量分布较少，不易归入到上述三个地理大区类型。包括东北湿润寒冷亚区（Ⅳ1）、青藏高原佛教文化亚区（Ⅳ2）、滨海及海岛亚区（Ⅳ3）以及其他一般地区（Ⅳ4），见图2-17～图2-19。东北湿润寒冷亚区属湿润寒冷气候，以平原、山地为主，包括黑龙江、吉林、辽宁、蒙东北等地。为防寒抗冻，村落布局紧凑，街巷多沿东北向布局，设施营造以地方性的石木为主，注重防雪防滑；青藏高原佛教文化亚区属高原山地气候为主，气候干燥，地形复杂多变，主要包括青海、西藏、川西北和云南迪庆等地。村落布局多顺应地形山势，道路以土石路面居多，就地取材的石砌山道，粗犷厚重；滨海及海岛亚区包括自胶东半岛往南至广西北部湾的滨海一线及众多岛屿，属海滨气候，台风常有，其设施营造常利用沿海石块、海草等当地材料，注重抗风、防潮及防腐；而其他一般地区主要包括气候适中、以平原丘陵为主的豫鲁鄂湘以及皖北、苏北、赣中等地，基础设施的"可识别性"特征不明显。

图2-17
吉林省白山市抚松县漫江镇
锦江木屋村——东北湿润寒
冷亚区（Ⅳ1）
（资料来源：http://blog.
sina.com.cn/s/blog_520
c12120102ve0m.html）

图2-18
四川省甘孜藏族自治州丹巴
县梭坡乡莫洛村——青藏高
原佛教文化亚区（Ⅳ2）
（资料来源：http://blog.
sina.com.cn/s/blog_520c
12120102ve0m.html）

图2-19
山东省青岛市即墨市丰城镇
雄崖所村——滨海及海岛亚
区（Ⅳ3）
（资料来源：http://blog.
sina.com.cn/s/blog_59b
7078f0100gloj.html）

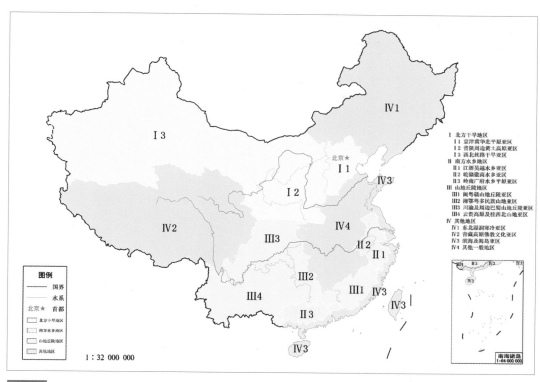

图2-20
基于基础设施特征的传统村落分类图
（资料来源：笔者自绘）

传统村落基础设施特征区划一览表

表2-1

大区	亚区	区域范围	地理环境特点	文化背景	基础设施特征
I 北方干旱地区	I 1 京津冀华北平原亚区	北京、天津、河北	易干旱，平原为主	燕赵文化	布局规整紧凑，坐北朝南的院落布局易形成东西向的交通性道路；生活用水多依赖水井自给
	I 2 晋陕周边黄土高原亚区	山西、陕北、宁夏、甘东北，豫西等地	干旱少雨，黄土高原	黄河文明	村落多依山靠坡，为应对土质疏松易产生的滑坡、崩塌、断裂等灾害，基础设施多考虑防灾减灾需要；如采用"立体排水体系"，将道路与排水集为一体
	I 3 西北丝路干旱亚区	蒙西南、宁夏、甘肃、新疆、陕西南	干旱且降雨极少，原野牧区，荒漠化高	丝路文化	村落分布逐水而居，对水的依赖明显，注重对雨水的收集、水源的贮存与保护，如新疆地区集给水、灌溉为一体的"坎儿井"
II 南方水乡地区	II 1 江浙吴越水乡亚区	苏南、上海、浙江	湿润多雨，水网发达，平原、丘陵为主	吴越文化	村落周边水网密集，亲水性强；水陆交通兼具，交通与水系联系紧密，多有临水街面与水巷、石拱桥，具有独特的"小桥、流水、人家"景象
	II 2 皖赣徽商水乡亚区	皖南、江西婺源	湿润多雨，山水相间	徽商文化	村落多选址山水之间，亲水性强，水系利用与水利设施特色明显，与居民生活联系紧密，水圳的理水、防洪；"水口景观"独特；道路多采用当地的青石板铺设；防火马头墙
	II 3 岭南广府水乡平原亚区	珠江三角洲地区、桂东南	湿热多雨，水网密集	岭南广府文化	村落多依山傍水沿珠江各支流分布，水陆交通兼具，街巷依赖水系形成梳状布局；结合自然水系与河涌防洪排涝；防火镬耳山墙、引风冷巷等

大区	亚区	区域范围	地理环境特点	文化背景	基础设施特征	
Ⅲ 山地丘陵地区	Ⅲ1 闽粤赣山地丘陵亚区	福建、赣南、粤东北	湿润多雨，山区丘陵	客家与闽台文化	多为深居山区腹地，远离交通干道，散点布局为主，防御性功能突出，生活用水多靠水井，道路多采用片石、山石修筑而成；"风水塘"具有集水、防洪、防火的作用	
	Ⅲ2 湘鄂粤多民族山地亚区	湘西、粤北、湖北恩施	湿润多雨，山地丘陵	多元民族文化	村落多位于山腰或溪旁，交通不便；多为少数民族聚居，如侗族、土家族、瑶族等；建筑多由乔木及竹子建成，易生火警	
	Ⅲ3 川渝及周边巴蜀山地丘陵亚区	川渝地区、陕南	湿润多雨，地貌多样	巴蜀文化	因地制宜，与自然为伍，借助地方竹木及石材，山道、取水及防洪等设施与周边环境有机融合	
	Ⅲ4 云贵高原及桂西北山地亚区	云南、贵州、桂西北	降水充足，高原山地	多元民族文化	村落多依山傍水，少数民族聚居为主，巷道多沿等高线延伸；基础设施特色多集中于水利灌溉设施及交通，建筑多为竹木结构，易生火警；有哈尼梯田的"冲肥灌溉"、云贵的"风雨廊桥"、灌溉水车等传统特色水利营建设施	
Ⅳ 其他地区	Ⅳ1 东北湿润寒冷亚区	黑龙江、吉林、辽宁、蒙东北	湿润寒冷，平原、山地为主	关东文化	为防寒抗冻，村落布局紧凑，街巷多沿东北向布局，注重防雪防滑；具有地方特有的灌溉设施"晒水池"；设施营建材料以地方性的石木为主	
	Ⅳ2 青藏高原佛教文化亚区	青海、西藏、川西北、甘南、云南迪庆	高原山地气候为主，气候干燥，高原地形复杂多变	高原宗教文化	村落布局多顺应地形山势，道路形式不拘一格，以土石路面居多，就地取材的石砌山道，粗犷厚重，藏乡风韵与高原气息浓厚	
	Ⅳ3 滨海及海岛亚区	自胶东半岛往南延伸至广西北部湾的滨海一线，海南岛、台湾岛等岛屿	海滨气候，台风常有，沿海山地丘陵	海滨文化	布局顺应自然地势和海风方向，充分利用沿海石块、海草等当地材料，营造技艺注重抗风、防潮及防腐	
	Ⅳ4 其他一般地区	豫鲁鄂湘为主，及皖北、苏北、赣中等地	气候适中，平原丘陵为主	地域文化不显著	区内传统村落数量不多，基础设施"可识别性"特征不明显	

2.4　小结

　　本章从分析传统村落基础设施的"适应性"、"生态性"以及"地域性"三个基本特征入手，运用与结合相关区划方法，以前三批共2555个中国传统村落为基础，构建了传统村落基础设施特征区划，并系统梳理了分区传统村落基础设施的典型特征。通过本章节可以对全国传统村落及其基础设施特征有一个基本的了解，为后文各地区、各系统基础设施的研究提供一个基础性的框架。

03

北方干旱地区传统村落
基础设施特征与营建经验

- 北方干旱地区传统村落的分布与基础设施特征概览
- 北方干旱地区传统村落基础设施营建经验
- 北方干旱地区传统村落基础设施问题
- 小结

3.1 北方干旱地区传统村落的分布与基础设施特征概览

3.1.1 北方干旱地区传统村落的分布

北方干旱地区主要位于北方的干旱、半干旱地区以及华北平原易旱区，包含华北平原、黄土高原、内蒙古的河套平原和新疆的山脉、盆地等多种地形，境内有巍峨的山岭、雄浑的高原、辽阔的平原、广袤的沙漠戈壁和黄土高原，地貌类型多样而典型。整体地势自西向东逐渐下降，呈阶梯状分布[1]。由于受到以温带大陆性季风为主的气候影响，北方干旱地区冬季寒冷干燥，夏季高温炎热，年均气温在5.6~13.7℃之间，但年均、日均温差较大。年均降雨量在150~1100mm之间，且从东向西逐步减少[2,3]。同时，全年降雨分布不均，江河湖泊等地表水资源较少，地下水位较深，水资源短缺已经成为制约北方干旱地区传统村落保护与发展的主要"瓶颈"。

北方干旱地区共有329个传统村落列入中国传统村落名录（其中第一批121个，第二批77个，第三批131个），主要集中分布于山西、陕西及冀北平原地区，甘肃、内蒙古、新疆地区散见少量传统村落（图3-1）。由于古代北方战事频繁，不少村庄防御功能完备，多城墙、地道、看家楼等，巷道曲折。在民居建筑方面，北方干旱地区虽以汉族为主，但根据不同地区的地方性材料和民族特色建有地域性的特色民居，如太行山脉的石头房子、黄土高原的窑洞、维吾尔族和蒙古族的传统民居。

为探寻适应北方干旱地区传统村落的基础设施营建与改善技术，结合基础设施特点与地形地貌、生态气候、社会文化等多重因素，将北方干旱地区划分为三个亚区，分别为京津冀华北平原亚区、晋陕周边黄土高原亚区、西北丝路干旱亚区。

1. 京津冀华北平原亚区

京津冀华北平原亚区包含北京、天津、河北三地，地形以辽阔的华北低地平原为主；气候相对湿润，地下水资源丰富，土地肥沃，人口密集。冬季干燥风大且寒冷，夏季炎热。整体年均降雨量为500~1000mm，属易干旱区域，且降雨分布不均，夏季偶有雷暴天气，易形成洪涝等自然灾害。

京津冀华北平原亚区自古以来深受燕赵文化的影响。燕赵文化自古是我国北方核心文化的组成部分。同时，燕赵文化也是一种平原文化、农业文化和旱地农耕文化，与南方较

1　马耀光，严宝文，靳世昌. 中国北方干旱半干旱地区宏观地貌的发育特征[J]. 干旱地区农业研究，2003，21（4）：137-141.
2　王菱，谢贤群，李运生，唐登银. 中国北方地40年来湿润指数和气候干湿带界线的变化[J]. 地理研究，2004，23（1）：45-54.
3　胡实，莫兴国，林忠辉. 未来气候情景下我国北方地区干旱时空变化趋势[J]. 干旱区地理，2015，38（2）：239-248.

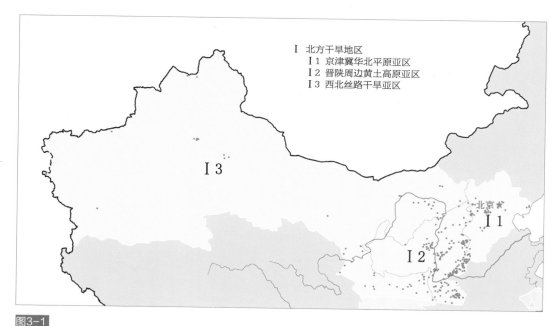

图3-1
北方干旱地区及其亚区传统村落分布
（资料来源：笔者自绘）

为发达的经济生活相比，其受到古代封建小农经济的影响，大多数传统村落充满了粗犷、凝重而古朴的气息。在文化上，以汉民族文化为主体[1]，兼受满族等北方少数民族的影响，燕赵的民俗古朴厚重[2]。

京津冀华北平原亚区的传统村落多建于明清时期，由于临近北京，自然地理条件比较优越，位置重要，在燕赵文化和都城文化的影响下，村落多经过前期规划，选址讲究风水，整体布局规整，民居等级森严。由于京津冀地区无霜期长达200天，适合户外活动的时间长，民居采用庭院式非常合用，而且封闭的庭院也是防避风大、沙多的有效方法。同时，由于冬季寒冷、日照角度低，宽敞的院落也可以使房屋多纳阳光。故而，该片区的民居多是四合院，其单体间距较东北地区窄，四合院可毗邻相接，形成邻里街坊。每个四合院都有强烈的主轴线，轴线往往是南北方向。四合院主体建筑空间形成坐北朝南的格局，以便争取冬日阳光，达到冬暖夏凉的目的。为此，聚落与单体之间形成以南北或东西方向的交通道路[3]。为了防寒、隔热，建筑单体的屋顶和墙体都做得很厚，且建筑材料多来源于附近太行山的泥坯或石头，建筑低矮，给人一种厚重、朴素之感。如北京市门头沟区斋堂镇爨底下村，现状建筑主要以四合院为主，院落依山就势、高低错落，使得每户的采光、通风、观景效果俱佳（图3-2）[4]。

1　育龙网. 地域文化的界定——以燕赵文化为例[EB/OL]. [2009-09-01]http://www.china-b.com/chengkao/sdfd/20090901/20687811.html.
2　张京华. 中国地域文化丛书——燕赵文化[M]. 沈阳：辽宁教育出版社，1995：232-242.
3　陆元鼎，杨谷生. 中国民居建筑（上卷）[M]. 广州：华南理工大学出版社，2003.
4　历史文化村镇保护与旅游发展规划研究——以北京市爨底下村为例[EB/OL]. [2012-06-06]. http://blog.sina.com.cn/s/blog_70ebbf2101016fnn.html.

图3-2
北京市爨底下村
（资料来源：朱丹丹. 旅游对乡村文化传承的影响研究［D］. 北京林业大学，2008）

2. 晋陕周边黄土高原亚区

晋陕周边黄土高原亚区包含山西、陕西东北部、宁夏、甘肃东北部和河南西部的部分地区。该地区以黄土高原地形为主，气候干燥，年均降雨量300～600mm，且集中于夏季。由于土质疏松易产生滑坡、崩塌、断裂等地质灾害，整体生态环境脆弱。降水产生的地面径流可造成大面积的水土侵蚀，且在风化作用的基础上对地表岩石进行侵蚀该亚区形成各种类型和发育程度的沟谷地形，平坦耕地较少。

以晋陕地区为主的中原黄河流域文化区，尤其是黄河中、下游交汇处一带，具有比较深厚的原始文化积存，并对其他文化区产生了巨大的影响，是中国古代文化的摇篮。同时，也正由于其边塞地位，晋陕黄土高原地区也成为北方少数民族与中原汉族交往、融合的重要地区。明清时期，晋商发展达到鼎盛，在重视家庭的传统观念影响下，晋商发家致富、衣锦还乡之后大兴土木，建造了许多晋商大院，许多有名的保存至今的大院和古村镇都是在明清时期修建的[1]。

在平原或河谷地带的传统村落，分布较多大院类的传统村落，以山西省晋中市的祁县、

1　冯宝志. 中国地域文化丛书——三晋文化[M]. 沈阳：辽宁教育出版社，1995：232-242.

图3-3

山西省临县李家山村

（资料来源：陈芳.山西碛口古镇聚落空间景观研究［D］.西安建筑科技大学，2011）

榆次、太谷、平遥、介休等最为突出，这些传统村落总体布局严谨、浑然一体、气势磅礴，如山西的乔家堡和王家大院。而在丘陵高坡，由于沟壑纵横、地形复杂，为了适应复杂的地形变化，居民们顺应黄土高原的塬、梁、峁、沟等地形地貌，挖掘出不同的窑洞形成村落[1]。如山西省吕梁市临县碛口镇李家山村，村落布局与山形地貌融为一体（图3-3），是典型的黄土高原传统村落，其传统民居为窑洞建筑，具有冬暖夏凉的效果[2]。

3. 西北丝路干旱亚区

西北丝路干旱亚区包含新疆、甘肃、宁夏、蒙西南和陕南地区，主要为"山地—平原—沙漠—湖盆"的"山盆系统"地貌。境内为大面积的沙漠、戈壁荒原或草原，在河湖滨岸有散居的绿洲农业和原野牧区[3]。此亚区海拔高、日照强，水系少、气候极其干燥，夏季炎热，冬季酷寒沙暴多，春秋两季极短，昼夜温差大。整体均属于干旱地区，降水量极少，年均降雨量仅150mm左右。

在如此恶劣的自然条件制约下，此亚区仍孕育了曾经繁荣一时的丝路文化。丝路文化作为联系古代东方与西方两个世界的桥梁，是东西文化交流的象征[4]。丝绸之路的开辟更使以新疆为主的西北地区成为东西方文化的荟萃之地，而文化艺术的交流使得新疆维吾尔人在村落及民居建筑中吸收了中原的汉族文化[5]。

1　陆元鼎，杨谷生. 中国民居建筑（中卷）[M]. 广州：华南理工大学出版社，2003.

2　陆元鼎，杨谷生. 中国民居建筑（上卷）[M]. 广州：华南理工大学出版社，2003.

3　胡实，莫兴国，林忠辉. 未来气候情景下我国北方地区干旱时空变化趋势[J]. 干旱区地理，2015，38（2）：239-248.

4　张兵，李子伟. 中国地域文化丛书——陇右文化[M]. 沈阳：辽宁教育出版社，1998：90.

5　陆元鼎，杨谷生. 中国民居建筑（下卷）[M]. 广州：华南理工大学出版社，2003.

图3-4
新疆鄯善县的麻扎村
（资料来源：蔡五妹.吐鲁番地区传统民居空间形态研究［D］.上海交通大学，2011）

整体而言，受自然环境的影响，西北丝路干旱亚区传统村落分布较为分散。由于当地冬天寒冷，经常有沙暴，夏天干热，因此聚落内的单体建筑往往采用封闭的空间，即使有院落也很小，采光通风采用天窗或小天井[1]。内蒙古的牧区聚落，为减少迎风阻力、节能和防寒，民居平面非常紧凑，形成圆柱体形且弧形顶盖中央有采光排气孔洞的帐房。新疆、甘肃等地的传统村落，民居建筑多连片建造，多为生土结构，并混有泥土、树木、石头和动物皮毛搭建而成。河谷地段适宜建房的平地极少，且土墙又不适宜建造太高的建筑，保证耕地数量，因此该地区往往在坡地上以平房的形式爬坡退台逐层建房，形成爬坡房。例如吐鲁番地区鄯善县吐峪沟乡麻扎村，由于河谷狭窄，为充分利用坡地，黄黏土制坯建成的窑房建筑依坡而建（图3-4）[2]。

3.1.2 给水系统

1. 水源

北方干旱地区整体用水困难，缺水成为制约北方干旱地区经济发展的首要因素，也是生态脆弱和环境恶化的重要根源。由于自然降雨集中且总量较少，作为地表水源的河流分布密度较低，且近年来地表水多被污染，因此北方大部分的干旱地区给水水源多为地下水，

1　陆元鼎，杨谷生. 中国民居建筑（上卷）［M］. 广州：华南理工大学出版社，2003.
2　陈震东. 中国民居建筑丛书——新疆民居［M］. 北京：中国建筑工业出版社，2009：43.

最常见的方式为打井抽水。

（1）水井

水井是我国北方地区最普遍的供水设施，但除了一些富裕的家庭，平常人家一般没有能力开挖水井，于是一个片区的村民通常"合资"修井，因此水井便有了公共属性，成为附近住宅的组织中心，为村民提供了交流的机会和场所，成为一个片区标志性场所。鉴于水井在村庄的重要作用，有条件的村庄会将水房修建的更为美观、讲究，如山西省介休市龙凤镇南庄村的水井建筑。

（2）水窖

当地人又叫"旱井"，水窖作为一种供水设施，通过对雨水的储存而实现，主要存在于地下水资源贫乏、降水时空分布不均的地区，常见于黄土高原地区传统村落，如山西省阳泉市小河村、汾西县师家沟村等，皆有水窖存在。

2．农业灌溉用水

在农业灌溉方面，西北干旱地区有极少数的临水传统村落可以挖渠引水或泵站抽水以解决农田灌溉问题，而多数传统村落只能依靠地下井水灌溉。也有部分传统村落由于地形地貌或经济问题，无法通过地下井水解决农业灌溉。例如，临汾市汾西县师家沟村位于黄土高原地形的台塬地带，干旱缺水，地下水位较深，只能"看天吃饭"。

3.1.3 排水系统

由于北方大部分乡村地区经济较为落后，多数传统村落至今没有建设排水排污管道。且由于村落人口通常较少，简单的饮食起居产生的生活污水量很小，村民通常直接将生活污水倒在院子或临屋的户外。但在集中降雨的夏季，北方干旱地区传统村落通常会遭遇短时的暴雨，常引发山洪。因此，北方传统村落少有的排水设施多为针对雨水的排水措施，主要有四种形式，即街道排水、明渠排水、涵洞排水和涝池[1]。其中，街道排水是最简单也最常见的排水方式，就是直接将街道作为村落排水设施。而将道路与排水排涝功能相结合也是北方干旱地区道路系统的一个典型特色。

3.1.4 道路交通系统

北方干旱地区的道路交通设施较少受到地形的限制，即使是在北方干旱地区中地形条件最为复杂的晋陕周边黄土高原亚区，交通也都较为便利，道路设施的状况也相对较好。

---

1 孙海龙. 基于遗产保护的历史文化名村基础设施更新策略研究[D]. 徐州：中国矿业大学，2014：26.

相对的，由于交通设施更新较快，原始传统村落的道路铺装及建设技巧则较少能够保留下来，目前基本已经硬化完成，但基本保持了原始的道路交通系统和传统村落内部的街巷格局。

1. 对外交通

（1）古道

受到自然环境的影响，在现代化的道路交通建设之前，古道是连接北方干旱地区传统村落的主要道路形式，临古道是传统村落的重要选址途径。由于北方干旱地区多为古代各王朝的中心腹地，官道纵横交错，在古代已经形成了较为完善的道路网络体系[1]。古道一般包括古驿道和古商道两种类型。古驿道属于"官道"，类似于现代的"国道"，是重要的陆路交通，多选址于有重要战略地位的区域，要求平缓、通畅，例如山西省沁河沿岸的古驿道、北京市爨底下村的古道就属于这种形式。古商道主要服务于平民和商人，因为注重快捷、经济，多要求以最短的距离实现两地的沟通，所以选址大多会穿山越岭，有的地方甚至堪称险峻，道路狭窄，容单人单马通行即可。

（2）关隘

与古道相伴随，北方干旱地区的道路交通设施还有独特的关隘。关隘，意为"险要的关口"，"关"是古代在交通险要或边境出入的地方设置的守卫处所，"隘"为险要的地方。关隘都是"山川扼要"，起到"一夫当关，万夫莫开"之效。关隘的地理位置十分重要，是依山傍水的交通要道，由于地势险要，不仅具有军事防御功能需要驻兵防守，还具有驿传体系、稽查行旅和征收关税等官方功能，有固定的房屋建筑、人员配备等[2、3]。

2. 村内街巷

（1）街巷格局

北方干旱地区的村内街巷随着村落的发展逐渐形成，其根据对外交通联和地形地貌因形就势灵活布局，平面形态丰富，可以大致分为三种类型：中心放射式、棋盘式和自由式[4]。

中心放射式是由于村中有重要的公共建筑或公共场所，如庙宇建筑、祠堂建筑、商业建筑和公共广场等，它们是村民的精神文化活动的中心，由于其功能的重要性，通常使得周边的小街巷汇聚于此。周围的居住建筑都会有街巷通向此地，这也成为街道系统中的重要节点。尤其新疆地区信奉伊斯兰教的村庄，由于每个居民点都要修建清真寺，而这个宗

1　王鑫. 环境适应性视野下的晋中地区传统聚落形态模式研究[D]. 北京：清华大学，2014：60-64.
2　崔嫱，韩瑛. 山西省关隘文化旅游资源开发研究[J]. 晋中学院学报，2013，30（6）：38-41.
3　何依，邓巍，李锦生，翟顺河. 山西古村镇区域类型与集群式保护策略[J]. 城市规划，2016，40（2）：85-93.
4　郭妍. 传统村落人居环境营造思想及其当代启示研究[D]. 西安：西安建筑科技大学，2011：45.

教祈祷的地方往往就建造在水池旁最为有利的位置，久而久之，凡信奉伊斯兰教的农村居民点都形成了以清真寺和水池为中心的聚落，由于这些居民点大都为自发形成的，各户在占据宅院时往往左右相依，前后错落，因此街巷也曲折拐弯，仅以能够通向水池和清真寺为准，故而这种居民点的街巷便成为指向中心的放射性街巷构架，是新疆原住民村落典型形态和组织形式[1]，如新疆鄯善县吐峪沟乡麻扎村（图3-5）。

棋盘式街巷一般多见于地势较为平坦的河谷盆地地区或平原地区，由于没有地形的限制，村庄通常呈纵横分明、主次等级明显的巷道格局。如晋中市平遥县段村镇段村，其古村即为棋盘式布局（图3-6）。

自由式道路，一般多位于山地或丘陵，地形高差较大的地方。通常村落的巷道根据复杂的地势会呈现出蜿蜒曲折、较为灵活的形态，很多主要街巷会依照地貌平行或垂直于等高线布置，如山西省灵石县南关镇董家岭村（图3-7）。不过新疆部分牧民冬季越冬的冬窝子虽然有可能也在宽阔平坦的河谷地带，但由于地广人稀、建设随意，所以也会呈现自由分散式的布局[2]，村内道路自由连接，如新疆维吾尔自治区特克斯县喀拉达拉乡琼库什台村（图3-8）。

图3-5
新疆鄯善县麻扎村的中心放射式街巷格局
（资料来源：Google地图）

1　陈震东. 新疆民居[M]. 北京：中国建筑工业出版社，2009：50-51.
2　陈震东. 新疆民居[M]. 北京：中国建筑工业出版社，2009：48-49.

图3-6
晋中市平遥县段村的棋盘式街巷格局
（资料来源：Google地图）

图3-7
山西省灵石县董家岭村的自由式路网
（资料来源：Google地图）

图3-8
新疆特克斯县琼库什台村的道路
（资料来源：http://pp.163.com/liyude/pp/11497157.html）

（2）街巷尺度

相较于山地丘陵地区的村庄，以平原地形为主的北方干旱地区村落道路尺度较少受制于地形，影响街道空间尺度的首要因素是街道功能。传统入户巷道宽度多为1～3m之间，$D/H<1$（D：街道宽度；H：临街建筑高度），处于这样的高而窄的街道空间当中，由于视觉空间受限，具有一定的封闭感；而村内主干道由于是以行人、马车为丈量尺度，宽度通常在3～5m，故传统的街巷尺度通常$D/H=1$，这样的街道视线比较自由，空间界定感比较强，交往尺度适宜。传统村落中的交流交往、商业通常在这样的街道上发生，主要公共空间和公共建筑也在这样的道路尽头或周边，街道起到一定的指向性作用（图3-9）。

但传统村落中也有部分村落的主干道由于原本地形要求，或新村建设为满足车行要求，道路宽度5～8m，空间尺度变大到$1<D/H<2$。这种空间感比较宽阔，对人与人交往行为产生的影响不大，视野增大，可以满足现代车行的要求。如山西省晋城市上庄村水街由于原本作为河道而非普通街巷，故尺度相对较大（图3-10）。

（3）道路铺装材质

由于北方地区石材较少，传统街巷中普通入户道路铺装通常采用泥土压实的做法，只有主干道才会采用土砖、石板、石块等铺砌（图3-11～图3-13），近年来逐渐出现砖块、水泥混凝土路面等。

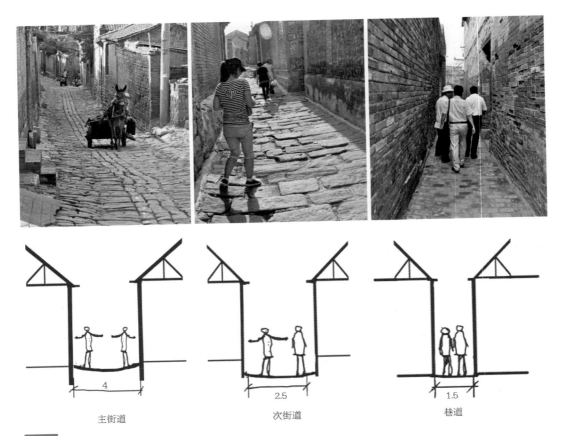

图3-9
北方传统村落街巷尺度示意
（资料来源：孙海龙. 基于遗产保护的历史文化名村基础设施更新策略研究[D]. 徐州：中国矿业大学，2014：26）

图3-10
山西省晋城市上庄村主干道的街巷尺度
（资料来源：笔者自摄）

图3-11
晋中市普洞村的土路

图3-12
晋中市普洞村的石块路
（资料来源：笔者自摄）

图3-13
晋中市梁村的砖石路

3.1.5　综合防灾系统

　　传统村落的综合防灾设施主要体现在防洪、抗震等主要内容。为应对夏季集中暴雨的排水泄洪，传统村落结合建筑院落和道路、排水系统来解决这一问题，案例如爨底下村和师家沟村贯穿全村的立体排水防洪系统，以及上庄村应对季节性的河流的水街，都是北方防洪的典型案例。在抗震方面，通常是通过民居建筑结构来抗震，如窑洞建筑的拱券结构等[1]。北方干旱地区民居建筑多采用土、砖等不易燃的建筑材料，较少发生火患，故除了放置一些水缸储水和哨岗监察防火以外，传统的防火设施并不突出。

3.2　北方干旱地区传统村落基础设施营建经验

3.2.1　给水系统

1. 水井

　　水井作为北方干旱地区重要的给水来源，其选址一般位于沟、河等易接近地下水的地方，同时临近路边宽敞处或村民集中处，以便于村民取水（图3-14、图3-15）。为了避免禽畜等对井水的污染，同时也为保障行人安全，有的水井还建有井房、井盖等防护措施。传统水井一般由人工开挖，河谷盆地地带的井深一般在6～12m，水面至井沿的距离一般为

1　王金平，徐强，韩卫成. 山西民居[M]. 北京：中国建筑工业出版社，2009：285.

图3-14
在水井边洗衣的村民（邢台县英谈村）

图3-15
路边宽敞处水井（阳城县上庄村）

（资料来源：图3-14、图3-15均引自孙海龙. 基于遗产保护的历史文化名村基础设施更新策略研究[D]. 徐州：中国矿业大学，2014：25）

3~5m。圆形和正多边形的井口形式最为常见，取水口直径一般在0.8m左右，井壁用砖石砌筑，井沿一般高出地面，以防止杂物掉入或雨污水回流至井中。

黄土高原地区和西北干旱地区随着地势的增高、干旱程度的增加，地下水水位越来越深。黄土高原的部分传统村落需要打深水井以获取深度地下水，水井深度通常达到300~500m。例如，山西省阳泉市义井镇小河村深700m的小河斜深井是这一水井中的典型代表。由于深水井开凿难度较大且受自然地理条件限制，并非每个村落都有条件进行开挖，部分地区只能几个村子共用一个水井，如临汾市汾西县师家沟村附近7、8个村子都共用附近岭南村内的一个500m的深水井。而以新疆为主的西北干旱地区甚至连深水井都很难实现，只能通过建设地下长距离引水设施——坎儿井，将水从雪山引至几十公里外的村落中。

（1）晋陕周边黄土高原亚区给水设施营造范例——小河斜深井

陕西省阳泉市小河村位于阳泉市城乡接合部。20世纪70年代，小河村赖以生活与生产的泊水干涸断流，为解决生活用水困难，小河村动员全村力量挖地道打井，历经十几年，经过不断的完善修复，最终建成了我国北方地区长度超过700m的斜井。小河村斜深井是一眼主巷道平均高约2.5m，宽约3m，深736m，平均坡度近30°，垂直深度394m的步筒斜井。小河深井的建成开创了我国在石灰岩上人工开凿斜水井的先河，为缺水地区寻找地下水源树立了榜样。小河斜深井不仅满足全村人、畜、田用水，还可支援阳泉电厂用水，更留下了一处蔚为壮观的地道斜井，成为小河村一道亮丽的风景线[1]。之所以打斜井，是因为当时

1　赵平. 阳泉市小河村乡村旅游开发研究[J]. 太原大学学报，2007，1：111-113.

还没有在岩石地层打垂直深井的技术，小河村的人只能利用临近煤矿的优势，采用开煤矿的技术打斜井，斜井刚建成时，用的是水车，通过卷扬机沿700m轨道一车车的向上运水。现在，当年的水车换成了几台深井泵，新的竖井也取代了原来的斜井巷道。

（2）西北丝路干旱亚区给水设施营造范例——坎儿井

西北丝路干旱亚区由于降雨量极少，给水成为村民生活最重要的问题。以少量山川融雪、山溪河流为主要水源的新疆吐鲁番和哈密等地区，为将水源引至村民生活区，创造了新疆坎儿井这种干旱地区独特的给水设施。

"坎儿井"有着两千年的历史，是新疆各族人民根据本地地形地貌、水文地质特点，在第四纪地层中通过自流引取地下水，使得水流不易蒸发，一年四季水流不断的一种古老而特有的地下水利工程。长期以来，坎儿井一直是吐鲁番地区各族人民赖以生存和发展的重要生命源泉，被誉为"生命之泉"。中外不少学者把坎儿井与都江堰、灵渠统称为中国古代三大水利工程。作为干旱地区人们利用水资源的最为经济、有效的水利工程，坎儿井不仅具有重要的经济价值，还具有巨大的环境资源价值[1、2]。

建造坎儿井的水文地质条件，一是要有深厚的含水层和丰富的地下水补给来源；二是坡降大，有利于暗渠引水。吐鲁番——哈密是天山盆地，水源丰富，山前第四纪洪积、冲积层深厚，组成广阔的含水层，山前平原坡降较大，具备了建造坎儿井良好的水文地质条件。据统计截至2010年，新疆共有坎儿井1795眼，其中97%以上集中在吐鲁番和哈密盆地，且主要集中在吐鲁番盆地的北部山前地带（吐鲁番坎儿井的数量约占新疆坎儿井总数的73%，出水量占坎儿井总出水量的86%）[3]。生活在这里的各族居民面对极端干旱的气候和独特的水文地质条件，创造了富有智慧的"坎儿井"，成功地实现了对地下水资源的利用，创造出了这种"上有火焰山，下有冰雪水"的独特地下水利用工程（邓铭江，2010）[4]。

坎儿井主要是由人工开挖的竖井、具有一定纵坡的暗渠、地面输水的明渠和储水用的涝坝（即蓄水池）组成（图3-16）。竖井是地表与暗渠的垂直竖立井，主要是在开挖暗渠时，起通风、出土、定

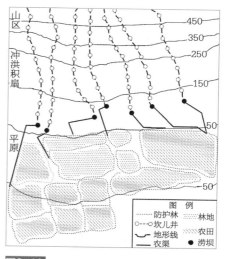

图3-16
坎儿井及灌区平面布置图

（资料来源：邓铭江. 干旱区坎儿井与山前凹陷地下水库[J]. 水科学进展，2010，6：748-756）

1 力提甫·托平提. 论kariz及维吾尔人的坎儿井文化[J]. 民族语文，2003，4：51-54.
2 胡居红，杨树敏. 浅谈吐鲁番地区坎儿井的利用与保护[J]. 新疆农业科学，2007，44：233-235.
3 黄文房，阐耀平. 新疆坎儿井的历史、现状和今后发展[J]. 干旱区地理，1990，（3）：33-37.
4 邓铭江. 干旱区坎儿井与山前凹陷地下水库[J]. 水科学进展，2010，（6）：748-756.

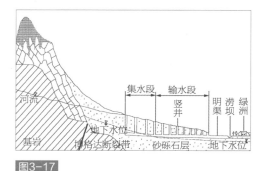

图3-17
坎儿井纵剖面结构示意图
（资料来源：邓铭江. 干旱区坎儿井与山前凹陷地下水库[J]. 水科学进展，2010，（6）：748-756）

位以及供人上下的作用；暗渠是坎儿井的主体，通常与地下水流成斜交，截引地下水顺暗流纵坡流出地面，根据其承担的主要功能可分为集水段和输水段；暗渠的出口称龙口，龙口以下接明渠；明渠是暗渠出水口至农田之间的水渠；涝坝主要用于蓄水、提高水温、调节灌溉。单井总长度一般在1000～6000m，集水段一般在200～1000m，竖井总数40～200眼，竖井间距一般下游为20m，上游30～50m，竖井越到上游越深，首部竖井深度一般在25～50m

（图3-17、图3-18）。由于暗渠的坡度小于地面坡度，也小于地下水面坡度，由此可把地下水自流引出地面（王毅萍等，2008；阿达莱提·塔伊尔，2007）[1、2]。

　　"自流引水、水行地下、减少蒸发、防止风沙、水流稳定"是坎儿井最为突出的优点（邓铭江，2010）[3]。同时，坎儿井具有维持和营造良好的生态系统、提高环境资源利用率的

图3-18
坎儿井明渠
（资料来源：郝雅洁. 我国农村村落可持续性建设研究［D］. 天津大学，2007）

1　王毅萍，周金龙，郭晓静. 新疆坎儿井现状及其发展[J]. 地下水，2008，30（6）：49-52.
2　阿达莱提·塔伊尔. 新疆坎儿井研究综述[J]. 西域研究，2007，（1）：111-115.
3　邓铭江. 干旱区坎儿井与山前凹陷地下水库[J]. 水科学进展，2010，6：748-756.

生态价值；其施工技术要求不高，能够长时间存续灌溉绿洲经济的经济价值；以及作为我国古代劳动人民留下来不可多得的珍贵遗产和吐鲁番文化象征的历史、文化和旅游开发价值（陈兰生等，1998；赵丽萍等，2009）[1、2]，如哈密市五堡镇博斯坦村就把坎儿井作为旅游资源进行开发。

2. 旱井（水窖）

晋陕周边黄土高原亚区还普遍存在一种给水设施——旱井（也称水窖），它是一种雨水集流工程，可以最大限度地利用雨水资源。修窖蓄水在我国西北黄土高原地区已有近千年的历史，在群众中流传这样一句话"旱井是个宝，山区离不了。平时能吃水，旱时能灌溉。只要管理好，作用真不小"。截至2000年，仅在我国的甘肃、陕西等地已经建成230万眼水窖，其蓄水容积达1亿m³（侯燕军等，2006；孙建轩等，1984）[3、4]。

由于黄土高原干旱地区属于大陆性季风气候，年均降雨量在300~600mm之间，降雨量少，蒸发量大，地下水埋藏较深，另外降雨不平均，7~9月的降雨量约占全年的70%，且多以暴雨形式出现。降雨落在地面上容易形成地面漫流，迅速流出；径流强大的冲刷作用又是土壤侵蚀产沙的主要营力，造成水土流失、土地贫瘠化。另外严重的侵蚀产沙还会使大型水利工程很难发挥应有的作用。为此，在干旱区修建蓄水水窖聚集汛期的降水，通过对降水的时空调节，既能够满足旱期的灌溉、饮用需要，又可达到控制水土流失之效（段喜明等，1999；付晓刚等，2007）[5、6]。

水窖形似酒坛，最大直径约4m，深约5m，取水口直径在30~40cm，水窖的容量可达40m³，窖底部用灰渣夯实，水窖周壁用石块砌筑，收集的雨水在水窖内经过沉淀、矿化和消毒后即可用于生活饮用（图3-19）。水窖一般要在房屋建设之前修建，这样可以避免修建水窖挖方时影响到房子的基础而影响房屋安全。

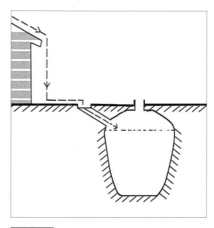

图3-19
水窖剖面示意图
（资料来源：孙海龙.基于遗产保护的历史文化名村基础设施更新策略研究[D]. 徐州：中国矿业大学，2014：26）

1　陈兰生，牛永绮. 试论坎儿井的环境价值[J]. 新疆环境保护，1998，（4）：48-50.
2　赵丽萍，宋和平，赵以琴，刘兵. 吐鲁番盆地坎儿井的价值及其保护[J]. 水利经济，2009，（5）：14-16.
3　侯燕军，陈军锋，郑秀清. 雨水集蓄利用技术——水窖在秦安县的应用与发展[J]. 太原理工大学学报，2006，（1）：77-79.
4　孙建轩，王嗣娴. 旱井是个宝，山区离不了[J]. 山西水土保持科技，1984，（4）：19-26.
5　段喜明，王治国，胡振华. 晋西黄土残塬区旱井集雨技术研究[J]. 土壤侵蚀与水土保持学报，1999，（3）：23-26.
6　付晓刚，齐全，周万亩，宁楚湘. 旱地水窖设计与施工技术[J]. 甘肃农业，2007，（10）：74-75.

水窖的原理是通过拦蓄地表径流，充分利用自然降水以满足人畜生活用水和生产用水的一种微集水灌溉工程，其主体包括窖身、集流设施和沉沙（泥）池。窖身是水窖的主体，形式可分为缸扣缸式、瓮式、锅扣缸式、酒瓶式、枣核式、窑式（或称靴式）、旱井群等；集流场是用来收集雨水的场地，房屋屋顶、院场、自然山坡、黏土地面、公路等都可以作为集雨场；沉沙池是为了防止泥沙淤塞水窖，保证清水入窖，其形状多为矩形（孙建轩等，1984；付晓刚等，2007）[1, 2]。

水窖配置模式主要有三种。第一种水窖主要分布在居民点的院内、打谷场边、山坡集水凹地等地方，以收集屋面、打谷场上、凹地上的水流，供人畜饮用或为庭院经济（果园、大棚菜）、农田、植树造林提供灌溉水源；第二种水窖主要分布在高低不同的梯田内，利用地形落差或者虹吸管自流灌溉，每个水窖负责灌溉一定的区域，当位于高处的水窖蓄满水后，多余的水可以通过管道补充位于地势比较低处的水窖（图3-20）；第三种水窖沿河沟分布在河底，汛期蓄积河沟水，在干旱期抽取水窖中的水，灌溉位于河沟两边的梯田（图3-21）（付晓刚等，2007）[3]。

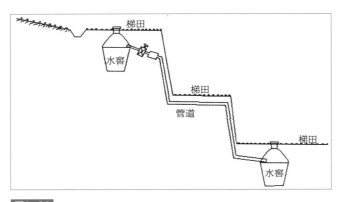

图3-20
水窖配置模式二
（资料来源：付晓刚，齐全，周万亩，宁楚湘. 旱地水窖设计与施工技术[J]. 甘肃农业，2007，10：74-75）

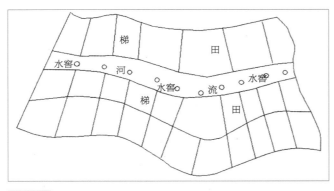

图3-21
水窖配置模式三
（资料来源：付晓刚，齐全，周万亩，宁楚湘. 旱地水窖设计与施工技术[J]. 甘肃农业，2007，10：74-75）

3. 限时供水

由于北方干旱地区普遍缺水，而对水的利用也就格外珍贵。与中国其他地域对水的粗放式管理不同，北方干旱地区为了节约、集约用水，则普遍采用限时供水的策略，部分村落对用水时间也有一定的限制。如山西省灵石县夏门村就采用限

1　孙建轩，王嗣娴. 旱井是个宝，山区离不了[J]. 山西水土保持科技，1984，4：19-26.
2　付晓刚，齐全，周万亩，宁楚湘. 旱地水窖设计与施工技术[J]. 甘肃农业，2007，（10）：74-75.
3　付晓刚，齐全，周万亩，宁楚湘. 旱地水窖设计与施工技术[J]. 甘肃农业，2007，（10）：74-75.

时供水系统，夏门村供水总站的
水需要每天中午从水井里抽水至
高位水池，于高位水池沉淀2～
3小时后，再通过第二供水站将
水送至居民点（图3-22）。山西
省泽州县北义城镇西黄石村也是
如此。

3.2.2　排水系统

由于北方干旱地区大部分区
域属于温带季风气候，具有全年
降雨分布不均，集中于7～9月且
来势凶猛、暴雨如注等特点，故
该地区多数传统村落十分注重村
落的排水与防洪。传统村落排水

图3-22
山西省灵石县夏门村的限时供水系统
（资料来源：笔者自摄）

设施主要有四种形式，即街道排水、明渠排水、涵洞排水和涝池[1]。

（1）街道排水。这种排水方式最为常见，就是直接将街道作为村落排水设施。道路系
统与排水排涝功能相结合也是北方干旱地区道路系统的一个典型特色。与现代道路的规划
设计相反，作为排水设施意义上的传统街道路面一般呈凹弧形（图3-23）。首先由于北方
地区干旱少雨，并且风沙较大，若是有偶尔的降雨落在路面，能够起到很好的清理街道秽
物的作用。部分村落甚至会以沟为街，以街为河，形成"河街"，并留有"水门"，最典型
的案例莫过于山西省晋城市上庄村的水街；其次，呈凹弧形的街道做法不仅使路面的地势
明显低于住宅地面，使得宅院中的雨水能够自然排出，同时凹弧限制着水流的范围和方
向，从而避免雨水过多时对街道两侧的建筑墙基础造成冲刷和浸泡，而且还利于雨天街道
的行人，人们可以行走在两侧地势高的地方，减少雨水对人们出行的不利影响。再者，雨
水通过院落外墙边留有的出水口排到村庄凹弧形的道路上，利用村庄地势高差汇入主干
道排出村外，流入村庄周边的稻田或河沟。如晋中市祁县贾令镇谷恋村就没有铺设排水排
污管道，也没有修建路边沟渠，水流从各院落直接排到支路再汇集到三条主路排出村外
（图3-24）。

（2）明渠。这种排水形式是在凹型街道排水的基础上改进的，其排水的专门性更加明
显。一般是在街道的一侧或者中央砌筑一条明显的凹槽，这种排水方式就不再仅限于雨水

1　孙海龙. 基于遗产保护的历史文化名村基础设施更新策略研究[D]. 徐州：中国矿业大学，2014：26.

图3-23
凹弧形的排水街道
（资料来源：笔者自摄）

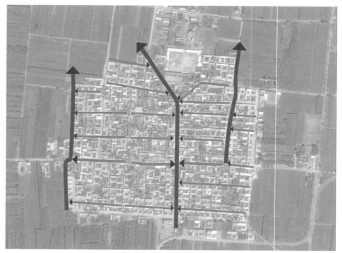

图3-24
山西省晋中市谷恋村的结合道路的自然排水
（资料来源：笔者自绘）

的排放，生活污水也可以直接排放到其中（图3-25）。这种排水方式多见于太行山脉附近相对湿润的北方传统村落当中，且要求街道的坡度相对较大，以利于雨水污水的及时排出，以免发生臭水沟的现象。

（3）涵洞。涵洞排水主要出现在山地型村庄中，如河北省石家庄市大梁江村、山西省阳泉市小河村等。之所以选择涵洞作为主要的排水通道是基于以下两个方面的考虑，首先，由于村落依山而建，所以要考虑为山上雨水下排设置通道，避免山洪蓄积，威胁到村庄的安全，而若任由雨水沿着村庄街道排放，由于地势高差较大，较大的水流速度会冲坏街道，甚至威胁到房屋安全，而选择涵洞则可以限制水流冲刷房屋，同时根据当地雨量的大小决定开挖涵洞的大小。涵洞通常用砖石砌筑，十分坚固，能够抵挡水流的冲刷。其次，对于依山而建的村落而言，平整的地块非常宝贵，如果能将坡度较大的空间用石头堆砌形成平地，下方也可留出空间，这样多处空间联系起来也就形成了排水涵洞，是一举多得的营建方法。此外，在有些堡寨型村庄（如山西省阳城县湘峪村）的规划建设之初，这些排水涵洞也是作为防御体系的一部分，构成地下的暗道，其尺度可容人持械通行，作为紧急的避难逃生和伏击之用（图3-26）。

（4）涝池。这种排水设施是根据村落的地形特点，挖低垫高，将村庄低洼处的土石挖出，形成洼地稍加整修，即可作为平时雨水的一个容纳场所，从而起到对洪水雨水排放的缓冲作用。同时，在旱季缺水的季节，涝池储存的雨水又可供村中居民洗涤或防火之用。多数北方地区的村落都留有涝池，但由于暂停使用的现状或保护不善，部分涝池有漂浮物且散发异味，如山西省介休市龙凤镇南庄村的涝池（图3-27）。

这些排水设施多与村落选址、道路、建筑等紧密结合，形成完整的排水、防洪系统，

图3-25
北京市灵水村的排水明渠

图3-26
山西省阳城县湘峪村的排水涵洞

（资料来源：图3-25、图3-26均引自孙海龙. 基于遗产保护的历史文化名村基础设施更新策略研究[D]. 中国矿业大学硕士学位论文，2014：26）

图3-27
山西省介休市南庄村的涝池
（资料来源：笔者自摄）

较为典型的案例为京津冀华北平原亚区的爨底下村排水防洪体系和晋陕周边黄土高原亚区的立体分级排水系统。

1. 京津冀华北平原亚区排水系统营建经验——爨底下村的排水防洪体系

爨底下村所处的斋堂川地区位于深山之中，由于地理环境的关系，多数山村都面临着洪水和泥石流的威胁。在历史上，斋堂川地区因洪水和泥石流所引发的自然灾害时有发生，史籍上也屡见记载。爨底下村也曾有过村庄房屋全部毁于洪水，而被迫迁村的悲惨历史。韩姓家族的先民在重新建村时，就对预防洪水和泥石流进行了充分的考虑，从而建造了一套科学有效的防洪系统，使得几百年来，爨底下村没有再因洪水和泥石流而受到损坏（袁树森，2012）[1]：

第一，爨底下村注意利用自然的地形地势并建立多重屏障。首先，把村子建在不容易受到洪水威胁的高耸之处，为村子的防洪排涝打下了很好的基础。爨底下村位于两山加一沟、两峰加一坡的一个山坡之上，这个位置对于防洪是极为有利的，一般来说是不会遭受洪水的毁灭性冲击[2]。另外爨底下村利用自然地势，在村中建成了三道防线，一是村下部分河道的北侧与民宅之间有一道高约1m的挡水墙，挡水墙与宅院之间尚有大约2m的距离形成道路，而墙外则是河道，一旦发生洪水，挡水墙可以挡住洪水，保护民宅。挡水墙内部道路地势高于外面，村民们仍然可以自由地来往，进行正常的生活。如果发生特大洪水，村下的挡水墙失去了作用，那么爨底下村还有第二道防线，即从山下的河滩到村上部分之间有一个20多米的石砌护坡墙（当地村民称之为"大墙"）（图3-28），既是村上部分民居建筑的护坡墙，同时也是村上部分宅院地基的叠加墙，还是挡水的大坝。第三道防线是大墙上许多有规律的突出石板，是当年施工时支撑跳板的支点，村民有意识地将其中一部分保留下来，形成当地人称之为"天梯"的一种备用应急交通设施。一旦爆发了特大洪水，居住在村下河滩地的村民在迫不得已的情况下，可以舍弃自己的房子，利用大墙上凸出的石头，迅速地攀爬到山坡上（王承沂，1998）[3]。

第二，爨底下村有着统一的排水组织和泄洪路线规划。村落整体与村级主要道路系统相结合，在全村形成了17条排水线路，并以此为基础，将全村分成了12个排水分区，特别的是，这12个排水分区，除去第6区和第12区面积稍大之外，其余各区的面积基本相等，与现代分区排水的组织原则相吻合（图3-29）[4]。村子里有三条主要的排洪通道，一条与山村南侧的

1 袁树森. 爨底下村的古代防洪设施[EB/OL]. http://www.ydhwh.com/culture/move.asp?id=246.
2 北京农家院网。爨底下村的防洪系统[EB/OL]. [2009-10-27]. http://www.nongjiayuan.org/cuandixiacun/cdxfhxt.html.
3 王承沂. 珍藏在山中的一颗古建筑明珠——关于北京爨底下村明清古建筑群的初步探析[C]//中国文物学会传统建筑园林委员会: 中国文物学会传统建筑园林委员会第十一届学术研讨会论文集. 1998: 1-6.
4 袁树森. 爨底下村的排水系统[EB/OL]. 2009-10-27[2016-01-05]. http://www. nongjiayuan.org/cuandixiacun/CuanDeXiaCunDeBaiShuiJiTong.html.

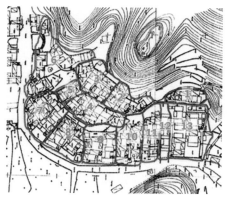

峡谷、河床相融，主要用于将两山脊间峡谷中产生的大股洪水排泄；另外两条分别位于山村的东西两侧，即位于两侧山峰与村子所在的山坡之间的峡谷之中，主要用于排泄两条峰谷中产生的洪水。这两条排洪通道都采用了明排和暗排的混合构成方式，其中的暗排部分是为了适应排洪线路必须穿过村子而设计的，全部都用埋藏在地下的涵洞构成（袁树森，2012）[1]。

第三，爨底下村内各处分布着大大小小的防水构造，主要包括弧形的围墙、可拆卸的门槛。弧形的围墙是指爨底下村大量的弧形的屋角、街角、围墙、挡土墙、台基等，这些构造并不完全是乡土建筑依山就势建设的结果，也常被作为一种防洪构造措施来使用。这种弧线处理多出现在溪流边、沟谷底部等易受水侵蚀的部位，弧线外形能缓冲水流给建筑带来的冲击，减少洪水对建筑造成的破坏。可拆卸的门槛是指在院门入口处设置门槛，门槛的高度一般在30cm左右，材料有石有木，但共同的特点就是可以拆卸。这种门槛在这个曾是驿站又有洪水之虞的山村是极为实用的。平时将门槛收起，则可进出车马；洪水来时，则可将门槛安上，增强避免洪水侵入院内的能力，可起到一定的防洪作用（高毓婷，2010；李飒，2013）[2,3]。

第四，爨底下村还有具体到各宅院的排水处理，可分为户内和户外两个部分，户内的排水主要由屋面的排水方向、院内地面的起坡方向、涵洞和出水口这三部分组成；户外部分主要由相邻院落的山墙处理（隔廊）、相邻院落的檐口处理（沿墙沟）、出水口与区域排水干线的处理这三部分组成。主要包括涵洞、出水口、明沟、隔廊、沿墙沟这五种排水构

1　袁树森. 爨底下村的古代防洪设施[EB/OL]. 2012-08-25[2016-01-05]http://www.ydhwh.com/culture/
move.asp?id=246.

2　高毓婷. 爨底下乡土建筑的文化解读[D]. 北京：中央民族大学，2010：31-32.

3　李飒. 门头沟古村落景观研究初探[D]. 北京：北京林业大学，2013：29-30，46.

件。涵洞在院落内和院落外都有建造，院落中的涵洞口径一般较小，多用当地小块石料建造，也有用砖筑而成的；但用于排洪的涵洞则口径较大，且多用石板砌成。爨底下村的部分排水干线是与村中的道路系统结合于一体的，其道路常常采用倾斜的方式，并将明沟设于道路较低的一侧，这样对排除路面积水也有很好的效用。隔廊和沿墙沟是爨底下村的极为独特的防水构造做法。隔廊主要用于相邻院落或相邻房屋之间的排水处理，其具体做法是在相邻建筑的两山墙间或是两檐口间铺设一行"凹瓦"，从而在这种结合部形成一条专用的排水沟。这种"隔廊"的存在，对于共墙的建筑，可以有效防止或减弱雨水对于墙体的冲刷。沿墙沟（在京西地区被称为"天沟"）则是在建筑物的檐口下方，沿着建筑物的外墙，砌筑一行成一定坡度的"凹瓦"。这种沿墙沟属于单院建筑自身防水、排水的一种作法，目的是将从檐口下落的雨水迅速从建筑附近排走，并有目的地将其排向区域的排水干线，防止雨水对建筑的基础造成不良影响。

第五，爨底下村在对洪灾和泥石流的预防方面也有着口头相传的不成文规定，即"后山（指龙头山的龙脖子部位）不取土，南山不砍柴"。这对爨底下村保护周边自然环境，特别是要保护好自然植被，增加山体的涵水性，防止水土流失，做到人与自然的和谐统一等具有长期有效的文化束缚，有效地防止了泥石流的发生。同时由于自然植被保存良好，现在也成为村里一道靓丽的风景线，对于调节气候、美化环境都起到了不可低估的作用（袁树森，2012）[1]。

2. 晋陕周边黄土高原亚区排水系统营建经验——立体及分级排水系统

黄土高原地区每年降水比较集中，易发洪水灾害，并且土质为湿陷性黄土，受潮易塌陷，因此晋陕周边黄土高原亚区的传统村落在建设时也十分重视排水防洪问题，例如榆林市米脂县杨家沟镇杨家沟村、晋中市榆次区东赵乡后沟村采用从屋顶到巷道、从地面到地下，利用明沟、暗渠、出水口、涵洞、涝池等多种排水构件形成的立体排水系统（宋文，2013；赵雪晶，2013）[2,3]。山西省汾西县师家沟村的分级排水系统，使得师家沟村从清朝中叶至今二百多年的时间里从未发生过因黄土湿陷而致房屋倒塌的问题（李晓丽，2009；葛梦瑶，2014）[4,5]。

（1）山西省榆林市米脂县杨家沟村的立体排水系统[6]

杨家沟村扶风寨位于榆林市米脂县杨家沟镇，米脂县属典型的黄土高原丘陵沟壑区（图3-30、图3-31）。米脂县全年降雨分布很不均匀，到了7~9月份，有时会暴雨如注，来

1　袁树森. 爨底下村的古代防洪设施[EB/OL]. http://www.ydhwh.com/culture/move.asp?id=246.

2　宋文. 山西榆次后沟古村落景观研究[D]. 北京：北京林业大学，2013.

3　赵雪晶. 晋中榆次后沟古村落生态适应性及应用策略研究[D]. 太原：太原理工大学，2013.

4　李晓丽. 黄土高原沟壑地区山村聚落的空间形态研究——以汾西师家沟村落为例[D]. 西安：西安建筑科技大学，2009.

5　葛梦瑶，王建光. 师家沟湮没于黄土的荣耀[J]. 绿色环保建材，2014，12：94-97.

6　朱晓明，高增元. 不只是红色履迹——论陕西米脂县杨家沟扶风寨的聚落特征[J]. 理想空间——历史文化村镇保护规划与实践，2010，41：26-29.

图3-30
陕西省米脂县杨家沟村扶风寨全景
（资料来源：朱晓明，高增元. 不只是红色履迹——论陕西米脂县杨家沟扶风寨的聚落特征[J]. 理想空间——历史文化村镇保护规划与实践，2010，（41）：26-29）

势凶猛，一场雨通常要持续一个多小时。虽然一般村落选址尽量选择在历史最高洪水水位的上限，但是由于土地疏松，缺乏粘合力，很容易造成滑坡、断裂和坍塌。杨家沟村村落布局特别注意排涝，不仅利于村落生活，更能尽可能减小房屋坍塌、村毁人亡的威胁。

杨家沟村通向寨门的道路表面全部用石片做成凹形，雨水顺势跌落，公共道路就是主要的明沟排水地段。扶风寨寨门是一处拥有上下交通的立体系统，涵洞的造型不仅便于防御，更可抵御大水袭击，逢小雨不泥泞，遇大雨不怕水。村内有很多暗沟和出水口、涵洞、石壁凹槽等，依山而凿，雨水入地，走暗流，极大减缓了地面明沟排水的压力。雨水顺暗沟流经寨墙表面的凹槽，再经过两个涝池的蓄水，最后将水汇聚到村口最大的、足有半人高的半拱形石涵洞中，经过"小沟河"流入无定河（图3-32）。这一排泄

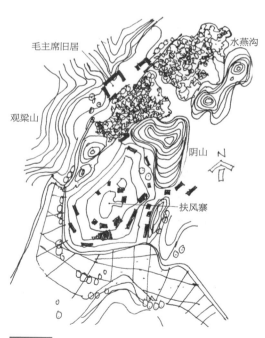

图3-31
杨家沟村扶风寨平面图
（资料来源：朱晓明，高增元. 不只是红色履迹——论陕西米脂县杨家沟扶风寨的聚落特征[J]. 理想空间——历史文化村镇保护规划与实践，2010，（41）：26-29）

系统完全根据地形，出于实用和安全的考虑。这种排水、防御和交通体系三位一体的立体排水系统，是生活化的、实用的，且至今利用如常。它是利用黄土高原的山坡与洼地合理规划，民居既不占耕地，也能防止水土流失，自然与建筑交相辉映，节省乡村土地的居住范例（朱晓明等，2010）[1]。

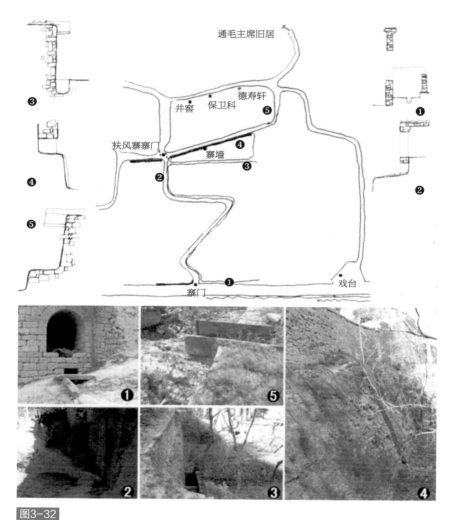

图3-32
杨家沟村扶风寨立体排水系统构造
（资料来源：朱晓明，高增元. 不只是红色履迹——论陕西米脂县杨家沟扶风寨的聚落特征[J]. 理想空间——历史文化村镇保护规划与实践，2010，（41）：26-29）

（2）晋中市榆次区后沟村"明走暗泄"的排水系统

后沟古村地处晋中市榆次区东赵乡，位于距榆次城区东北部的山沟里。后沟村是北

1　朱晓明，高增元. 不只是红色履迹——论陕西米脂县杨家沟扶风寨的聚落特征[J]. 理想空间，2010，（41）：26-29.

方典型的黄土旱塬式古村落，平均海拔900m左右，最高海拔974m，最低海拔907m，最高处与最低处相差约67m，构成了由沟、坡、塬地和少量的滩地组成的黄土台塬沟壑地形（图3-33）。

后沟村的排水系统是雨污合流，将污水和雨水从山上引流到山下的龙门河。最宽最深的总水渠是从山顶开始，依山谷顺势直到山下的龙门河，总水渠连接了村中每家每户的排水口，各家各户的雨水和污水，连同山顶的雨水，都顺着这条总渠排至龙门河。同时，为了减小总渠的负担，减少雨水冲刷和山体塌方，山上还遍布明渠，明渠的水最终也汇总到总渠，汇水的力量也可以将总渠的堵塞物冲刷掉。

同时，每家每户也有各自的雨水收集和排放体系。坡屋顶直接将雨水和积雪排至院内，平屋顶则通过山墙的排水孔将水泄入院内。雨水通过院内的排水口流至村里的总渠。村中道路一侧也有排水明沟，经过坡度设计和组织，流入十余厘米宽的明沟排水渠，这些排水渠由石片部分插入地下铺成，相当于"水簸箕"，减少了水的动能；之后雨水再由明沟排水渠排入村里暗沟总渠。最终，通过层层连接和汇集，暗道总渠会将所有收集的雨水和污水分两部分，从西南和东南方位排入龙门河。后沟村排水系统沿用至今（图3-34），"天降大雨，院无

图3-33
山西省晋中市后沟村全景
（资料来源：范任重. 山西后沟古村落的现状和保护[D]. 太原理工大学硕士学位论文，2009）

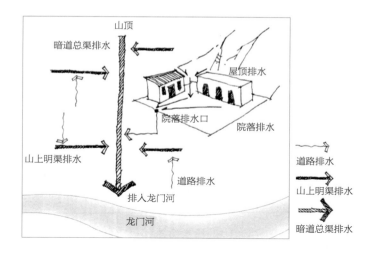

图3-34
后沟村的排水系统简图
（资料来源：宋文. 山西榆次后沟古
村落景观研究[D]. 北京林业大学硕
士学位论文，2013）

积水，路不湿鞋"，堪比优秀的专业水利设计（宋文，2013；赵雪晶，2013）[1-2]。

（3）山西省汾西县师家沟村的分级排水系统

汾西县师家沟村位于三山环抱之中，东西两侧为冲沟，东、北、西三面均高于村落用地。窑洞建筑依山就势、避风向阳、错落有致，但此三面汇水之地被洪水及滑坡侵袭的可能性非常大。师家沟村的防洪思想以疏导为主，采用多层次相互承接的排水措施，形成完善的分级排水系统（图3-35）。第一个层次是从屋面排放到院中，从上层院到下层院，师家沟窑洞屋顶都做有大约2%的起坡，再由陶质出水管将水排到院子里；第二个层次是院落的排水，每个院子也有约2%的起坡，院内的积水集中至排水沟再排向院外，再由排水道排向村内环道；第三个层次是由环道排向村外，环道是村中的主干道，是一条长约1500m的人行道，均用长100cm、宽50cm、厚30cm的沙质条石铺就，在通行之外同时兼起排水的作用（图3-36）。环道沿沟谷开挖而成，符合水流趋势。环道的条石铺面以下埋有陶质的排水管，连接并收集各院的排水，将其全部由地下迅速排走。因其地下排水的特点，师家沟村素有"下雨半月不湿鞋"之说，时至今日，此分级排水系统仍然在很好地发挥作用（薛林平等，2007）[3]。

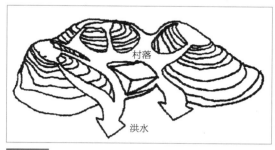

图3-35
山西省汾西县师家沟村的排洪示意
（资料来源：李晓丽. 黄土高原沟壑地区山村聚落的空间
形态研究——以汾西师家沟村落为例[D]. 西安建筑科技
大学硕士学位论文，2009）

1　宋文. 山西榆次后沟古村落景观研究[D]. 北京：北京林业大学，2013.
2　赵雪晶. 晋中榆次后沟古村落生态适应性及应用策略研究[D]. 太原：太原理工大学，2013.
3　薛林平，刘捷. 黄土高原上传统山地窑居村落的杰出之作——山西汾西县师家沟古村落[J]. 华中建筑，
　　2007，（7）：96-98.

3.2.3 道路交通系统

1. 对外交通

北方干旱地区的传统村落对外交通体系通常还保留有古道、古关隘等。古道分为古驿道和古商道，而关隘作为一类特殊的交通设施，是古代道路交通体系的重要部分。关隘是古人在险要地方、重要地段或边境上设立的守卫处所，是战争的产物。与传统村落有关的关隘多为驿道关，驿道关一般是指地区性关隘，分布比较分散，大多依山傍水、凭险而立，其中丝绸之路上的主要古关隘是驿道关中的重点，我国近半数的古代关隘分布在这条古道上或其附近地区（王少华，2012）[1]。

从地域分布来说，尤以山西省的关隘最多。山西省既是汉民族与大漠草原游牧民族

图3-36
师家沟村条石铺就的兼具排洪功能的环路
（资料来源：笔者自摄）

冲突交锋、交流融合的第一线，也是战略要塞，历来为兵家必争之地。千百年来中国历代统治者无不在此建关修隘、严防布控。经久不息的边患，连绵不断的烽烟，使得山西北部的关隘家喻户晓（王少华，2013）[2]。山西省关隘数量众多且位置重要，总体上呈现沿山脉、长城及黄河分布，在山西境内呈"大"字形布局，其中尤以晋东南"太行八陉"最为著名，如娘子关、虹梯关、天井关等（崔嫱等，2013；王怀中，2008）[3,4]，成为晋冀豫三省穿越太行山的必经之道。以关隘为结点，太行山区古道中出现了一系列的"关村"。何依等人在研究山西古村镇区域特色的时候将之划分为一类片区，称为"太行八陉的关村"，类型特色为"关市结构，险峻风光"（何依等，2016）[5]。

关市结构缘于这类古村镇的功能。关村在防守中产生，在流通中的壮大，关和街在这类古村镇中是一个相生相伴的整体。例如，山西省泽州县的天井关村地处太行南段的太行陉，关内一途独通，设有南阁、南关、西关和北关，分别封锁住了聚落的3个通道，东面是

---

1 王少华. 中国古关隘文化旅游资源的开发现状与对策——以丝绸之路上的古关隘为例[J]. 安徽农业科学，2012，40（3）：1562-1565.

2 王少华. 基于AHP的山西省古关隘旅游资源评价与研究[J]. 开发研究，2013，（6）：73-77.

3 崔嫱，韩瑛. 山西省关隘文化旅游资源开发研究[J]. 晋中学院学报，2013，30（6）：38-41.

4 王怀中，马书岐. 山西关隘与关隘文化[J]. 长治学院学报，2008，25（3）：20-22.

5 何依，邓巍，李锦生，翟顺河. 山西古村镇区域类型与集群式保护策略[J]. 城市规划，2016，40（2）：85-93.

图3-37
山西省泽州县天井关村的"关市结构"
（参考依据：何依，邓巍，李锦生，翟顺河. 山西古村
镇区域类型与集群式保护策略[J]. 城市规划，2016，
40（2）：85-93）

图3-38
山西省临县西湾村
（资料来源：王向前. 碛口窑洞民居建筑形态解析［D］.
哈尔滨工业大学，2007）

深沟没有出口。至明清时期，天井关的防御职能已经减弱，天井关村转变成为服务南北货运的驿站，关城被商业店铺占满后，在关城外继续向南向北沿山脊发展，形成一条全长约800m、顺应山脊呈S形的街道（图3-37）（何依等，2016）[1]。

2. 村内巷道

在北方干旱地区中，京津冀华北平原和西北丝路干旱亚区的传统村落以平原村落居多，其村内街巷的其他功能并不明显。而晋陕周边黄土高原亚区的传统村落街巷则充分利用其独特的自然条件，通常兼具交通和防洪排水功能，其典型案例就是山西省临县西湾村的立体交通系统。西湾村位于山西省临县碛口镇北1km处，以明清古建筑群、具有"立体交融式"乡土建筑的特色民居建筑闻名于世（图3-38）。20世纪40年代以前该村是碛口镇商贸辐射圈内的重要村落之一，是一个农耕商贸结合发展的农村聚落的典型（李青，2009）[2]。

西湾村选址于卧龙岗（北面）和卧虎山（西面）之间，村落建在湫水河的河谷地段30°斜坡之上。有限的农耕用地使得村民对可耕地有着寸土寸金之情，不惜将村落建造在这样陡立的石山上，导致纵向街巷有近30°的斜坡。但这样紧凑的布局具有很大的优势：一是节省有限的农地；二是石山建房的基础很牢固；三是可避免雨季湫水河泛滥上涨冲毁房屋；四是五条巷子可以快速地将山坡上的雨水引下排

1 何依，邓巍，李锦生，翟顺河. 山西古村镇区域类型与集群式保护策略[J]. 城市规划，2016，40（2）：85-93.
2 李青. 景观形态学视角下的山西古村落特征及其保护[D]. 太原：山西大学，2009.

出；五是依山建村还有利于防御（李青，2009；杜小玉，2012）[1、2]。

西湾村民居建筑层层叠叠，随势而上，层次感极强，最高处可达六层，院落布局紧凑，上院的庭院是下院正房的屋顶（俗称为"脑畔"），这样有效地节省了赖以为生的山前平地，形成"立体交融式"的独特景观。整个村庄中的民居宅院长约250m，宽约120m，占地3万多平方米。村内五纵两横七条街巷将四十余座民居宅院连为一体，周以高墙维护（经过人为战乱现已被部分损毁），形成了一个庞大的城堡式封闭空间，仅在南向留大门三座。紧邻的院子之间都在隔墙上开有小门，一般院落有两个院门，有的三个或者更多，形成院院相通、户户串联的格局，既保持了各家各户的独立单元，又加强了整体民居之间的紧密联系，邻里往来照应非常方便，只要进入村中的任何一个院子，不用出大门就可以通往相邻院落，依次走院串户，可以走遍村中所有院落。所以常有人这样形容西湾村，"村是一座院，院是一山村"（薛林平等，2013）[3]。

西湾村的街巷主要受山地地形的影响，顺着等高线形成2条主街，垂直于等高线形成5条巷道，两横五纵共七条主要道路。东部三个巷子较长且曲折，西部两巷较短而直（图3-39）。村落内没有贯通东西的横街，只在东二巷与中巷之间有两条几十米长的短街。街巷的平面都呈"T"形相交，巷子的地面用石块铺砌而成，至今结实耐用。巷道两侧是住宅的石砌墙基。为安全防御和连接巷子两侧的院落建筑，每个巷子都建有数量不等的拱门，横跨巷道，有些拱门上还可以行人，在上层空间连接了巷道两侧的宅院。每一座窑洞院落既可以向上、向下通过院内楼梯通入相邻窑洞院落，也能通过巷道上部的通道水平向连通左右的宅院，通过这样竖向、横向的联系，可串通全村。同时，这种立体交通体系除了具有灵活多样的交通功能外，也大大提升了村落的防御功能。院落间虽可穿行，但每座宅院又都是独立的单元，周围用高墙围护，有的还在高墙上建有雉堞和供巡视的走道（弓

图3-39
山西省临县西湾村的道路系统
（资料来源：李青. 景观形态学视角下的山西古村落特征及其保护[D]. 山西大学硕士学位论文，2009）

图例：
木巷
火巷
土巷
金巷
水巷

1 李青. 景观形态学视角下的山西古村落特征及其保护[D]. 太原：山西大学，2009.
2 杜小玉. 山西临县碛口古镇及周边古村落景观初探[D]. 北京：北京林业大学，2012.
3 薛林平，马小莉，李成. 西湾古村的民居建筑研究[J]. 华中建筑，2013，（2）：167-172.

威，2006）[1]。

另外，西湾村的防洪系统也是结合道路系统进行的。在充分考虑暴雨、山洪降临时对这座村落的冲击与破坏强度的情况下，排水泄洪主要是通过5条竖向的街巷将地表水引出。这里夏季多暴雨，西湾村外围的堡墙南侧修建有一条2米余宽石砌的排洪沟，接纳5条巷道中排出的雨水，可一直将水排到村南的漱水河中。从窑洞建筑，到窑洞院落、道路空间以及排洪沟的系统设计，使得洪水能迅速的排走（杜小玉，2012）[2]。

3.2.4　综合防灾系统

北方干旱地区由于远离地震带且气候干旱，其抗震与消防功能并不是传统村落建设的重点。但由于夏季的集中降雨易产生洪水，在防洪方面具有一定经验，尤其将防洪排水与道路相结合是北方干旱地区的特色，典型案例如山西省阳城县上庄村的水街。

上庄村位于晋城市阳城县东，润城镇东北。为了获得良好的日照，阻止冬季北方寒流的侵袭，村落选址居于东南北三面有岭的狭长沟谷之中，即选址于"三山一水"之间（图3-40、图3-41）（卫东风，2009）[3]。而上庄河汇聚阁沟及三皇沟两沟之水由东向西穿村而过，将村落分为南北两部分。上庄村南北均山陡沟深，村落位于庄河两岸，民居建筑均依地势而建，整个地势东高西低，周边的地形地貌特征形成了上庄村依地势而建和沿庄河发展的村落格局（康峰，2007）[4]。

上庄村的民居建筑位于上庄河两侧，形成以一条东西方向街道（即"水街"）为主要

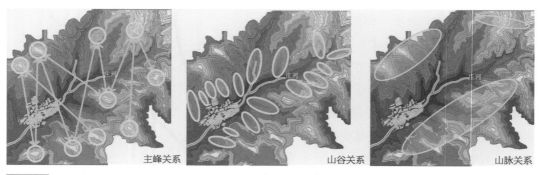

主峰关系　　　山谷关系　　　山脉关系

图3-40
阳城县上庄村的选址示意
（资料来源：图3-40～图3-42均引自北京交通大学.山西省阳城县上庄历史文化名村保护规划[Z].2006）

1　弓威.不能遗忘的古村——西湾村[J].农业知识，2006，（13）：45-46.
2　杜小玉.山西临县碛口古镇及周边古村落景观初探[D].北京：北京林业大学，2012.
3　卫东风.藏于村落里的画卷——山西阳城上庄村乡土建筑环境研究[J].南京艺术学院学报（美术与设计版），
　　2009（4）：146-150.
4　康峰.山西阳城上庄村聚落形态分析[C]//全球视野下的中国建筑遗产——第四届中国建筑史学国际研讨会论
　　文集（《营造》第四辑），2007：146-150.

图3-41
阳城县上庄村村落全景鸟瞰

轴线，由南北方向巷道连接各个院落的格局。在北方，水街是难得一见的景观，更是上庄村的精髓所在。水街不同于南方村镇中两侧建房的水道，上庄河在雨季水势不大，在旱季则退水为街。水街是全村的意象主轴线，曲折蜿蜒，贯穿全村（图3-42、图3-43）。同时，村民的生活也围绕水街展开——水口的永宁闸曾经是全村的唯一出入口，界定了上庄村的边界；滚水泉是饮水、洗衣的重要场所；沿街而行，街边是人们休憩、娱乐的场所。水街的价值不仅体现在它风貌的完整性上，还体现在它是很多尺度适宜的交往空间的集合体。这些空间有丰富的可变性和灵活的随意性（康峰，2003）[1]。

上庄村水街这种"亦河亦街"的形式，其基本原则是"顺应地势"。在过去，上庄没有严格意义上的街巷，只有因水流冲刷形成的"沟"——现在村中许多老人仍如此称呼街巷。在上庄村，自发性先于控制性，即在村落整体格局的形成过程中，道路不作为主体目标进行规划和建造，而是通过路面铺装、人们在修建房屋时有意识地与邻居房屋退让，为保证道路的使用而对房屋建设进行相应的调整和改造（薛林平等，2008）[2]。

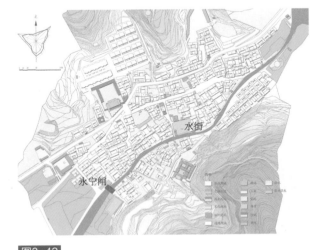

水街

永宁闸

图3-42
阳城县上庄村水街及沿街建筑现状

1　康峰. 阳城上庄村聚落及民居形态分析[D]. 太原：太原理工大学，2003.
2　薛林平，王力恒. 上庄古村落的空间格局研究[J]. 建筑历史与理论第九辑（2008年学术研讨会论文选辑），2008.

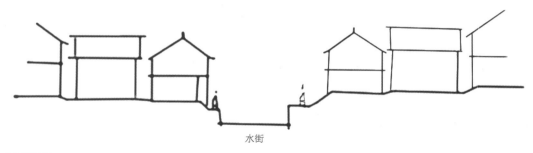

水街

图3-43
上庄村水街断面示意图
（资料来源：孙海龙. 基于遗产保护的历史文化名村基础设施更新策略研究[D]. 中国矿业大学硕士学位论文，
2014：25）

　　目前街道保留着原本的街巷空间尺度，街面材质也保留着原本的石板路面（图3-44）
（李志新，2011）[1]。同时村落既然是沿河布置，就必须考虑水位的涨落变化，因此沿河建筑
的防水处理至关重要。为了防止汛期将沿河两侧的建筑淹没，建筑物必须高出一段距离。
在上庄村中采用了两种办法，一种是利用天然石料筑台基，将建筑建在其上，沿庄河的中
间部分就是采用这种方法，在立面上可以看到建筑的底座是大块的条石，总高度约2m左
右，通过台阶或坡道到达院落入口，强烈的虚实对比极大地丰富了沿庄河的景观效果（图
3-45）；另一种是将建筑建在离河道有一段距离的台地之上，利用这一段距离拾阶而下，
实际上这段距离就起到了调节水位变化防止淹没房屋的作用，村落沿庄河的末端部分采用

图3-44
山西省阳城县上庄村水街
（资料来源：笔者自摄）

这种形式（康峰，2003）[1]。

　　上庄水街上还有两个重要的公共设施，永宁闸和滚水泉。作为水街水口的永宁闸曾经是全村的唯一出入口，也是重要的水利设施，是界定上庄村的边界、保护村中安宁的建筑，是上庄古村的特色之一（图3-46）。其闸门下的闸碑记载了闸门历代维修的状况（宋惠，2014）[2]。另外水街中部还有一个滚水泉，滚水泉开凿于明代，水通过暗流被引到滚水泉。虽然上庄河穿村而过，但水流过小而且属于季节性河流，难以满足生活的需要，故在村中祠堂以西修筑水泉，滚水泉是村民饮水、洗衣的重要场所（薛林平等，2008）[3]。

图3-45
上庄村沿庄河的建筑
防水
（资料来源：笔者自摄）

图3-46
上庄村水街上的永宁闸
（资料来源：笔者自摄）

1　康峰. 阳城上庄村聚落及民居形态分析[D]. 太原：太原理工大学，2003.
2　宋惠. 浅谈沁河古堡文物保护与旅游开发——以上庄古村为例. 沧桑，2014，（3）：106-109.
3　薛林平，王力恒. 上庄古村落的空间格局研究[J]. 建筑历史与理论第九辑（2008年学术研讨会论文选辑），2008.

3.3   北方干旱地区传统村落基础设施问题

3.3.1   给水系统

1. 生态环境恶化与生产方式改变导致北方干旱地区水资源利用的恶化

北方干旱地区长期受到干旱缺水的困扰，水资源短缺与村落发展及生态环境保护之间的矛盾越来越突出。部分北方地区出现湖泊干涸、河道断流、土地沙漠化、沙尘暴频次增加、草场退化、天然植被遭到破坏等现象。而日益恶化的生态环境和连年发生的严重干旱缺水，使得北方干旱地区的水资源利用条件持续恶化，对传统村落的保护与发展带来较大的影响。例如，机井等地下水开发利用缺乏合理规划，区域地下水超采严重，整体导致地下水位下降，导致坎儿井水量减少，利用效率明显降低。与现代机电井相比，坎儿井的开凿方法原始，而且随着竖井向上游延伸时越来越深，建设与维修费用高，坎儿井的数量也持续下降，并逐渐被地表输水渠道和机电井所取代[1]。

2. 河流枯竭与地下水超采带来的影响

随着改革开放以来城市化的快速发展以及受北方资源型地区经济发展的影响，近年来，北方干旱地区绝大多数的河流都枯竭断流，给传统村落的给水带来较大的影响。传统村落的给水水源也逐步蜕变为依赖地下井水。但随着北方地区煤炭经济的超常规发展，黄土高原地区地下水超采严重，出现了地下水位持续下降等一系列生态环境问题。特别是西北地区降水稀少，蒸发强烈，地下水的补给较少，使得地下水位越来越深，原先的很多水井成为枯水井，给村民的生活带来了极大的影响。同时，由于长期过度开发地下水资源，导致地下水位在持续下降，容易引起地面下沉，甚至是地面塌陷，从而对传统村落的民居建筑安全产生直接的影响，致使民居建筑出现倾斜、墙体开裂等问题。

3.3.2   排水系统

北方干旱地区大多数的传统村落没有排水设施，近现代安装的雨污水水管覆盖率更低。雨污水通过民居院落、道路直排，进一步加大了雨水的冲刷力度，加重了北方的水土流失问题。如姚文波等（2007）通过对甘肃省陇东黄土高原沟壑区不同硬化地面的集流能力、侵蚀量进行分类实例分析研究，发现硬化地面集流能力远大于自然地面，因此城镇、道路、村庄附近的土壤侵蚀尤其严重。随着人口的增加，硬化地面面积越来越大，受其影响水土

---

1   邓铭江. 干旱区坎儿井与山前凹陷地下水库[J]. 水科学进展，2010，（6）：748–756.

流失更加严重，这是黄土高原水土流失日益加剧的重要原因之一[1]。

少部分布局有排水系统的传统村落，尽管依然能够发挥效用，但由于现代污水及杂物的增多，多级、立体的排水系统通常会受某一环节的影响而失效，施工与维护也后继无人，如垃圾堵塞可使得村落整个排水系统趋于瘫痪。在旅游开发的促进下，大多数新建排水管道及设施的村落，多忽视其传统的排水系统与排水设施，原先的排水沟渠、涵洞等排水设施逐步淡出，传统排水设施正在经历持续性的衰败。

3.3.3　道路交通系统

近年来，尽管北方干旱地区多数村落均实现了与周边区域交通性的道路连接，村庄对外交通较为便利，路况也相对较好，但入村道路常为现代水泥混凝土或沥青道路，与传统聚落的风貌格格不入。同时，部分传统村落还出现被交通性干道穿越的现象。

同时，村内的传统巷道也经历着持续性的磨损，在经济与保护意识薄弱的约束下，也难于以合宜的建筑材料给予修补。特别是那些以立体交通为特色的黄土高原地区，伴随着村民的离去、邻里关系的淡漠，不少立体交通不再"立体"，那些立于街巷上方的过街楼或已损毁或堆满杂物，不再具备交通功能。

3.3.4　综合防灾系统

北方干旱地区属干旱、半干旱大陆季风性气候区，水资源贫乏，水土流失严重，生态环境脆弱。特别是黄土高原地表沟壑纵横，地形破碎。在这种地理与气候条件下，创造了富有特色、依山就势、节省建材又节约用地的民居生土建筑。但由于黄土厚度大、力学性质特殊，也为日后民居建筑的稳定性和安全性埋下了隐患。山西、陕西一带以及西藏地区都是地震高发区，但位于农村地区的传统村落其抗震设防也较为薄弱。由于农村地区经济发展水平较低，农民防灾减灾意识淡薄，大多数民居建筑抗震能力普遍低下，地震安全问题较为突出。

同时，暴雨、风化等也较易引起滑坡、崩塌、塌窑、窑体开裂、生土建筑透水等灾害。暴雨通过改变斜坡土体的水动力条件和降低其强度诱发黄土滑坡、崩塌。而随着风化剥蚀作用的累积效应，高陡厚壁也常发生剥落、崩塌等灾害[2]，从而对传统村落的民居建筑安全产生直接的影响。

此外，人类不合理的工程活动也是引起崩塌、滑坡，甚至地面塌陷等最直接的诱发因

1　姚文波. 硬化地面与黄土高原水土流失[J]. 地理研究，2007，（6）：1097-1108.
2　黄玉华，张睿，王佳运，武文英. 陕北黄土丘陵区威胁窑洞民居的地质灾害问题——以陕西延安地区为例[J]. 地质通报，2008，27（8）：1223-1229.

素。例如，曾为市级文物保护单位的晋城市泽州县半坡古村，有明清时期的院落古宅多达六七十处。近年来，由于煤矿开采造成该半坡古村井水枯竭，导致大多数民居的地基塌陷、墙面等出现裂缝而无法居住。

3.4   小结

本章阐述了北方干旱地区传统村落的分布与特征，并从给水系统、排水系统、道路交通系统、综合防灾系统等方面总结了该地区传统村落基础设施的特征、营建经验与问题。内容主要包括：

（1）北方干旱地区总面积较大，覆盖了我国北方干旱、半干旱以及华北平原易旱区，整体以温带大陆性季风气候为主，降水量少，多数村落缺水干旱。传统村落主要集中于太行山脉沿线、山西省境内及其与陕西交界以及冀北平原地带。北方干旱地区还可以根据地理环境、气候特征、社会文化等多重因素，进一步细分为京津冀华北平原亚区、晋陕周边黄土高原亚区、西北丝路干旱亚区。

（2）北方干旱地区的地理气候与地形地貌对于传统村落的形成与发展具有重要的影响。结合地形地貌、自然环境甚至道路系统形成了不少地域性基础设施营造经验。此片区传统村落基础设施的特点主要体现在克服干旱条件的给水系统（如坎儿井、水井等）、结合地形地貌与民居建筑的"立体交通系统"、结合村落布局与地形条件防止夏季暴雨冲刷的"立体排水系统"、分级排水体系，以及道路与防洪相结合的综合防灾体系，等等。

（3）生态环境持续恶化、人口的逐步外迁使得北方干旱地区传统村落基础设施的发展与保护面临巨大的挑战：尽管有少数村落由于旅游的开发而得以存续，但多数传统村落"空心化"日益严重，基础设施面临着持续性的衰败，而原先依赖地形地貌、地理气候以及地域文化所形成的生态基础设施营造经验也逐步丧失殆尽，部分村落蜕变为"历史遗迹"。

04

南方水乡地区传统村落
基础设施特征与营建经验

- 南方水乡地区传统村落的分布与基础设施特征概览
- 南方水乡地区传统村落基础设施的营建经验
- 南方水乡地区传统村落基础设施问题
- 小结

4.1 南方水乡地区传统村落的分布与基础设施特征概览

4.1.1 南方水乡地区传统村落的分布

南方水乡地区包括南方湿润及江河水网密布的平原及盆地地区，如长江中下游平原（江汉、洞庭湖、鄱阳湖、长江三角洲）地带、珠江三角洲平原地带等，主要位于江苏和安徽南部、上海、浙江北部等地和广东南部地区。该地区水网发达，山水清丽，以平原为主；属亚热带季风气候，四季分明，日照充足，温润多雨，年均降雨量一般在800～1600mm。水源系统主要由地表径流和地下水组成，包括降水、江河、溪流、井泉、池塘等水体，水系及给排水工程系统则主要包括人工建造的水渠、堤坝、护岸、溪埠、桥涵、井圈井栏、水碓及相关用水设施等水工建筑物，二者不可分割。

水乡地区的村落大多数是依山傍水而建，并受不同水网形态、沿水地带面积、高程、宗族文化等的影响，形成了线形、块形、网型等丰富多样的民居布局形态。构成水乡村落的要素，除了水网和民居外，还有道路、桥梁和码头。道路交通网络以同街河并行为基本模式，街河网络每隔不远处就有桥梁沟通两岸，"小桥流水人家"一定程度上成为南方水乡地区的标志性特征。

为探寻适应南方水乡地区传统村落合宜的基础设施利用与改善技术，结合传统村落基础设施的特点与地形地貌、气候类型、历史文化等多种因素，将南方水乡地区划分为三个亚区，分别为江浙吴越水乡亚区、皖赣徽商水乡亚区、岭南广府水乡平原亚区，如图4-1所示。从地域分布上来看，江浙吴越水乡亚区传统村落集中在以太湖为核心的苏南浙北地区；皖赣徽商水乡亚区传统村落受山地众多、地形地貌较为复杂的影响，除了"傍水"以外，还呈现出明显的向山靠近的趋势，传统村落主要集中在环山绕水的南部；岭南广府水乡平原亚区传统村落分布在珠江三角洲内，集中于西江、北江、东江下游的复合三角洲和冲积三角洲，同时也属经济较为发达的区域。

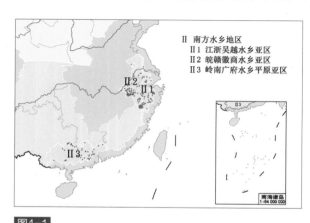

图4-1
南方水乡地区传统村落分类图
（资料来源：笔者自绘）

1. 江浙吴越水乡亚区

江浙吴越水乡亚区传统村落分布于苏南、上海及浙江等地，属于江南吴越文化区之中。以太湖流域为中心的江浙吴越水乡，地势低平，且坡度平缓。该地区梅雨时节较多，但四季分明、气候温和，其年平均温度大约在15℃，年降水量为1000～1400mm，雨量充沛。水网系统由长江、太湖、

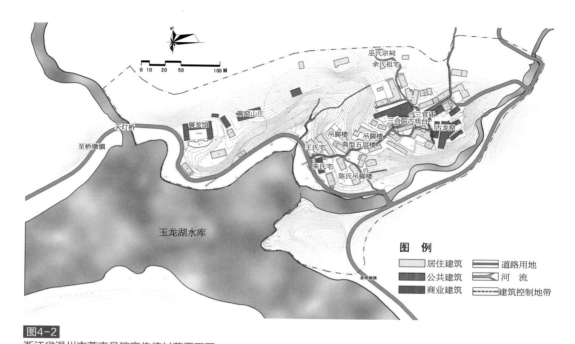

图4-2
浙江省温州市苍南县碗窑传统村落平面图
（资料来源：浙江省苍南县规划建设局.苍南县碗窑省级历史文化名村保护规划[Z]．2010）

阳澄湖以及楠溪江、曹娥江等密密麻麻的河流与湖泊构成，成为水乡村落形态的基础。由于内部水网密度大，水面率高，形成网状水乡和线形水乡的村落比例较大，块状水乡村落较少。例如浙江省温州市苍南县碗窑传统村落（图4-2），地处玉苍山脉南麓坡地，村落两侧由两条山涧相夹，涧水直泻玉龙湖。沿村落中央块石铺设的路面拾级而上，古民居和作坊、水碓房、泥寮错落有致。自附近的坝内山腾垟水库沿山腰设置的引水渠自上而下流水淙淙、曲折穿梭，流经各民居、水碓作坊，供村民生产、生活两用。

由于地理环境优越，该地区一直以来是中国农业经济最发达的地区，以纺织业和缫丝业最为突出，其中苏州市吴江区所产丝绸远销全国各省市甚至欧美、南洋各国，故有"日出万匹，衣被天下"的美誉。由经济带动地区之间的贸易往来需要也造就了水运交通的兴旺，"以舟代步"是很自然的事情，因此村落选址的首要条件是地处交通要道特别是水系发达的地方，所以交通因素也决定了村落的总体格局形态，即水系的宽窄、走向决定了建筑的布局、桥的设置、水埠的建造、广场的位置等等。吴越水乡村落的道路交通网络以同街河并行为基本模式，大多数街坊被街河网络所界定呈矩形平面。街河网络每隔不远就有桥梁沟通两岸，这些桥梁多数为石拱桥，少数为高架平桥，以利船只通行。吴越水乡街、水、民居三者的关系则因具体条件的不同而有所变化，一般为"街-宅-河-宅-街"或"宅-街-河-街-宅"两种类型[1]。吴越之地因其潮湿的气候、多水的环境，民居大多为上栋下宇

1　陆元鼎，杨谷生．中国民居建筑（中卷）[M]．广州：华南理工大学出版社，2003：342-347.

式，四面皆水，不但防潮防水、通风透气，亦可避火烛免偷盗，极为便利。在沿溪民居中，原料均就地取材，有以卵石、泥土或块石垒墙，为了防风雨袭击，更有采用泥灰合缝的砌墙方式[1]。民居建筑形态自由灵活，形式多样，以木构架为结构体系，砖砌外墙，建筑屋顶为坡屋顶，并以天井、骑楼、跨水建筑、阁楼等为特色[2]。

河网密布的水文化创造了吴越地区的稻作文化、船文化、渔文化及桥文化。原始稻作文化发达，因此大型水利是吴越地区农业经济的一个重要特色，距今6000多年前便已有相应的引、排、灌、蓄等水利设施，据《越绝书·外传记吴地传》记有"世子塘"、"洋中塘"、"筑塘北山"、"无锡塘"、"马塘"、"练塘"、"石塘"等，这些"塘"都是人工所"筑"的堤塘。而作为原始水利的组成部分的水井，更以吴越地区的年代最早，数量最多。又由于吴越之地拥有雄厚的经济实力，其丰富的水资源不仅提供了生活、生产之便，还被用作营造园林之用，引水入园，配以建筑、山石、花木等而形成一个综合艺术品，富有诗情画意。此外，吴越水乡的古桥是该地区富有特色的人文景观，除了交通纽带功能之外，还包孕一定的文化内容，其一，古桥成为文人雅士题咏的场所和对象，其二，古桥多精心筹划，造型别致，图案与雕琢精致美观，并注重与山水相依，合为秀丽的人文景观，石桥凝重坚实，纤道桥蜿蜒绵长，亭屋桥伟岸壮丽，竹木桥轻盈流动，碇步古朴自然，都别有一番风情，因此吴越水乡的古桥有别于南方水乡其他地区的古桥，是当之无愧的民间艺术品[3]。

吴越地区以太湖为腹心，同水相依为命，与船相托为伴，创造了千姿百态的船文化及桥文化。各式船号用于不同用途，造船工艺精湛，为河运、漕运和海运提供了强而有力的物质保证的桥，不仅数量多，而且造型各异，优美多姿，多为石制，尤以青石和浙江武康石为多，而桥梁方面则。吴越的桥不但作为交通之用，还是贸易中心、娱乐场所和园林的点缀。

2．皖赣徽商水乡亚区

皖赣徽商水乡亚区分布于皖南和江西婺源等地区，气候以亚热带季风性气候为主，水量充沛，湿润多雨，水系发达，境内多分布丘陵山地，有为数不少、大小不一、山环水绕的谷地、盆地。该地区有着非常辉煌的经济和深厚的徽商文化历史背景，而成百上千的传统村落正是徽商文化的"天然"博物馆，是承载徽商文化的活化石。受商业发达带来的水运需求以及受到徽州浓郁的山水情怀和人文气质的影响，传统村落多选择山水环绕，有溪流经过的地方聚居，以山峦形势为骨架、水体植被为血肉的布局，形成多种多样的或背山面水，或枕山临水，或依山傍水等种种各不相同的村落形态和结构，派生出千变万化的聚

1　中华文化通志编委会. 中华文化通志·地域文化典（2-018）吴越文化志[M]. 上海：上海人民出版社，1998.
2　施瑛，潘莹. 江南水乡和岭南水乡传统聚落形态比较[J]. 南方建筑，2011，（3）：70-78.
3　中华文化通志编委会. 中华文化通志·地域文化典（2-018）吴越文化志[M]. 上海：上海人民出版社，1998.

落景观。如溪水穿村而过的歙县的唐模、黟县的西递、江西婺源的晓起；溪水傍村而过的黟县的屏山、南屏以及江西婺源的理坑村。

无论何种形态的皖赣徽商村落，其主要构成包括：水口、村入口建筑（多与水口结合在一起），主街或水街，祠堂或祠堂群以及中心小广场，节点（牌坊或牌坊群、桥亭、更楼、绣楼），村落的空间序列遵从"启-承-转-合"的章法，有序而又根据村落规模、家族实力、地形地貌等种种因素而灵活变化。其中水口和园林是两道不得不提的人工风景线，不仅体现了徽人对"水能聚财"及改善风水的重视，并能在必要的时候为生活用水和灭火提供便利，而徽商的资金是水口园林建设的重要经济基础。该地区的村落布局还深受宗族文化的影响，所谓"徽州聚族居，最重宗法"，宗祠、支祠以及社庙是村落空间布局的结构中心，不仅每村必有祠堂，有的甚至一村多祠，其聚族而居的文化特性加剧了徽州传统村落空间结构的紧密性。徽州传统村落还善于通过村规族约在"熟人社会"中加强对生态环境的科学治理，例如宏村就有不成文的规定，水圳中不可抛杂物、洗污物；而西递胡氏家族也制定了严格的分时用水制度；在呈坎村则不仅规定众川河的不同河段分别用于洗菜、洗衣服、冲马桶等，而且"公禁河渔"的石碑至今仍在，这都有助于水资源的保护和利用[1]。

此外，不同于平原地区，皖赣水乡地区地形地貌复杂，水系形态各异，但这并没有难倒村落的营建者们，再加上受到徽商实用主义观念的影响，他们"顺应自然—利用自然—装点自然"，从村落走向、空间联系、建筑布局、基础设施等诸多方面，创造了既有古徽州地区传统村落特色的共性，又有不同个性的村落。其中"理水"是徽州地区应对生态环境最为重要的理念之一，"理水"包括村落选址观察风水，相地度势，汲取充分水源而又能及时排泄；村落布局与水渠的联系；充分利用地表水资源建立灌、排设施；营建村落域内的水圳、水塘、水池、水院；在缺乏水源的村落里，凿井利用地下水等[2]。

3. 岭南广府水乡平原亚区

岭南广府水乡平原亚区传统村落大多分布于珠江三角洲地区及桂东南等地，属于广府文化区之中。地形以平原为主，河流纵横交错，大部分村落属亚热带气候，雨量充沛，但分布不均，冬季和初春雨少、较干旱，2~4月多梅雨，湿度大，5~6月为降雨量最高峰期，因此对民居建筑来说以解决通风防热为主。较之江南水乡地区的水网密度较低，岭南水乡环境及格局包涵着两种基本形态：其一是纵横交错、密如蛛网的水系，水乡村落空间格局包括依河或夹河修建的线型水乡、水网分汊把村落建筑划分为若干部分的网型水乡及聚居建筑以梳式布局为主的块型水乡；其二是成群连片、波光闪烁的基塘。这种蜘蛛网般的小河道在珠江三角洲水乡地区称为"涌"，河涌水网不但为商贸交通的发展创造了有利条件，

1　孔翔，钱俊杰．生态文明发展与地域文化保护关系初探——兼议徽州古村落的保护[J]．黄山学院学报，2014，（2）：57-63．

2　单德启．安徽民居[M]．北京：中国建筑工业出版社，2010：32-61．

也为珠江三角洲地区水乡聚落文化特色的孕育及形成奠定了天然水网环境基础。如广州市番禺区石楼镇大岭村是典型的线型岭南水乡聚落，背依碧绿葱葱的菩山，前临潮汐涨落的玉带河，村落从南至北以沿河涌街道作为骨架呈线形扩展，民居沿着溪水坐东北向西南弯曲有序地排列，构成"菩山环座后，玉带绕门前"的空间格局（图4-3）。佛山市南海区九江镇烟桥村、广州市增城区瓜岭村等是典型的块型水乡，它们位于河涌一侧，周边为各类基塘[1]。此外，河涌桥梁和水埠驳岸也是岭南水乡聚落的重要元素，常见的桥梁有石券桥及平桥。

"岭南文脉，根在中原"，广府文化是一种融合了中原文化、岭南地区古南越文化、沿海海洋文化的多元综合文化，深受中原传统文化伦理的影响，奉行"天人合一"的传统理念，追求人、社会与自然的和谐统一，顺应自然，效法自然，这种多元兼容的文化特征深刻影响着岭南传统村落营建的地方特性的呈现[2]。

岭南广府人民自古笃信风水，讲求天时地利人和，体现在村落选址时，即要求后枕主山，前临溪水，有山有水，负阴抱阳，使传统村落民居与周围环境融为一体，有机协调。如广州市海珠区小洲村围绕小丘、面向河涌而建，充分利用地形特点，合理组织通风朝向，栽植各式古树，营造舒适生活环境、绿色休闲场所，与自然和谐发展。体现在村落布局形式上则以梳式布局为主，村落整体布局规整，巷道纵横，肌理清晰，建筑群紧密相连[3]，建筑平面多为三合院式，像梳子一样南北向排列成行，前低后高，利于排水，两列建筑之间有

图4-3
贯穿广州市番禺区大岭村的"玉带河"
（资料来源：http://360.mafengwo.cn/travels/info.php? id=877325）

1 陆琦，潘莹. 珠江三角洲水乡聚落形态[J]. 南方建筑，2009，（6）：61-67.
2 陆元鼎. 岭南人文·性格·建筑[M]. 北京：中国建筑工业出版社，2005.
3 施瑛，潘莹. 江南水乡和岭南水乡传统聚落形态比较[J]. 南方建筑，2011，（3）：70-78.

一"里巷"，除有防火作用外，也是村内的交通要道。大门侧面开向巷道[1]，巷道与夏季主导风向平行，通过天井使宅内空气对流[2]，这种布局既采用生态模式，又顺应中国传统伦理道德，建立宗族内部权威[3]（图4-4）。

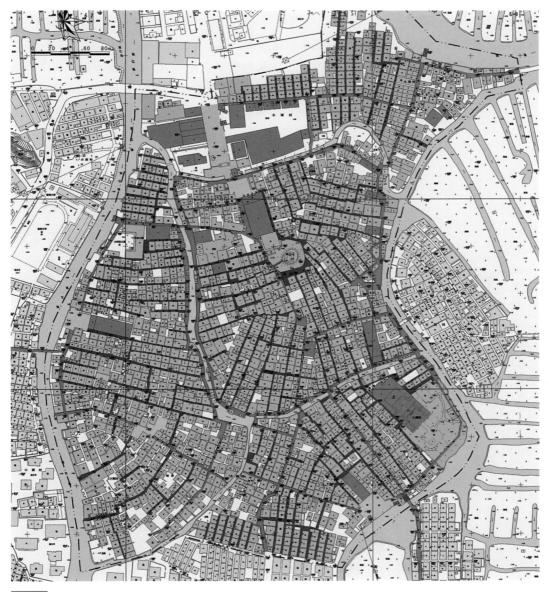

图4-4
广州市海珠区小洲村街巷格局
（资料来源：广州市城市规划勘测设计研究院.《广州市海珠区小洲村历史文化保护区保护规划》[Z]. 2009）

1　陆琦. 广东民居[M]. 北京：中国建筑工业出版社，2008.
2　陆元鼎，杨谷生. 中国民居建筑（中卷）[M]. 广州：华南理工大学出版社，2003：511-524.
3　孙杨栩，唐孝祥. 岭南广府地区传统聚落中的生态智慧探析[J]. 华中建筑，2012，（10）：164-168.

　　此外，广府人又非常重视人性化考虑，体现出广府人"务实重效、自然求真"的观念意识。如佛山市三水区乐平镇大旗头村选址虽按风水模式布局，但地理环境并不完全符合选址要求，少了水脉庇护，因此，大旗头村民巧妙地在村前挖掘池塘，作蓄水、养鱼、排水、灌溉、取肥、防洪、防火之用；在村内或宅院中打多口水井，供日常饮用和洗涤；在巷道内设置多个"渗井"，并通过地下管网将雨水等排入水塘（图4-5）。挖水塘、打水井、建管网，还有利于降低地下水位，使村落地面保持干燥，人们生活更为舒适。

　　该地区民居建筑多为竹筒屋、明字屋、三尖两廊屋三种类型，也有部分以天井作联系组合三间两廊而成的组合型民居。受宗祠文化的深刻影响，村落中以祠堂等宗族建筑为主要的公共建筑，宗族建筑对整个水乡村落的肌理有很大的主导作用，在很多现存的形态风

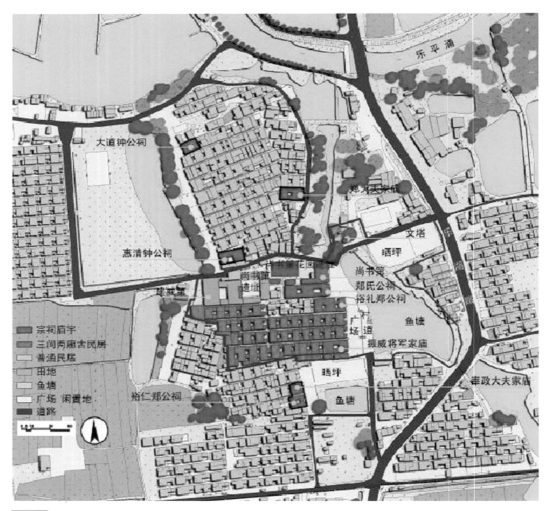

图4-5
佛山市三水区大旗头村总体格局
（资料来源：叶先知. 岭南水乡与江南水乡传统聚落空间形态特征比较研究[D]. 广州：华南理工大学，2011）

貌中都可以看到这些因素对水乡细部肌理及节点的影响作用，如街巷格局正是受宗族文化影响，要求保持严格配属关系而形成梳式布局，有大量纵巷和少数横巷，巷道规整度强。广州市番禺区大岭村就是由多个宗族组织发展而成为水乡聚落的典型例子（图4-6、图4-7），从北宋宣和元年（1119年）许姓在大岭村这里开村，曾有陈、许、马、洪、曾、郑、何、刘等族群居住，最后定居下来的是陈、许二姓，现大岭村分为上村、龙激、社围、中约、西约五个自然村[1]。

4.1.2　给水排水系统

1．水源的选择

纵观中国传统村落的建造史，不难体会到水对传统村落所起的关键作用。古代的风水师在进行村落选址时，对村落周围水环境的选择格外地谨慎。因为对村落周围水环境选择的同时也就意味着对日后整个村落的给水水源和排水去向作了最终地选择。一般情况下，作为南方水乡地区基本给水水源的主要有三种类型。其一是村落周围的河流、溪流、湖泊等地表水，可通过就水而居或引水入村而得。溪流是南方水乡传统村落的重要水源，提供了生产、生活用水，并融入村落中成为核心组成部分。先民多选择有溪流的地方定居，因此绝大多数南方水乡村落都有溪水流淌，如安徽省黟县西递村的西溪、广州市番禺区大岭村的玉带河、江苏省明月湾村南侧的太湖、浙江省桐庐县深澳村的铜溪等（图4-8、图4-9）。其二是地下水，井与泉、池，掘井汲水或汇泉为池（有的亦称井）。如安徽省旌德县

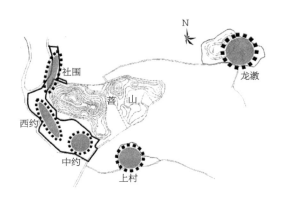

图4-6
广州市番禺区大岭村五个自然村的分布与村落的布局
（资料来源：任艳妍. 岭南乡村聚落景观空间形态研究——以广东番禺大岭村为例[D]. 长沙：中南林业科技大学，2012）

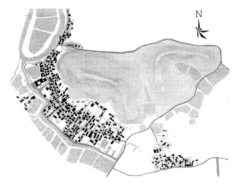

图4-7
广州市番禺区大岭村平面图
（资料来源：任艳妍. 岭南乡村聚落景观空间形态研究——以广东番禺大岭村为例[D]. 长沙：中南林业科技大学，2012）

1　任艳妍. 岭南乡村聚落景观空间形态研究——以广东番禺大岭村为例[D]. 长沙：中南林业科技大学，2012.

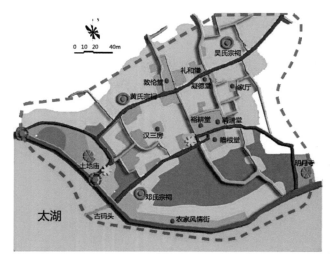

图4-8
江苏省苏州市吴中区明月湾村南临太湖
（资料来源：苏州市规划局.《苏州市金庭镇明月湾历史文化名村保护规划》[Z].2009）

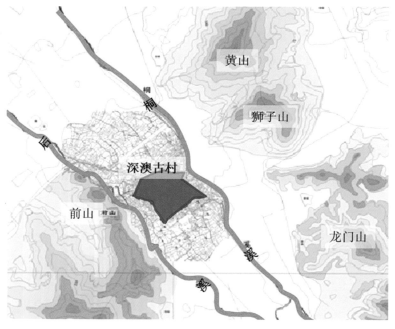

图4-9
浙江省桐庐县深澳村的铜溪、后溪
（资料来源：李政. 深澳村理水探究[D]. 杭州：中国美术学院，2012）

江村有36口古井、黟县西递村落鼎盛时期有水井90多口。其三是蓄水池塘，一方面来自雨水收集，另一方面来自地下水的渗透，可以说是集合了地表水和地下水的一种水资源形式。南方水乡村落中多见水塘，较大面积的塘亦称"湖"，较小面积的塘，则称为"池"，此外，房屋内部专用于蓄积雨水或存储生活用水、消防用水的清水缸、太平池、太平缸等，也是重要的辅助水源[1]。安徽省旌德县江村的"七塘连珠"就独具特色。江村居民在村南的山坳里，顺应地势，由高到低，呈阶梯状开设了7个水塘，这些水塘自上而下一个比一个面积

1　贺为才. 徽州城市村镇水系营建与管理研究[D]. 广州：华南理工大学，2006.

大，最上面的水塘100m²，到了最下面的水塘就有600m²，总储水量有3000m³之多。江村居民们设计沟渠将七个水塘相连，于是便有了"七塘连珠"之说[1]。

2. 给水排水系统

在传统村落水系中，给水和排水系统并不独立，除了城壕及建筑群落中的排水沟，给水系统往往同样也是排水系统或排水系统的重要组成部分。

给水系统实则是将地表水、地下水及蓄水池塘三类水源进行有效组织，通过水体自流或盛水器具送达用户或指定位置，供生活、生产、消防之需。为了使用的便利，传统村落的给水系统不断进行改进，原始的引水渠和水井已经不多见，后改为每户户内压水的水井，如今多通过在山顶的高处修建水池，再经由管道引入各户的方式给水，基本实现村村通自来水。

由于南方水乡地区较其他地区经济更为发达，基础设施条件比较完善，大部分传统村落采用现代供水方式，即实现自来水入户，给水管道入地敷设，部分村落的给水支管采用外挂式接入。主管管径200mm，支管管径有100mm、60mm、30mm三种，材质多为塑料管，少量金属管。如位于经济发达的东莞市南社村，由自来水公司集中供水，采用水泵加压输水管网。给水管网基本覆盖全村，且运行良好，管道采用外挂式接入，水管、水表暴露在外墙，管网材质良好，但未能与村落建筑相协调。

也仍有少部分村落采用传统的给水方式，利用开圳引水入村、挖塘蓄水、凿井取用地下水、设水池引入山泉水等方式巧妙地利用各种形式的水资源达到给水与排水的目的。

（1）引沟开圳

引沟开圳的目的在于疏通整个村落的给水排水渠道，这是传统村落内部给水排水系统设计的第一步。引沟开圳最负盛名的例子当属地处皖南山区的宏村。宏村的水是由地势较高的村西头引溪水入村，一条宽近1m，长约369m的水圳由西向东南，经九曲十弯后穿村而过，最后注入村南的南湖。水圳的一侧是街巷的青石板路，沿路建有无数个下渠台阶供村民取水洗涤。水渠旁鳞次栉比的民居大多将圳水引入宅内，有的则是圳水在宅下暗沟通过，因而圳水或为水池于宅后而形成徽州民居所特有的"宅园"、"水园"，或为一方养鱼池于前院、天井之中。引水入宅的种种手法，很是新奇自然，顺理成章，给人一种赏心悦目之感。皖南地区的棠樾村也是一个典型的例子，它除了设计和修建了完善的给水系统之外，还特意沿东西主要街道修建了专供整个村落排水之用的暗流水道，将给水渠道和排水渠道严格地区分开来，这对保证村民日常生活用水的清洁卫生具有积极的意义。

（2）挖塘开湖

传统村落中的给水排水作为一个复杂的系统，仅有给水排水渠道是远远不能满足整个

---

1 陈旭东. 徽州传统村落对水资源合理利用的分析与研究[D]. 合肥：合肥工业大学，2010：12-13.

村落的给水排水需要的，还必须修建一些配套的蓄水设施，经常采用的办法就是在村落的中心区位挖塘开湖。至于选择挖塘还是开湖，是由村落的规模大小所决定的。诚如清代林牧在《阳宅会心集》卷上"开塘说"中所云："塘以蓄水，足以荫地脉，养真气"，具体而言就是方便村民日常使用、防火和排水。如宏村的月沼和南湖的开辟，也是出于完善整个村落给水排水系统的需要。

（3）水坝调控给水排水

在传统村落中，通常采用修筑供水堤坝的举措以达到调节水位，保证给水排水系统的正常运转之目的，同时，当遇到暴雨洪灾的时候，通过调节水坝的阀门，人为地控制给水的水量，又能保证排水渠道的畅通，可谓一举两得。

4.1.3　道路交通系统

水乡地区传统村落的街巷空间形态总体上表现为同时兼有顺应自然环境自由式发展和受宗族礼仪等文化影响的规整式发展的特征，所以水乡的格局形态在顺应自然环境自由发展的同时，或以河为线、以山为靠布置建筑，另外还受到礼仪制度、宗族文化等的影响。以宗祠、庙宇、书院等公共建筑为主导，其他民居建筑顺应其发展而形成局部梳式或树形布置的形态。

南方水乡地区传统村落的道路交通系统由河、街、巷、弄、道路连接点等组成，街巷体系多为梳式布局，主干是河道两侧的道路，常作为主街，平行于民居正屋面宽方向，其贯通性最强、宽度最大、承担交通量最多；垂直于河道的道路称为巷，包括次巷、支巷和小弄等，均由主街逐级生发，支巷和小弄多为掘头巷，导向住户的私有领域，贯通性和环通性弱，宽度比主街、次巷小得多，属于生活性的巷道（图4-10、图4-11）。[1]

1．道路交通
（1）河道

水乡地区河道繁多，水运发达，交通工具以舟为主，南方水乡人"以舟代步"是很自然的事。河道是水乡地区的通道又是贸易的延伸空间，有些水道很宽，可容纳众多船只和大船的行驶，也有些街市中的水道尺寸很小，其岸边的街道也较小，尺寸在2m左右。但总体上看，岭南水乡的街巷中的河道尺寸都比较适中，可供几条船只同时通过，其两边的街道比河道略为窄些，一般在5m之内，尺度比较亲切宜人。且船的种类很多，大船、小船、运输、载客、作战，不同用途、不同规模的船只，为水乡地区的生活与对外交往提供了便利[2]。

1　施瑛，潘莹. 江南水乡和岭南水乡传统聚落形态比较[J]. 南方建筑，2011，（3）：70-78.
2　张荷. 中国地域文化丛书·吴越文化[M]. 沈阳：辽宁教育出版社，1995.

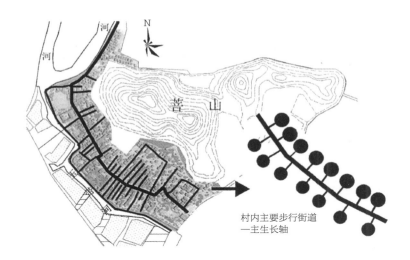

图4-10
广州市番禺区大岭村街巷格局
（资料来源：任艳妍. 岭南乡村聚落景观空间形态研究——以广东番禺大岭村为例[D]. 长沙：中南林业科技大学，2012）

（2）街道

街道分为临河街道和背河街道，临河街道同时拥有陆路和水路两种交通之便，并且空间相对开阔，汇集的人流较多，是水乡街市最热闹的地方。背河街道两边紧靠建筑，尺寸一般3～5m，两边的建筑多为二或三层，所以常形成偏竖向的狭窄空间，两边的建筑多为下店上宅式，也有前店后宅的，根据地形和用地多少决定。岭南水乡街巷的一个明显特征是在街巷内部常出现宗祠、庙宇或者书院等公共建筑，并以宗祠建筑为多。这些公共建筑主导着街巷的空间肌理，其他建筑多以它们为向导进行布置，形成清晰的主从关系，同时这些公共建筑前面或者对岸多有活动广场，对线性街巷有扩大和缓冲作用，也是街巷内部的重要活动节点。

从街巷空间中街道紧邻或背对水

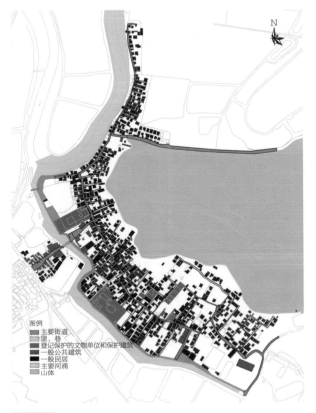

图例
■ 主要街道
■ 里、巷
■ 登记保护的文物单位和保护建筑
■ 一般公共建筑
■ 一般民居
■ 主要河涌
■ 山体

图4-11
广州市番禺区大岭村街巷格局
（资料来源：广州市规划局.《广州市番禺区大岭村历史文化保护区保护规划》[Z]. 2014）

道的关系可以看出岭南水乡的街巷中建筑、河道和街道的关系主要有两种：建筑—街道—
河道—街道—建筑（图4-12、图4-14）、街道（河道）—建筑—街道—建筑（图4-13、图
4-15），或者河道一边有街市，即建筑—河道—街道—建筑。同时建筑的形式常有变化，如
采用骑楼式、连廊式、吊脚楼式等，它们之间不同的组合形成不同的形式，为街道空间及
立面变化增添各种不同的元素，使其变得更具有趣味性和丰富性。[1]

（3）巷道

巷道一般与街道相互垂直，它与街道是枝干的关系，但是巷道的功能更偏向于私密
性，即为住户生活进出使用的，很少有买卖交易功能。街巷的空间形式按平面分有规整式
（图4-16）和曲折式（图4-17）。规整式的街巷多出现在以梳式布置的水乡中，其中建筑都
为规整偏正方形平面，建筑之间前后左右相互对齐，其中左右的巷道为住户入口道路，尺

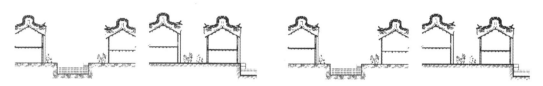

图4-12
建筑-街道-河道-街道-建筑

图4-13
建筑-街道-建筑-街道（河道）

（资料来源：图4-14、图4-15均引自叶先知. 岭南水乡与江南水乡传统聚落空间形态特征比较研究[D]. 广州：
华南理工大学，2011）

图4-14
建筑-街道-河道-街道-建筑

（资料来源：http://www.mafengwo.cn/i/755947.html）

1　叶先知. 岭南水乡与江南水乡传统聚落空间形态特征比较研究[D]. 广州：华南理工大学，2011.

寸在2m内，前后之间为空隙，尺寸在0.5m左右，一般不走人，是建筑之间的分界处，也有一定的防火通风作用。一条条笔直的巷道像梳子一样整齐地组合在一起，空间规整有序，指向性强。曲折式的巷道多出现在以自由式布置的水乡中，为了顺应地势如山体、水体等，建筑平面有较大的变化和位置移动，建筑群体之间自由错落布置，巷道空间大小不一致，并且时常有转折、转弯和高差的变化，空间富于变化，表现了水乡村落内在的灵性。

图4-15
建筑—河道—街道—建筑
（资料来源：http://www.mafengwo.cn/i/755947.html）

图4-16
规整式巷道（广东省番禺区小洲村）
（资料来源：笔者自摄）

图4-17
曲折式巷道（安徽省黟县西递村）
（资料来源：http://www.mafengwo.cn/photo/11443/scenery_
1280119/13577804.html）

按巷道的尽端形式分为通头巷和掘头巷，通头巷是划分住户及聚落单元的界面，通常宽约2m，人车不多干扰较少，属于半私密交往空间；掘头巷多1~2m，巷内活动人家固定，基本为邻居，巷内安静，少外来干扰，在公共活动中属于私密交往的空间。

2．交通设施

（1）水埠

水乡的水埠是河道与岸边相互联系的节点，也是重要的交通驿站，人们通过它实现停泊、装卸、汲水、洗涤、登临、休息等等日常生活必需的行为。通过水埠的交换作用，河与街及巷有了进一步的联系，形成了水陆转换的空间综合体，实质上是河与街道、巷道之间交通位置和空间用地大小等的关系。

根据不同的地形和环境，水埠的形态多有变化，同时根据不同的使用功能需求和环境的限制作用，其尺寸也有很大的不同。按其平面形式分，主要有平行式、垂直式、转折式三种形态。平行式占地比较小，石材使用量也少，精致灵巧，但同时停靠的船只也会少些（图4-18、图4-19）；垂直式是直接面对河流，尺寸比平行式的水埠大些，船只停靠方便许多，上下货物也快（图4-20、图4-21）；转折式水埠常在河道较深的地方出现，其高差平台多一个或者几个，在不同的季节、不同的水位下适应性强（图4-22、图4-23）。水埠的砌筑材料与水乡的古桥、沿河街道等的材料通常是一样的，都为灰黄色的条形麻石。雕琢成块后相互叠加砌筑而成，为了方便船只的停靠，常在水埠的岸边石壁上砌筑一块雕刻有为船只条绳绑系的孔眼。

（2）广场

一些重要的公共建筑前面的集散广场因与建筑物同时产生而可以按规划建造成规整的平面形式，除此以外广场一般都是不规则的平面，空间上没有固定的围合和开放形式，也没有整齐划一的界面，常常是街巷某地的局部扩大、展开的结果，或是若干街巷的交汇处。其面积有大有小，小者只有数十平方，大的可以容纳上千人的集体活动。如皖南地区

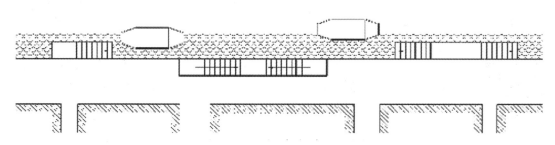

图4-18
平行式水埠平面图
（资料来源：叶先知. 岭南水乡与江南水乡传统聚落空间形态特征比较研究[D]. 广州：华南理工大学，2011）

唐模村的广场集中了交往、休息、饮食、游戏等多种功能（图4-24）。有的村中祠堂门前有较大的空间，形成一种广场。如皖南地区晓起村的广场位于一座祠堂前，既作为祠堂空间序列的开始，又是街巷序列的转折点（图4-25）。

（3）古桥

桥是水乡中最富有特色的景观节点之一，"小桥、流水、人家"，水乡河多，必然桥也多。南方水乡地区的桥梁以平桥和石拱桥为主（图4-26、图4-27），桥根据行人走向、街河宽度等因素，桥的平面形式衍生出各种各样的类型，主要有一字桥、八字桥、曲尺桥、上字桥、Y字桥等。古桥常以青灰色、灰黄色麻石为材料，色泽滑润，与周边的街道、岸边和水埠等协调一致，除了石材外，砌筑的材料还常辅以竹子、木材、石灰、铸铁等，增加它的受力韧性。另外，由于岭南地区盛产暗红色的红砂岩，所

图4-19
平行式水埠
（资料来源：课题组自摄）

以岭南水乡的传统村落也常以红砂岩为桥的材料，在其他地方比较少见，具有浓郁的地域特色。

（4）街亭与跨楼

街亭一般与村落外的路亭一样，都可供行人停歇之用，但两者并不完全一样。街亭位于村落中心区的主要街道上，是村落内部空间的组成部分。它一般不独立存在，而是紧贴

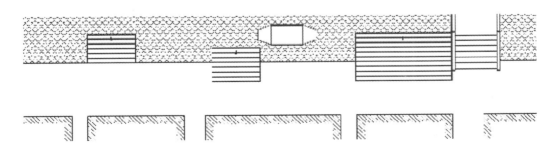

图4-20
垂直式水埠平面图
（资料来源：叶先知. 岭南水乡与江南水乡传统聚落空间形态特征比较研究[D]. 广州：华南理工大学，2011）

街道两边的建筑物立架构成，简陋者仅仅架一屋顶于两侧墙上即成，体量不大，但却是村落中人们重要的社交空间，茶余饭后甚至吃饭时，人们往往聚集于此，平时则是老人与孩子的娱乐场所。跨楼与街亭的使用功能正好相反，一个在上，一个在下。跨楼是在不宽的街道上，利用两侧建筑物架构而成，靠墙承载，不设落地柱子。一方面它争取了更多的楼层使用空间，另一方面也给行人以避雨、遮阳的方便（图4-28）。[1]

3．道路与水系的关系

道路与水系具有密切的关系。水不仅给村落居民提供了生活之便和消防需要，而且具有吸尘、降温、调节小气候的功能，水面还创造了优美的村落环境。南方水乡传统村落内水网系统常与道路结合，或位于路下，其上架石板或条石，每隔一段设一码头，便于用水；或位于路侧，即一街一水、二街一水，外侧是住宅等建筑，水上架小石板桥。

图4-21
垂直式水埠
（资料来源：课题组自摄）

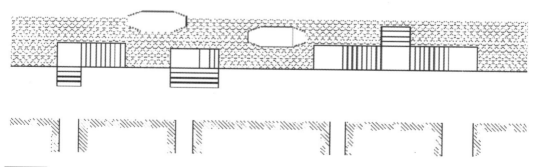

图4-22
转折式水埠平面图
（资料来源：叶先知. 岭南水乡与江南水乡传统聚落空间形态特征比较研究[D]. 广州：华南理工大学，2011）

1　陆元鼎，杨谷生. 中国民居建筑（中卷）[M]. 广州：华南理工大学出版社，2003：378.

图4-23
转折式水埠
（资料来源：http://
pyj0082.blog.
163.com/blog/
static2695072
000701395594
83/）

图4-24
皖南地区江湾村广场
（资料来源：笔者自摄）

图4-25
皖南地区晓起村宗祠前广场
（资料来源：笔者自摄）

图4-26
吴越水乡浙江省永嘉县屿北村平桥
（资料来源：http://blog.wendu.cn/space.php?uid=16761519&do=blog&id=446308）

图4-27
皖赣水乡江西省婺源李坑村石拱桥
（资料来源：笔者自摄）

图4-28
跨楼
（资料来源：http://blog.sina.com.cn/s/blog_711af92e010111xv.html）

4.1.4　综合防灾系统

综合防灾系统主要包括防洪、消防、抗震等主要内容。南方水乡地区因其水系发达、雨量充沛、传统民居建筑多有木结构等特点，防火灭火与防洪除涝成为最基本也是最重要的防灾系统。随着经济发展与传统村落的保护规划与建设的推进，大部分村落里新增了如排水管网、消防管网、消防栓、灭火器等现代化的综合防灾设施，灾害隐患大大减少。同时也存留着许多传统的防灾设施，并继续在传统村落的综合防灾方面发挥着重要作用。

1. 防火

灾患时刻威胁着作为重要历史文化遗产的传统村落，传统村落既要躲避天灾，更须防备人祸，无论是自然还是人为因素，火患都是传统村落的最大杀手。传统民居村落建筑多为砖木结构楼居，村落人口众多，建筑密度大，单体建筑墙体高，使得火灾频发、易蔓延，扑救困难。一些传统村落历史上都曾有过火灾经历，火灾教训深刻。皖南地区的宏村、里坑、昌溪等村落均有火魔侵袭的记录。宏村，其始迁祖先连遭两场灭顶火灾，遭此惨痛教训后汪氏后人积千年心血，逐步营构了今天我们所见的仿生村落——"牛形"水系；歙县昌溪村据族谱记载，历经数次火灾，均幸赖村内昌源河及村后塘群水系提供充足水源而及时得救。

古代主要因炊事、照明灯烛、燃放烟花爆竹、雷电等引发火灾；现代社会则增加了更多的隐患，电、气、吸烟等都可能导致火灾，旅游开发带来的众多流动人口也埋下火灾隐患。此外，一些传统村落地处偏远山区，交通不便，消防车辆不易到达，加之近年来大量青壮年村民外出务工，一旦发生火灾，对扑救工作也极为不利，更应引起对水系建设的重视。

南方水乡地区传统村落一般都构建有防火系统。为了预防火灾，传统村落在长期的实践中积累了一整套相当完备的措施。其一，保证木构件不外露。砖墙、镶砖门窗、铺砖楼板、覆瓦屋面，将易燃的木构用阻燃物严密包护起来，使其不外露，外火攻不进，内火难成势，大大提高了古村的防火性能。其二，规划科学的防火分区。南方水乡传统村落建筑密度大，通常用宽街、窄巷、河流水圳等将整个村落划分为大小不等的区块，既便于交通勾连，又是重要的防火分区。其三，有齐备的灭火器材和消防组织。其四，完善的防火水网体系。倘若没有村落水系提供灭火水源，前述的两项措施还是难以充分发挥作用，因此，水系是发挥和提升传统村落灭火效能的关键。

2. 防洪排涝

南方水乡地区属自然灾害多发地区，灾害种类较多，主要是旱涝灾害、泥石流等地质灾害、龙卷风及大暴雨等气候灾害；以及旱涝灾害引发的次生和衍生灾害，如村落灾害、环境恶化、生态破坏等。这些自然灾害有的对水系产生影响，有的则是因为水系失当而酿成或加剧的。可见，洪灾是南方水乡最常见的自然灾害，作为自然地理和气候因素中的重要方面，它往往会加剧人居环境恶化，导致家族迁徙，民众流离失所。行洪排涝、蓄水防旱乃南方水乡传统村落水系调蓄系统发挥的主要功能。

南方水乡传统村落在防洪排涝方面最突出的特征有三个。其一，建设水坝阻止外水进入村内。临河型村落对沟壑溪流两岸人工衬砌加固，多筑有坚固的护村坝，以抵御和排泄村边山脉山洪暴发时的洪水。护村坝坚固高大，其作用就可以把洪水限制在河道中，阻止外水进入村内，若洪水量超过警戒水位，居民可以有时间沿村坝迅速向安全处转移。其二，开挖明渠暗圳作为泄洪排涝的通道。传统村落主要考虑避免春夏季节突发的山洪，村内通常沿街开挖引（排）水的渠道，除了水圳，村民在房屋沿墙、道路边侧通常挖有约50cm宽的排水道，将雨水和生活污水排放到天然水沟内。不仅水圳可以行洪，而且街巷道路，特别是依山势而筑的石板街道路面也是排洪的重要途径。其三，蓄雨水。大多数村落在引入村外水系时，常顺应地势，在村内形成一个开阔的蓄水池塘。水塘多处于低洼处或借助人工开掘，平时为居民生产生活提供了极大便利，暴雨来临，尤其是遭遇大雨暴雨时，这些水塘就会存积许多雨水，削减洪峰，消除内涝。

4.2 南方水乡地区传统村落基础设施的营建经验

4.2.1 给水排水系统

1. 水系的营建

水系营建即根据不同的水体规划建造相关建筑物，以充分发挥水体的实际功能。水系营建包括了村落的选址、规划、建设、维护等一整套思想、方法和技术手段，对村落的形态、居民生产生活的质量及聚落发展有着重要限定作用。纵观南方水乡地区，天然水系复杂，人工水系智巧，水系中凝结了先民很多的智慧。水系营建的经验体现在村落选址、完善生活供水、排水泄洪、防火抗旱、处理污水、引水灌溉养殖等方面，而且这些方面相互影响、相互融合，共同凝结为系统的水系营建理念，并不能决然分开。

（1）皖赣徽商水乡地区水系营建范例——宏村

宏村，又称"弘村"，公元1131年南宋绍熙年间建立，地处安徽省黟县东北部。该村属于亚热带季风气候，气候温暖，四季分明，冬无严寒，夏无酷暑，雨量充沛，湿度较大。年平均温度15.8℃，降雨量1681.1mm，拥有161d左右的降水天数，75%的降水量集中在春夏两季。2000年11月30日，宏村被列入世界文化遗产。

1）水系基本布局

宏村水系由山溪、碣坝（拦河坝）、水圳、月沼、南湖和庭院水塘组成（图4-29），分为外水系和内水系两部分。其水源自学堂山南麓邕溪，邕溪流至宏村西北的碣坝为西溪，再流至村西的宏际桥前，与羊栈溪汇合于中洲。山溪水过宏村后，注入西溪，然后向南流入奇墅湖，此为天然河流形成的外水系。而宏村水系主要指村落拦河筑坝，穿圳引流，凿湖储水的人工水系，即内水系。[1]

---
1   王浩锋. 宏村水系的规划与规划控制机制[J]. 华中建筑，2008，12（26）：224-228.

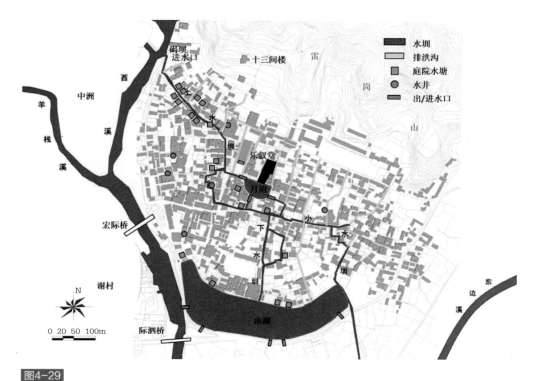

图4-29
宏村水系规划图（明末至今）
（资料来源：王浩锋. 宏村水系的规划与规划控制机制[J]. 华中建筑，2008，12（26）：224-228）

宏村内外水系相交于村西北的碣坝，碣坝是把西溪的水引入村庄的关键所在，通过修筑水坝横断西溪，使坝的上游开始蓄水，提高水位，再修建暗渠，引水入村，渠口的水闸还可以通过调节升降控制村内水圳流量的大小，暗渠横穿溪岸3～4m宽的道路，出口处流水潺潺，顺着一条宽约7cm的明渠一直流向村内。村内的水路系统关键在于水圳的建设，全长1268m的水圳（其中大圳716m，小圳552m）顺着地势向低处蜿蜒，把月沼、庭院水塘和南湖连为一个整体。

2）碣坝

宏村先民建造了拦河坝——石碣头，是一座滚水坝，西溪水源充足，平常清水从坝面倾泻而下，构成宏村八景之一的"石碣漾波"（图4-30），并在竭坝处设置水圳取水口，水口安置闸门，洪水时关闭，平时开启，既阻挡了洪水对村落的威胁，又调节和控制了村中水圳的水量和水位（图4-31）。

此外，碣坝的设计位置科学，高度适宜。西溪水自西北方向而来，流到礁石群的地方便转弯向南。水圳进水口的碣坝便设在距转弯30m处。由于西北方向水流使得洪水暴发时圳口压力增大，若北移30m，堤岸容易损害；由于下游河面偏宽，若南移，碣坝工程量会加大，所以现在的位置比较合适。高度的确定，参照了原来西溪旧河口位置，保证进村的水流速，以免落差过多冲毁碣坝。现在拦水碣坝上下水面的落差1.8m，水圳进水口水面高

图4-30
黟县宏村"石竭潆波"
（资料来源：http://lvyou.baidu.com/pictravel/92369d3e0e2fac30b1f35814）

于南湖水面3.96m，圳口流速21.6m/mm。[1]

3）水圳

水圳是宏村古水系的最重要的组成部分，水圳改老河床并增加弯道，拉大了长度，也方便了全村村民的汲水之利。水圳全长1268m，分上、下水圳，大小水圳在上段合二为一。水圳宽处不过一米余，而窄处不足二尺。水圳入村，穿街过巷，有明有暗，有分有合，流至月沼附近，大圳向西，小圳向东流入月沼，最后流入南湖。

大小水圳的宽度在0.4～1.15m，大部分地段的圳宽在0.6m左右，这个宽度可以说是最佳宽度，太宽水就浅而且流速慢，太窄了浣洗不便，大水圳深在0.5～0.9m，小水圳水深在0.4～0.7m，圳宽0.3～0.4m，沿线采用石头挡水板，抬高水位，分级形成落差，使水流富于动感、节奏感，巧妙而自然地控制水道流量和流速（图4-31）。另外，大部分村民离水源的直线距离均在60m以内，极大地方便了村民的汲水需求。整个水圳犹如血脉，蜿蜒曲折、或聚或散、或明或暗、穿堂过户、九曲十弯，创造了一种"顽疾未防溪路远，家家门前有清泉"的良好生态环境。[2]

宏村的水圳除了承担为整个村落给水的功能之外，同时还兼具为整个村落排水的功能。因为溪水自西向东，由高到低，穿越全村，并且沿途与住宅的排水口系统连接，构成了一

1　陈旭东. 徽州传统村落对水资源合理利用的分析与研究[D]. 合肥：合肥工业大学，2010.
2　李学义. 风水学与理性交融的宏村水系设计分析[M]. 北京：中国建筑工业出版社，2007：200-206.

图4-31
村民在水圳中浣洗以及水圳中高低不一的石板
（资料来源：http://youji.yizijia.cn/youji/3393-11.html#sumplan）

个比较完善的给排水网络。这样每逢天降大雨，住宅中的积水就会通过其排水口回流入沿街的水圳之中，最后顺畅地排入南湖，从而避免了因暴雨而导致宅院内积水过多对住宅和居民造成的危害。水圳的暗道口处均设有木桩，以拦截水中的垃圾杂物[1]。

4）月沼

半月形水塘月沼是村中的"牛胃"，平面形状像弦月一样，固称为月沼。月沼位于村落中心位置的人工池塘，呈半圆形，水深0.8~1m，面积1206.5m²。月沼水源除了少量泉水外，主要靠西溪活水，由于月沼面积不大，容量有限，大小圳东西分流时向东流入月沼的水圳水量，仅占总引水量的十分之一。

月沼北弦部笔直长50m，塘东岸长20m并垂直于北岸弦部，南岸和西岸呈弧形，面积1206.5m²，周长137m，水深1.2m，塘深1.5~1.6m，月沼中的水是活水，据计算进水量平均为0.52m³/min，种种分析表明，月沼的设计是经过科学的计算而得出的。月沼西边为进水口，东边为出水口，南面有一个泄水口，打开便可以放干月沼中的水，便于塘底的清理。西边进水口的水同时流向东、南两个出口，由于南岸为弧形，根据力学原理，当进水"冲"到南岸，有一部分水被折回，成为对角线交叉的对流方式，从而形成"4"字交叉的形式，使得东北角的水"活"起来，不至于形成死角，同时也使得整个月沼活跃起来，保证了月

1　韦宝畏，许文芳. 皖南古村落给排水设计探析[J]. 甘肃科技纵横，2010，39（2）：80-81.

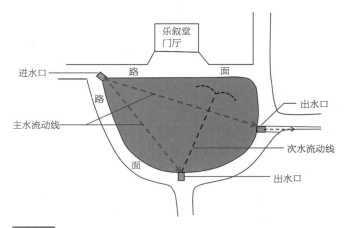

图4-32
宏村月沼设计分析图
资料来源：陈旭东.徽州传统村落对水资源合理利用的分析与研究[D].
合肥：合肥工业大学，2010）

沼水体的清洁、更新，同时月沼水面与路面距离常年保持在20cm左右，亲水性好。这种巧妙的理水设计，为村民提供了良好的水源，满足了生活、生产之便，同时也为防火储备了用水（图4-32、图4-33）。

5）南湖

南湖于明万历年间开挖建成，一共持续了三年，挖出的泥土用于修建湖岸、加高河堤及人工造田。南湖的兴建是由于河流直泻而下，水圳之水最后全部汇入其中，水源丰富，挖南湖有浣洗之便也有灌溉之利，也可以增添乡村风景，构建了一座优美的水口园林（图4-34）。

南湖呈船形，占地20247m²，水深0.8～1.1m，湖深1.5～1.8m，湖面与河面有1.5m的落差，共有五个出水口，优美的画桥将其分为东、西湖，东湖三处，西湖两处，其中一个排水口流入西溪，其余四个用于灌溉。在南湖的北岸水圳两处进水口处，分别用石头围成一小扇形水池，具有净水的功能，圳中之水在入湖以前先在水池内沉淀净化，然后通过水池边上的泄水口溢入南湖，相当的科学和环保，另外也具有缓冲水圳的水"冲"入南湖的流

图4-33
宏村月沼
（资料来源：http://dp.pconline.com.cn/dphoto/2163987_2.html）

速的作用，起到很好的保护河床之效，在净水池周围再种植荷花，通过荷花的自净功能对入口之水再次净化（图4-35）。

图4-34
宏村南湖
（资料来源：http://dp.pconline.com.cn/dphoto/list_2401932.html）

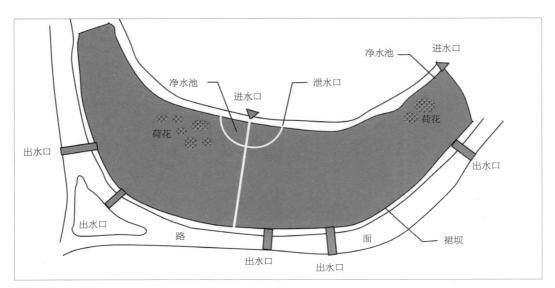

图4-35
宏村南湖水系设计分析图
（资料来源：李学义.风水学与理性交融的宏村水系设计分析[M]. 北京：中国建筑工业出版社，2007：200-206）

南湖周长800多m，东、北、西三面为单层石墈，距离高于水面0.4~0.8m，并沿线间断式设置浣洗石墩或码头，便于村民浣洗，体现出"以人为本"的设计原则。南岸护堤为上下两层，上层宽约4m，主要用于交通的路面，比西溪河稻田高2.3~3.4m，内侧为护堤的裙坝，主要是用于游人的休憩、垂钓，尺度适宜，富于变化，环湖南岸上下两层种植红杨、丹枫、绿柳、黑株和白果五种植物，共计23棵，固土护堤之外，暗含五色来仪之意。[1]

6）庭院水塘（水院）

西溪的水流经过水圳进入整个宏村，人们便顺势将其引入自家的庭院，挖池塘搭水榭，待客会友，品茗观鱼，营造一个个各具风格、精致小巧的庭院花园。据统计全村共有新老鱼塘25口，加上已经填埋的13口老塘，全村先后曾经有过38口庭院鱼塘，其中引用水圳的有27口，引用南湖水的有8口，月塘水的有1口，西溪水的有2口。全村几十口水院，其间有四处古水园最有灵气，分别是碧园水院、德义堂水院、承志堂水院及树人堂水院。

碧园水院坐落于雷岗山下，地处宏村水系源头，即上水圳，是宏村清代庭院的水榭民居的代表建筑之一（图4-36）。坐东朝西的两层建筑，底层堂屋前有一方池塘，并搭建了一水榭，三边设置了美人靠，走出客厅，进入水榭，凭栏赏鱼，品茗赏花，静雅别致。在引水进院的设计上，水没有直接流入塘中，而是经过一段水沟从水塘的右上角进入，并在水沟中间挖设一小池，便于随时观察水的流速、水质和疏浚水沟，水的进水口和出水口基本呈对角线之势，拉大距离，抬高水位。另外，碧园外侧弧线水沟也对院内之水的流速起着重要作用，弧线水沟和直线水沟相比，弧线肯定使水流受阻，减缓流速，抬高水位，便水圳水流在水院之水入口处自然形成"人"字形水流，小部分水流入水院。在水院中有两块标志水文作用的水标石，当石头A被水淹没，意味着山洪暴发，或没关好水闸，从而提醒村民采取相应措施，水的标高就是水漫上水圳的高度；当石头B露出水面了，意味着干旱，此时是宏村的最低水位，村民要把拦河坝堵上。此外，由于厅堂下面也有水穿过，在炎热的三伏天，室内温度比室外温度要低将近10℃左右，起到调节室内小气候的作用，既环保又节能（图4-37）。

承志堂位于宏村上水圳中段，在其西侧，有账房小筑，地势局促

图4-36
碧园水院
（资料来源：陈旭东，徽州传统村落对水资源合理利用的分析与研究）

不整，营造者因地制宜，引临街水圳，建水榭，修曲廊附墙。水院基本呈梯形，与外侧水圳只一墙之隔，由于面积有限，水院相当狭小，进水口与出水口距离很短，无自然落差，这样会造成水不能对流。据于此，主人在水院三分之一处，设置两块石板，将很小的水院再分成两个更小的水池，以抬高水位，形成落差，并在石板开槽，使水顺水槽往下流向出水口，刚好利用对角线拉长距离，

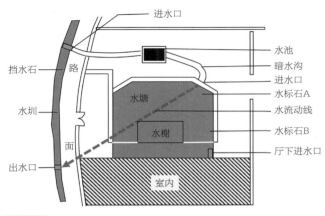

图4-37
碧园水院水系设计分析图
（资料来源：引自李学义. 风水学与理性交融的宏村水系设计分析[M]. 北京：中国建筑工业出版社，2007：200-206）

抬高水位，提高流速，为了抬高水院水位，在水圳上设置一石挡水板，使水灌入水院（图4-38、图4-39）。[1]

7）宏村水系的功能

净化污水：传统村落没有现代的化学净化手段，宏村的水系主要依靠在一些进出水口设置滤水网来拦截浮游垃圾，南湖的进水口还专门设置了过滤池便于集中进行垃圾的分类

图4-38
承志堂水院
（资料来源：http://zlg.zhulong.com/notice/voyage/liushui/liushui-11.htm）

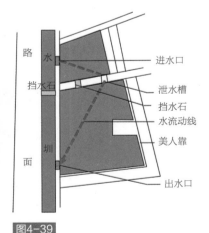

图4-39
承志堂水院水系设计分析图
（资料来源：引自李学义. 风水学与理性交融的宏村水系设计分析[M]. 北京：中国建筑工业出版社，2007：200-206）

1 李学义. 风水学与理性交融的宏村水系设计分析[M]. 北京：中国建筑工业出版社，2007：200-206.

处理（图4-40）。对于排入南湖的污水，利用南湖中生长的莲藕吸附污泥和水生动物吃掉浮游微生物来净化水质，降低污水排放。

此外宏村还严控污水的来源，居民家中生活污水并不直接排入水圳中。洗漱用水倒在旱地上，经土层过滤后渗入地下。厨房淘米洗菜的头遍水用来饮家畜，二遍水则倒入明堂坑（即天井），再经下水道排入水圳。人畜粪便被收集起来，发酵处理后用做农家肥。[1]

循环用水，灌田养鱼：宏村对水的循环利用充分体现了古人的生态思想，"居民使用—养鱼—灌溉"。宏村的水系统在村落内部解决了居民的生活问题，已经得到了较充分的利用，但水流出村时并没有归入溪流，而是得到了深层次的进一步利用。水圳内的水经由两路汇入南湖，用于养鱼、肥藕，增加村民的副业生产；又由南湖分三个涵洞穿过道路，引出水流，灌溉农田，解决农业对水资源的需求问题。生活用水中残留的米渣、菜叶流入南湖利于喂鱼肥藕，鱼的粪便、荷的腐叶流入农田，利于壮苗丰田，实现了一个以人养鱼，以鱼养田，以田养人的生态环境系统。

图4-40
宏村南湖北面过滤池
（资料来源：http://www.mafengwo.cn/i/5492334.html）

1　王浩锋. 宏村水系的规划与规划控制机制[J]. 华中建筑，2008，12（26）：224-228.

　　蓄水防火：宏村建筑多以木构为主，易于引起火灾。虽然宏村水系既可以隔离火场，又可以提供一定的消防用水。但由于引入村内的水量只占西溪水量的小部分，不足以满足大量的消防用水，于是将溪水引进村中心的一个天然泉水坑。由于泉水坑小，不能蓄水，为了达到引水、蓄水防火的目的，随即将村中这一个泉水坑扩建成一个月塘，称之为"月沼"。实现了祖先的遗训，开挖月沼，"以潴内阳水，而镇朝山丙丁之火"。后因人口剧增，月沼的水不敷使用，宏村族人又耗费巨资，将村南的百亩良田改造为碧波荡漾的南湖。南湖则成为村民防火、灭火的重要水源。[1]

　　防洪排涝：宏村先民在雷岗山脚下挖横沟拦截山洪，并在村中开辟多条南北向的分洪小沟。这些小沟或连接水圳或汇入南湖，加大了村落的沟渠密度和覆盖范围，在洪水季节可以有效地提高水系的泄洪作用。同时，先民在雷岗山上遍载林木涵养水分，并对南麓的坡地进行了部分改造，用卵石砌成层层跌落的台地，减缓山洪对村落的冲击。[2]

　　（2）江浙吴越水乡地区水系营建范例——深澳村[3]

　　深澳古村位于浙江省桐庐县，现在划为江南镇管辖，东北接富阳，西南接桐庐，面积为7.5hm²。选址于山谷的平原之中，东北是狮子山和黄山，西南是前山，东南方向是龙门山余脉。两溪环村，分别是发自龙门山余脉的桐溪（应家溪）和后溪（紫溪）。从而形成了东西两山对峙，旁边有两溪流经，人在村落中感受到的是山环水绕，龙门高耸，藏风聚气，负阴抱阳的好环境。古村呈边长400m左右的方形，又有"两山两溪夹一村"的外部形态，如图4-41所示。

　　深澳古村的基础设施与水系紧密结合。申屠氏先人在村落建造时，就根据深澳村的现状情况，对整个水系进行了系统的规划，通过暗渠将村外的两条天然溪流引水入村，创造村内深澳、明渠、澳口、塘、井等多种理水方式，形成了深澳古村落独立而完善的供、排水系统。并且整个供水系统实行分质供水，也就是说根据暗渠的上下游关系，依次排列不同功能与水质要求的浣洗场所，这是非常科学的用水理念。而村外的两条水系则作为主要的灌溉用水水源，同时也起着

图4-41
深澳村总图
（资料来源：李政. 深澳村理水探究[D]. 杭州：中国美术学院，2012）

1　陈旭东. 徽州传统村落对水资源合理利用的分析与研究[D]. 合肥：合肥工业大学，2010.
2　王浩锋. 宏村水系的规划与规划控制机制[J]. 华中建筑，2008，12（26）：224-228.
3　李政. 深澳村理水探究[D]. 杭州：中国美术学院，2012.

排洪、泄洪、引流的作用。同时，深澳古村的街巷格局，也就是深澳村的村落形态直接由深澳和澳口的位置影响形成的。

1）水系概况

深澳的水系由两个层次构成：一是村落外围天然形成的溪流，这是村落的生活与生产的水源所在，也是建村的基础；二是通过自然与人工的结合营造的村落内部的水系。从形式上的不同分别可分为：溪流、澳与渠、塘与井，其中深澳最为重要（图4-42）。

溪流：村外一共有两条溪流，村落的东北面的溪流为桐溪，西南面的溪流为后溪。桐溪源头在龙门山余脉的深山之中，从东南流向西北，汇入富春江，是富春江的支流。铜溪宽十余米，现源头处建有水库，几经人工疏导、修筑，桐溪已经成为深澳主要的灌溉用水水源，同时也起着排洪、泄洪、引流的作用。后溪是发源于屏源溪的一条小溪，面宽较窄，窄处只有一两米宽处也不过五米。从环溪分流，流经前山山脚，也是一条东南走向西北的溪流，最终汇入富春江。后溪是深澳主要的灌溉用水水源。

澳渠：澳与渠划为一类，是因为澳本来就是渠，当地人称深埋地下的暗渠叫澳。深澳的水渠格局由大溪（铜溪）水澳五条、小溪（后溪）水澳十余条组成，另外还有三条由南而北与"深澳"平行的地面水渠，但是目前这些明渠大多已被覆盖，成为暗渠，水渠的水都引自屏源溪，在进水口设置闸门以控制水量，水深宽约为半米左右。水渠穿越村落，流经各家各户的门前屋后，供日常使用，同时起着汇集地面雨水，带走生活污水的作用。古建筑天井下的排水沟往往与这些水渠相通，以前的村民通过在这些暗渠里面养乌龟，靠乌龟的走动清理里面的残渣和泥沙。

深澳：深澳昔日饮洗两用，分时段取水，大约800余米长。其澳头在桐溪的汤家渡上筑堤坝引水，在村口分成两路，一路仍以暗渠的形式将水直接引入村内，大致与深澳老街平行，位于老街的地下，老街上现存有六个完整的澳井口。水流在第四个澳口出现分支，流向西面，经下街十字路口向西过怀素堂前地底下，流向祠堂西边的大塘，经过大塘流向北面的农田。后来随着人口的不断增长，这里逐渐扩大成为饮用水之源。另一路以明渠的形式，从村东头分出，沿村东外驳坎流入应家溪，以供清洗草纸等生产用水，但目前只有八房街以南还保留一段。

深澳暗渠处在深澳老街下面，每隔几十米就有一个澳口，供取水用水之用，当时设定澳口除了取水还有清理积沙之用。有些房子直接建在这些深澳的水渠上边，澳口处在房子的底下。

塘和井：在深澳村里面，塘和井差不多做法相同，塘就是掘得比较大的井。井是有顶盖有井眼的塘，在村中也有塘改为井、井改为塘的例子。深澳村内原有24口水塘，其中4口现已改为井。这些塘水质清洌，均为地下水，冬暖夏凉，是深澳村主要的生活用水，并且每口塘都有明确的使用功能，按功能分可分为吃水塘、洗涤塘、洗澡塘。自来水接通以前村中有四口吃水塘：村东有新塘，村南有辉岗塘（古村外），村西有吃水塘，村北有八亩。

图4-42
深澳村水系分布图
（资料来源：修改自李政. 深
澳村理水探究. 杭州：中国美
术学院，2012）

洗用塘17个、洗澡塘2个。除了这些小塘之外村中只有一口大塘，位于以前古村村口，面积有7800m²左右，是村落所有水系的汇集点，也是村落的水口所在，也用于洗濯（清洗污物、农具）及养鱼、放鸭这些规模较大的水产养殖之用。

2）营造经验

饮水取水系统：深澳村的饮水取水格局主要由三个系统组成，一是最西边是围绕后居弄形成塘井组合：辉岗塘—圆塘—六房古井—六房二边塘—吃水塘。二是处于两大街中心位置的新塘—双井—八亩塘。三是处在最东边的饮洗两用的水源深澳：澳口1—澳口2—澳口3—澳口4—澳口5—澳口6（图4-43）。

水塘的营建：村里不同的水塘具有不同的功能，采取分质取水，主要分为供饮用的吃水塘、供洗菜洗衣物的洗用塘和洗澡堂。这些水塘大多呈簸箕形，三面卵石砌壁，吃水塘一面铺以石砌踏跺伸入水下供人使用。而洗用塘则在塘的两边在靠近水面的时候砌筑大块石板用于操作面。这些水塘自地面向下，一般深2~3m，一般均有进水暗渠和出水渠，其中有些水塘互相连通。如"八亩塘"除泄水暗道外，还

图4-43
饮水点分布图
（资料来源：修改自 李政. 深澳村理水探究，中国美术学院硕士学位
论文，2012）

发现一条长15m、宽1.5m，人可进入的卵石拱顶暗渠，暗渠上方为房屋。

这些塘在整个古村内分布均衡，不但方便村民生活用水，同时也起着防火、降低地下水位和汇集地下水的作用，对古建筑的防潮、防火都有积极的意义，这些塘的存在在改善了村子的小气候的同时，组成了古村丰富而独特的景观。

澳口的营建：澳口位置一般有两种，一种是位于道路中间，一种是位于房屋之下。如澳口1、澳口3周边街巷放大形成一个类似小广场的街巷活动空间，澳口处在道路的正中间，澳口四周建有护栏，沿着鹅卵石台阶走下去，水渠边上都有约半米宽的巨石作为操作台面，可以容纳四五个人同时活动（图4-44）；澳口2的深澳的正上方刚好有房子，下澳的台阶很窄，刚能容下一个人下去，宽度半米不到，下去后平台又被扩大，为了容纳更多的人洗涤，在暗渠的地方还架起来一块石板。此外台阶的营建亦有讲究，如澳口4的台阶先垂直水流再慢慢变换为45°角（图4-45、图4-46），这样做的一个好处是台阶可以做的比较宽，因为台阶本身就是他们摆放物件的平台。

道路交通系统：深澳村形成"两纵四横"的街巷格局（图4-47），以南北向的老街与后居弄东西向的怀素堂前弄、二三房弄、前房弄、恭思堂弄构成深澳街巷的主骨架，其街巷格局与深澳和澳口的位置关系密切。两条主渠与两条主街完全并置，下有暗渠，上有街铺，中间以澳口的形式相连；由于澳口是主要的取水和用水场所，必须要有村道直接和方便与澳口相连，因此贯通两条主街的四条横向小巷均穿过主渠上的澳口。在两条主暗渠决定深澳村两条主街的形态下，深澳的澳口直接或者间接的决定了接通这两条主街的四条横向小巷。由此可见水系格局直接影响了深澳村的村落格局。

当地材料的运用：村内建筑墙体及街巷多用鹅卵石砌成，其中建筑墙体一部分就地取用溪中卵石砌墙，虽一二百年但墙体依然挺拔；部分砖砌高墙，中间采用当地小杉树加固（图4-48）。

（3）江浙吴越水乡地区水系营建范例——浙南"都江堰"岩头村

岩头村位于楠溪江中游西畔，距离温州市永嘉县城38km，是楠溪江畔数百个古村落中规模最大的村落之一，是唯一以整套水利设施来规划布局的村寨，素有浙南"都江堰"的美称（图4-49）。

1）以水利设施来规划布局

"水如棋局分街陌，山似屏帷绕画楼"，岩头村是楠溪江唯一一座以综合水利设施来布局的古村落，其布局形态受古代风水影响较大，对整个村落从选址到布局等进行堪舆规划，形成溪流分脉环村绕、主街中央街道直对文笔峰的格局。村落坐西朝东，所以民居院落都呈东西朝向。"浚水溪"和"丽水溪"为腰带水，左右因山为屏，依风水定位，形成南北主要街道、东南因小汤山构成水口园林的村落布局之特色（图4-50、图4-51）[1]。村落布局形

1　潘浩. 浙南"都江堰"岩头村[J]. 文化月刊，2015，（13）：52-59.

图4-44
位于道路中间的澳口1
（资料来源：http://www.
tlnews.com.cn/zt/tlphoto/
content/2011-07/06/
content_2959602.htm）

图4-45
澳口4：四十五度角的台阶
（资料来源：http://pho
tobbs.it168.com/thread-
415404-1-1.html）

图4-46
澳口4
（资料来源：http://www.
19lou.com/forum-138-
thread-28714144798437
52-1-1.html）

图4-47
深澳村道路交通系统
（资料来源：修改自 李政. 深澳村
理水探究，中国美术学院硕士学位
论文，2012）

图4-48
深澳村鹅卵石砌墙
资料来源：http://blog.sina.com.cn/
s/blog_44afc5fe0102vyeg.html

图4-49
楠溪江中游岩头村全景
（资料来源：潘浩. 浙南"都江堰"
岩头村[J]. 文化月刊，2015，13：
52-59）

图4-50
楠溪江中游岩头村水利景观
（资料来源：http://blog.
sina.com.cn/s/blog_7a
2ab7260102venu.html）

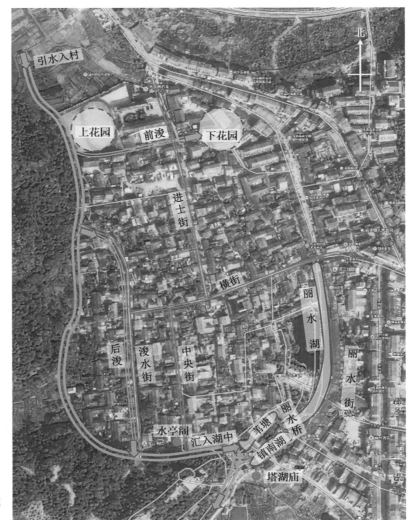

图4-51
楠溪江中游岩头村水系系统
（资料来源：笔者自绘）

态及园林环境，呈现古代传统风水思想文化的影响，如此完整的古代村落传统文化，展现了楠溪江中游地区的商业性农村聚落文化中具有深厚人文底蕴。

2）水利设施

岩头村水利工程始兴于宋，竣工于明初，整个水利设施起于五尺溪双浚头的堰坝，止于丽水湖，包括镇南湖、智水湖、右军池、进宫湖等。全村地势西北高东南低，一条约两米宽的引水渠从村北二里左右的五尺溪把清澈的山溪水接入村子西北角，形成上花园再分成前浚、后浚，前浚向东又形成下花园，并且分支流绕街傍户贯穿村舍民居，最后汇入村子东南部丽水湖，后浚顺着村子西部的浚水街南下，在水亭祠西南角会合汤山北麓从西来的水渠，注入塔湖庙风景区的几个湖里[1]。引水渠一路建有8个大小涵洞，2个节制闸、50个人工湖池，不仅解决了饮食用水、洗涤用水、消防用水、灌溉农田等需要，还具有赏玩功能。供水系统和公共园林、实用效果和审美情趣，至此形成相得益彰巧夺天工的组合。这是楠溪江中游古村落中最成功的引水工程，近500年过去了，至今还为岩头村居民提供优质的饮用洗涤水源。

3）水系与道路完美结合的水街——丽水街

"结伴连朝频载酒，行吟不惜绕长堤"，丽水街是水利设施、道路设施及人文景观的完美结合。丽水街又名丽水长廊，位于村落东缘的湖堤上，是楠溪江现存最完整最有特色的乡村园林。始建于明朝嘉靖年间，本来是一段兼作拦水坝的寨墙，叫作长垟，丽水湖便是由它拦蓄而成的，当时被称为"河壖"，因湖中植荷，当地人又称之为"荷堤"，到了清代因商贾云集，商店林立，成为一条商业街，定名为丽水街，由长廊、亭榭、清流、古树、庙宇、戏台等组成。丽水街全长300多米，街面全用卵石铺就，街道东侧有90多间木石二层成列的商店，每间面宽约3m，进深10m，店铺的屋檐伸出很长，披檐长约4米多，将整条丽水街都遮盖住以利于行人遮阳避雨[2]；街道西侧隔不多远就有一道石砌台阶下到湖面，且阶石全是天然长条石，一端插入湖坎，一端挑出大约60cm。每块条石之间分开，上下前后相隔一小步距离，块块架空，显得轻巧玲珑（图4-52）。

丽水街西侧的丽水湖，是明嘉靖三十五年（1556年）人工开挖而成，长300m，宽20m，西接苇塘，南连长66m，宽9m的镇南湖。两湖之间建有丽水桥（图4-53）。丽水桥建于明嘉靖三十七年（1558），至今有553年，是永嘉最著名的古桥。

2. 利用天井排水

屋面的雨水都往自家天井里面排，俗称"四水归堂"。而从专业的角度来看，"四水归堂"正是村落内完备的雨水系统的起点，由于民居的围墙较高（多为6m左右）、间距较近

1　陈志华. 岩头村[J]. 中文自修，2012，（12）：16-17.
2　马慧娟. 岩头村：一个村庄的山水情怀与耕读记忆[J]. 农家书屋，2015，（6）：25-28.

图4-52
楠溪江中游岩头村丽水街内部
（资料来源：https://www.douban.com/note/2989883771/）

图4-53
楠溪江中游岩头村丽水桥
（资料来源：http://www.pop-photo.com.cn/thread_1892197_1_1.html）

（最宽的不过3m，最窄的才1m多），所以为了室内的采光与通风必须设置内天井，雨水只能排入天井。为了不造成雨水四溢，先民们首先利用当地土生土长的大毛竹等当地材料当作雨水天沟，引导屋面雨水顺着角落里的雨水立管（大毛竹）流入天井（图4-54、图4-55）；利用天井与室内地面的高差，自然形成四方形的小蓄水池；然后在天井的石板地面下，暗设雨水沟，将雨水排出室外。讲究的建筑会沿着天井的四周修一圈明雨水沟与厅堂下的暗雨水沟相通。雨水经小蓄水池内的入水口，流入暗雨水沟，在天井、厅堂下转一圈后，再由小蓄水池内的出水口排出室外。整个系统的排水坡度均经过准确的设计和精准的施工，为防堵塞，就在建房之时在雨水沟内养两只乌龟，通过乌龟爬行和吃杂物达到清通的作用。怕乌龟气闷，还会旁通一小段管路，上设专用的通气孔洞，在下雨之前，由于气压变化，乌龟会爬到孔洞下透气，同时通知主人："要下雨啦。"雨水排出室外后，就进入室外街道下的雨水系统，与石板铺就的街道浑然一体，全然看不出雨水沟的痕迹。[1]

3. 水坝的营建

（1）水坝的类型

水坝是重要的水系设施，水坝的营建与经济、政治及社会发展状况密切相关。水乡地区的村落"一分水"却发挥了"十分用"，多赖水坝之功，古代村民在建坝选址、材料、坝型、功能效益等方面因地制宜、各臻其妙、工艺娴熟，表现了高超的筑坝理水技艺。可以按照功能将水坝分为取水坝、蓄水坝（包括拦河坝、塘坝、库坝，拦河坝又有水圳取水坝与灌溉水坝之分）和障水坝（或称堤，为防洪坝）。

图4-54
普通家庭的天井雨落管

图4-55
天井的雨水天沟和雨落管

（资料来源：张磊.水与宜居景观：浅议婺源古村落的给排水设施[J]. 小城镇建设，2008，（7）：38-44）

1　张磊. 水与宜居景观：浅议婺源古村落的给排水设施[J]. 小城镇建设，2008，（7）：38-44.

1）取水坝

为了通过人工水系引部分溪水穿村而过以更大地发挥溪水的效用，更好地完善村落空间结构，改善村落环境，筑坝取水这一行之有效的措施广为村落采用。如黟县宏村，是引水入村的典范，明永乐初年（1405～1407年），宏村汪氏族人合力在村西拦河建石竭抬高水位，设置水闸控制水势。西溪水经水闸入水圳进村落，村西石竭则形成宏村八景之一的"石竭潆波"（图4-30）。

再如歙县呈坎村，有两条人工水圳，其一是在位于村北罗东舒祠堂下首的潨川河上筑石坝拦水抬高水位，从坝口取水，开挖人工水圳沿前街与钟英街之间，穿户过巷由北向南，使潨川河水自村北向村南流经全村，将生活水源直接送到门前宅后。

2）蓄水坝

歙县唐模村，在村中檀溪分段筑滚水坝近十道（图4-56），蓄水取用，保持水位，构成水街景观。滚水坝坝体不高，水满便自坝顶溢出而下，形如白练，水声潺潺，生气十足。这使山溪与江浙水乡平静的河流相比，别具情趣。

3）障水坝

水乡地区村落多对沟壑溪流两岸人工衬砌加固，筑有坚固的防洪坝，以抵御和排泄村边山脉山洪暴发时的洪水。河水流量正常时，河坝就起着引导河流穿过，并且把河流的流

图4-56

安徽省徽州区唐模村水坝

（资料来源：http://oa.ahxf.gov.cn/xxg/skin/skin5/？villageid=3186）

向限制在一定方向的作用；在暴雨季节，山洪暴发，护村坝坚固高大，其作用就可以把洪水限制在河道中，阻止外水进入村内，若洪水过警戒水位，居民可以有时间沿村坝迅速向安全处转移。如著名的歙县雄村的桃花坝，为防止练江之水冲刷临江而建的书院的基脚，遂沿江岸修起了一道数里长的堤坝，形似城堞。昔日坝上遍植桃花，故名桃花坝（图4-57）。又如江西省婺源县汪口村"曲尺堰"独特的"⊥"形结构，不仅发挥了既堵又疏的功效，大大减缓水流对坝体的冲击力，而且还利于泥沙下泄，永不淤塞。

（2）水坝的作用——水位调控

在传统村落中，通常采用修筑供水堤坝的举措以达到调节水位，保证给排水系统的正常运转之目的，这种给排水系统的调控设置在徽州区的棠樾村、呈坎村比较典型。棠樾村的水系源至灵山，一股自东山槐塘而来，过村流入横路塘；一股在村西沿灵山山脉下至西沙溪，两水构成村落的主要水系。在村落建设中有两次大的水利改造工程，元代至正年间（1341～1367年），村民鲍伯源率族人在距灵山五里的河上修筑石碣（大母碣）截流，蓄水量可以灌溉良田达六百余亩，保证了农田的旱涝保收。同时引水进村，水系沿村南环村而行，又引横路塘水进村东，两水在村东骢步亭附近汇合，流至七星墩水口。明永乐十八年（1420年）冬至十九年（1421年）春，村民们又对大母碣水系进行治理和改造，在大母碣挖掘系列水塘作为调节水库，主要有大母碣附近的小母碣和村落西北部的德公塘等。由这三股水道形成的水系对外限定了村落区域，对内联结全村近十口水井和池塘，有效地解决了村民农田灌溉、日常饮用和观赏等要求。同时修建随东西主要街道而行的暗流水道作为排

图4-57
安徽省歙县雄村桃花坝
（资料来源：http://blog.sina.com.cn/s/blog_59013b8c01015xoa.html）

水设施，以预防暴雨洪灾，避免住宅遭受破坏和损失。

再如呈坎村，以前、中、后三条南北向的主街为骨架，主街平行溪河而建，村内沿着主要街道而设三条水渠引柿坑溪和溪河之水，从村北向南流经全村，把生活和消防水系引入各家各户的门前宅后，三水于村口汇于隆兴桥下。要保证水系的自然流动就必须保持水头和水尾的高差，为此村民在柿坑溪和溪河交口附近和环秀桥上游修建了两个取水碣坝，以抬高入村水系的水位，从实际效果看，这两个碣坝既能保证村内给排水系统的正常运转，同时，当遇到暴雨洪灾的时候，通过调节碣坝的阀门，人为地控制给水的水量，又能保证排水渠道的畅通，可谓一举两得。[1]

除了利用水坝方便生活生产等使用外，先民们还赋予水坝以生命，比如婺源李坑村有两条溪水在村中交汇，合流之后再流出村外，先民们就把两条溪水当作两条龙，在即将交汇的地方，分别修筑水坝，装饰性的修上龙角，并用龙角的形状区分公龙和母龙，合流之处再修一座圆拱桥，称为二龙戏珠（图4-58）。此处的水坝不仅担负着调整水流的任务，还被当作龙头，展现了长流不息、活泼乐观的生活态度。

（3）渔梁坝与曲尺堰——水坝营建的经典案例

渔梁坝和曲尺堰集中体现了徽州先民的智慧，充分发挥了通航、蓄水、构景等多重综合功能，代表了徽州古代筑坝理水技术的杰出范例。下面将详细分析这两个传统村落的水坝营造经验。

图4-58
江西省婺源县李坑村二龙戏珠
（资料来源：http://www.nipic.com/show/1/49/5017166k67486c21.html）

---

1 韦宝畏，许文芳．皖南古村落给排水设计探析[J]．甘肃科技纵横，2010，39（2）：80-81．

1) 歙县徽城镇渔梁村渔梁坝

渔梁坝横亘于练江之上（图4-59、图4-60），其坝长143m，顶宽6m，底宽28m，高约5m，断面呈不等腰梯形，下游边坡十分平缓，坝面偏南设置三道水门，即泄洪道，坝北端建有坝神庙一座。该坝是我国现存最著名的滚水坝之一，也是新安江上游最古老、规模最大的拦河坝，被古建筑专家郑孝燮先生誉为"江南都江堰"，并于2001年被国务院批准为第五批全国重点文物保护单位。

图4-59
渔梁坝
（资料来源：http://www.yododo.com/blog/013EAB5BAE3C16EAFF8080813EA9D5EF）

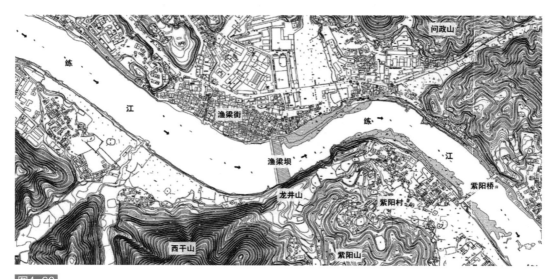

图4-60
渔梁坝地形图
（资料来源：毕忠松，李沄璋，曹毅. 徽州古坝渔梁坝建造形制与结构特点[J]. 建筑与文化，2014，（9）：180-184）

渔梁坝历史沿革也是其建造形制与结构的发展变革，一是由"以木障水"到"聚石立栅"，再到改"红石坝面"为"花岗岩坝面"的筑坝用材的变革，二是由"立栅聚石"到"顺流栉比、纳锭于凿"，再到改"参和灰沙于内"为"表里皆甃方石"的坝体形制与结构的变革。渔梁坝筑坝材料与形制结构的变革是古代劳动人民智慧的结晶，通过千百年来历次改进、积累经验后取得的。从建坝选址，到坝体形制结构不断变革的整个过程，也是古徽州水利工程技术逐步成熟的过程。

坝址的选择：渔梁坝的选址处为河道由东南向东北拐弯，从上游直冲而来的水流直射坝南距坝约150m的龙井山山壁上，碰上深入练江中30余米宽的石壁后，再折向东北而下，这样既大大消减了上游来水的水势，又在一定程度上清理了北岸的流沙，使得渔梁坝北端下游成为船舶理想的停靠地。

坝体样式：渔梁坝现下底宽约33.7m，高度约为5.7m，高宽比约1：6，其高宽比经历从宋代时期的1：2到明代的1：3再到清康熙年间几近1：7。渔梁坝高宽比由大到小的变化，在增强坝体阻水能力的同时保障了坝体结构的稳定，再加之立石的固定与燕尾锁的链接，以及护甾石与石护坦的固定，使得今天的渔梁坝依然稳固的横卧于练江之上。

坝体结构：现存的渔梁坝结构特点是，断面呈不等腰梯形，下游边坡十分平缓。坝面偏南设置三道水门，即泄洪道，并由北向南渐次低落，以调节流量。坝身石砌，面石用花岗岩，条石之间用石燕尾锁、石键等连接（图4-61），竖向则立石柱，以增加上下层之间的结构强度。坝趾砌水平条石，类护坦做法，并有护甾，即护坝脚短石桩。

独特的施工技术：在江河中截流筑坝，一是采用"围堰"的施工技术，先是在上游的一侧筑堰，或者先在主体工程一侧开挖导流槽，把流水引向一边完成坝体的一半，再筑另一侧围堰，实施工程的另一半。而由于特殊的地理环境，渔梁坝两岸皆山，开挖导流槽则费工费时巨大。于是，古代工程技术人员根据水流直冲南岸，北岸淤成砂堆的流体力学物理现象先修筑次北段坝体，同时在北段坝身底部预留出一个泄水涵洞，然后从洞口往上游挖出一道深沟，接上河心围堰，将河水引到涵洞中外泄，以利于南段施工，当南段工程完工后，再把涵洞堵住，掩以沙石[1]（图4-62、

图4-61
坝体燕尾锁

（资料来源：毕忠松，李沄璋，曹毅.徽州古坝渔梁坝建造形制与结构特点[J]. 建筑与文化，2014，（9）：180-184）

---

1 毕忠松，李沄璋，曹毅. 徽州古坝渔梁坝建造形制与结构特点[J]. 建筑与文化，2014，（9）：180-184

图4-63）。

2）婺源县汪口村曲尺堰

与渔梁坝相比，曲尺堰显得体量稍小，其设计思路和建造的技术含量、科学智慧方面更有独到之处。

汪口古村位置独特，地灵人杰，因处在江湾水（正东水）与段莘水（东北水）合口处西岸，村前碧水汪汪，故名"汪口"。曲尺堰在梨园河的下游（图4-64），梨园河与段莘水两溪在汪口西侧汇合，水流湍急，洄漩凶险，每年春夏季节山洪暴发时，常常舟覆人溺。为了平缓流速，提高水位灌溉农田，只有用筑坝的方法才能解决这个水患问题。但是这是一条水运航道，一旦筑坝就要断航。为了解决既要提高水位平缓水势，而又不影响航运这一水利建设上的难题，将坝体设计成古代木工用的曲尺形状，类似锐角三角尺的一长一短的两直边。

坝体采用片石砌筑，从河南岸砌筑了90m的横坝，坝宽15m。在横坝距北岸25m处留出一条航道，坝体就向上游方向作了90°的转弯，坝体继续朝上游方向延伸了30m，这一截的坝体叫直坝，其宽度与横坝相同，高度略高于横坝。在河的北岸正对着直坝方向又筑了一截导流坝，导流坝与直坝之间留有25m宽的缺口作为通航的航道。坝体的砌筑方法采用了独特的片石直立修筑法：它采用大块的片石料，将其侧立起来，一块紧挨一块排列，边对着上游方向。这样做大大减小了水流对每一块片石的冲击力，使直立的片石如同立地生根。

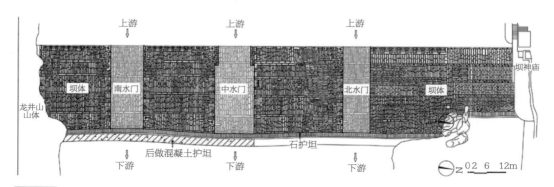

图4-62
渔梁坝平面图
（资料来源：毕忠松，李沄璋，曹毅. 徽州古坝渔梁坝建造形制与结构特点[J]，建筑与文化，2014，（9）：180-184）

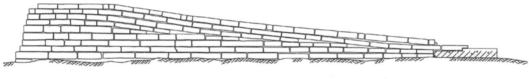

图4-63
渔梁坝横断面图
（资料来源：毕忠松，李沄璋，曹毅. 徽州古坝渔梁坝建造形制与结构特点[J]，建筑与文化，2014，（9）：180-184）

图4-64
汪口曲尺堰
（资料来源：http://www.333200.com/news/newsshow-707.html）

坝体的中间部位片石横铺，与迎水面的片石组成一种"⊥"形结构，充当迎水面片石的坚强后盾。

曲尺堰坝体坚固无比，200余年来经历过无数次山洪的冲击，除了水流的侵蚀使片片石块光滑圆润外，从未决口坍塌，概无损伤。既提升了水位，平缓了水势，又能灌溉农田，还便于航运。此外，由于曲尺堰设计独特，既堵又疏，不但大大减缓了水流对坝体的冲击力，而且还利于泥沙下泄，永不淤塞。[1]

4.2.2 道路交通系统

1."水街"的营建

南方水乡地区传统村落的街巷形态顺应地势、曲折蜿蜒，水系也与街巷相结合，以街巷为骨架，以水系为血脉，水网和街巷配合默契相依相存，形成了极具特色的"水街"网络系统。如在广州小洲村、安徽西递村、唐模村、宏村、屏山村等传统村落内"水街"比比皆是。（图4-65~图4-67）

水圳、河道、水网与街巷、民居建筑、水工构筑物及交通节点（桥、埠头、临水平台）等是水乡地区传统村落所共有的涉水空间。一般地，水系与街道并行成为村落内部交通的

---

1 贺为才. 徽州先民的亲水情结及其理水技艺[J]. 水利发展研究，2006，6（6）：53-60.

图4-65
广东省番禺区小洲村内部河流与街巷
（资料来源：笔者自摄）

主要干道，而水系的走向往往控制着村落的发展和主要街道的走向，民宅屋舍多是沿水系
两岸呈线形发展，并在村落建筑组群内部构架出村镇分区的基本骨架。很多村落的道路网
布局随水系弯曲交错，不求规整，民居则顺应水系和街巷的弯曲走向呈现灵活多样的朝向
和外观。这种非规整的道路布局通常主要是内部水系的导向机制及建筑物因地制宜、适应

图4-66
江西省婺源县理坑村水圳与街巷
（资料来源：笔者自摄）

图4-67
安徽省黟县宏村水圳与街巷
（资料来源：笔者自摄）

山地、河流地貌的结果，尤其是村落内部干道常伴水系而行，水系与街巷有机结合成为水圳及道路交通营建的重要技巧。歙县呈坎村是一个典型的"纳四水于村中，聚水如聚财"的风水宝地，整个村落似一个聚宝盆。祖先把呈坎村按《易经》阴"坎"阳"呈"二气统一、天人合一的八卦风水理论选址布局。改潨川河自北向南成"S"形穿村而过，通过两条南北向人工水圳引水入村。其一在位于村北端罗东舒祠堂下首的浑川河上筑石塌，拦水保持水位，开挖人工水圳，沿前街与钟英街之间，穿户过巷由北向南。另一条人工水圳，从村北端的柿坑引水，沿着后街由北向南，至村南端与前街的水圳汇合后再注入深川河。两条水圳在村前、村中、村后纵贯北南，中间多次横向联系，形成村中的网格状水系，有如经纬线把整个呈坎村落划分为数十个方块，街巷相通，巷巷相通，使村落形成二圳三街九十九巷，成为一个完整的九宫内八卦。形成了"街街巷巷有溪水，门前圳水流不息"的景象。

　　村落整体形态还特别注重体现生态效应，道路的规划布局科学地顺应了当地的日照和通风。村落以河渠街巷为骨架，主街或重要沿河巷道并非正南正北，而是依据当地常年主导风向略有偏移，与风的走向取得一致。从而使街道及其民居得到比较理想的光照与通风条件，创造良好的人居环境。

2. 街巷空间的防洪设计

南方水乡地区传统村落的街道蜿蜒伸展，首尾不相望，支巷前后略错，纵横不对称，形成独特的鱼骨状或梳状街巷空间格局。这种错综无序的曲线空间变化利于防洪，防止了洪水袭击时一泄到底，全盘毁坏。如歙县渔梁村（图4-68、图4-69），全村布局为两头窄、中间宽的梭形，就如同一条"鱼"，有"鱼头""鱼腹""鱼尾""鱼骨"，甚至还有"鱼鳞"。

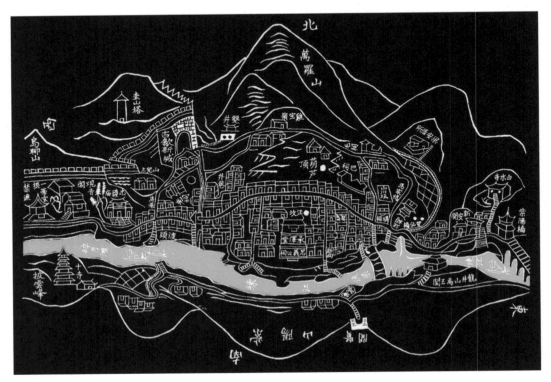

图4-68
安徽省歙县渔梁村街巷图
（资料来源：《国家历史文化名村——渔梁保护规划》）

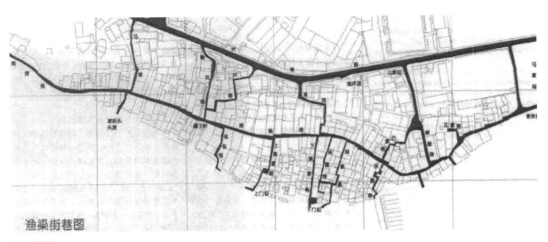

图4-69
安徽省歙县渔梁村街巷图
（资料来源：任延婷. 徽州古村落保护与更新研究——以渔梁村为例[D]. 合肥：合肥工业大学，2009）

渔梁街是一条两端低中央高的弓形路，犹如大鱼的脊椎骨，南北垂直衍生出十数条巷子，则是肋骨。婺源县汪口村也似一条灵动的"鱼"，与江平行的600m长的主街和18条贯通而下直达江岸的小巷构成了完整而坚实的鱼骨（图4-70）。

3. 桥梁的营建

水乡地区溪河密布，水系态势决定了水乡地区的陆上交通状况，桥梁是传统村落中道路的延续和重要节点，是适应水系的产物。南方水乡地区素以"小桥、流水、人家"闻名天下，其桥梁数量众多，形态各异，别具特色。不少村落拥有数座、数十座古桥。水乡地区水系众多，大小不一，名称繁杂，如江、河、溪、塘、浦、沟、洪、渠等，不同名称，代表了不同的水系特征，桥梁架设于水面之上，就必须要依据这些特征和规律来设计建造，因此水乡地区的桥梁造型种类繁多，各有千秋，这是水乡地区的自然地理条件决定的，另一方面，也受经济文化、民风习俗等人文环境影响。[1]

（1）桥梁常见形制

南方水乡地区不仅桥梁数量多，而且结构类型也多种多样。根据建桥材料，有木、竹、

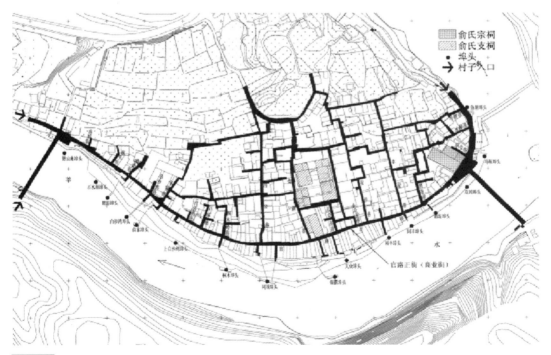

图4-70
江西省婺源县汪口村鱼骨状街巷
（资料来源：王浩锋.村落空间形态与步行运动——以婺源汪口村为例[J]. 华中建筑，2009，27（20）：139）

---

1 朱铁军. 江南古桥文化与地域环境关联探究[D]. 芜湖：安徽工程大学，2010.

石、砖之分，当然多数是不同材料的组合；按造型，则有碇步桥、板桥、梁桥、拱桥、索桥、廊桥、亭桥之分，其中以拱桥、梁桥最为常见；按照平面形式，常见的有"一"字形、"八"字形、"工"字形、"丁"字形、"丫"字形、"S"形、折线形等，其中在岭南水乡中主要有"一"字形、"工"字形、"八"字形和"丁"字形，形态比较简洁，而皖赣水乡和浙江水乡除此之外还有"S"形、"丫"形和折线形，造成这个结果的原因可能是皖赣和浙江水乡的河道地形相对复杂一些，特别是交叉的河道较多，从而产生形态多样的平面及组合，如还有"三桥"、"双桥"等。（图4-71）[1]

　　总的来说，在南方水乡地区最为常见的桥梁是木梁桥、石拱桥、石梁桥及碇步桥，一些较宽的桥面建有廊屋或亭，还有少量砖拱桥，由于竹、木材料易腐烂，迄今能看到的木梁桥不多。

　　1）碇步桥

　　碇步桥是桥梁的原始形态，在沟谷纵横的浙江山区比较多见。山区溪流众多，河床河

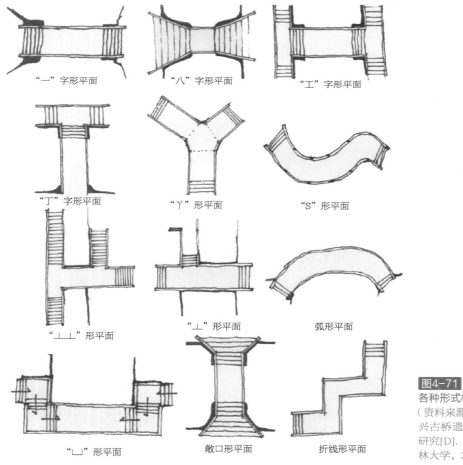

"一"字形平面　　　　"八"字形平面　　　　"工"字形平面

"丁"字形平面　　　　"丫"形平面　　　　"S"形平面

"⊥⊥"形平面　　　　"⊥"形平面　　　　弧形平面

"凵"形平面　　　　敞口形平面　　　　折线形平面

图4-71
各种形式桥平面
（资料来源：乐振华. 绍兴古桥遗产构成与保护研究[D]. 临安：浙江农林大学，2012）

1　贺为才. 徽州城市村镇水系营建与管理研究[D]. 广州：华南理工大学，2006.（6）：53-60.

道经常改变，为解决两岸交通，经常建造简易碇步作为渡河涉水的途径。碇步桥一般为一步一碇，大概隔六至七步在旁侧另设一块较小的碇步，用于避让行人。位于温州市泰顺县仕阳镇溪东村的仕水碇步是碇步桥中的典型代表，全长130m共245步的仕水碇步桥，横卧于水流平缓的仕水溪河面上，一字凌波而立，气势恢弘。每一步由高低两块条石砌成，高级采用白色花岗石为料，低级由青石砌成，左右宽度可供3人并肩同行。

又如福建省寿宁县西浦碇步，西浦有民谣"西浦风光瞧一瞧，三排旋步九座桥"，"三排旋步"为大溪沿处、永安桥附近和西浦碇步，碇步简单雅致，便捷经济。江西婺源县亦有不少同类碇步桥，如图4-72所示。

2）梁桥（平桥）、板桥

梁桥是南方水乡地区最普遍、最早出现的桥梁，古时称作平桥。它的结构简单，外形平直，比较容易建造。把木头或石梁架设在沟谷河流的两岸，就成了梁桥，因此梁桥可分为木梁桥和石梁桥。人们常常把石梁桥建造成中间孔高大、边孔低小的八字式或台阶式，在两边桥头还砌有外观别致的台阶踏步。板桥与梁桥类似，孔洞也是呈水平状，但是它只由一块石块搭砌而成，并且一般没有栏杆扶手，适合于跨度小、船只通过高度比较低的河道上。梁桥、板桥的施工技术简单，施工速度也比较快，方便快捷。如广州市海珠区小洲村内河涌纵横，每隔一段距离就会遇到石桥（图4-73）。

皖南地区的唐模村、冯村、屏山村有廊桥、亭桥、拱桥，但更多的是横跨溪流之上用石板搭成的石板桥。如黟县屏山村原多木桥，明成化四年（1468），族人舒志道倡议全族捐资改建石板桥。通过全族努力，上下八座石桥择吉日同时竣工。从此，"八桥观获"成为屏山村著名的景色之一。随着村落的不断发展，桥也不断增加，至清末已有"三里十桥"之说。[1]

图4-72
江西省婺源县碇步桥
（资料来源：笔者自摄）

1　贺为才. 徽州城市村镇水系营建与管理研究[D]. 广州：华南理工大学，2006.

图4-73
广州海珠区小洲村中的石桥
（资料来源：笔者自摄）

3）拱桥

拱桥也属南方水乡常见的桥梁，南方水乡的河网密布且水流速度缓慢，适宜建造拱桥。拱桥坚固耐用，设计科学，恰到好处的运用到了结构学和力学等原理，且拱桥历史悠久，建造技术成熟，同时相对经济便捷，在南方水乡这个需要建造大量桥梁以勾连交通的地域更能发挥其优点和特色，故而受桥梁建造师的青睐。在南方水乡地区，即使同是拱桥，其形态也各异，最常见的有：折边拱、圆弧拱、半圆拱、全圆拱等等。

石拱桥陡拱类型   表4-1

拱桥类型	特点	图例
折边拱	建造年代较早，折边拱转角处均用角隅横石相连且折边拱节点大多落在半圆轨迹上，也有少数落在椭圆轨迹上的，也有落在圆弧上	
圆弧拱	圆弧拱是取某圆周的一部分构成巷道拱部的形状，拱形圆滑一致，在巷道周围压力作用下不易产生应力集中，支护结构受力状态好，此断面利用率高，并且可以减少开挖工程量，施工技术较为简单，是采用较多的一种断面形式	
半圆拱	跨径小	
全圆拱	抗压力强，负载能力高，一般会在河床下有半个拱券与拱构成一个全圆拱	

资料来源：查娜. 无锡古桥艺术特色研究[D]. 无锡：江南大学，2014。

以岭南水乡地区比较著名的广州市番禺区龙津桥为例（图4-74、图4-75），位于广州市番禺区石楼镇大岭村西，横跨大岭村玉带河上。清康熙年间（1662～1723年）用红砂岩石建造，为双拱拱桥，桥长28m，宽3.2m。东西有引桥，东侧引桥又分出一右向南引桥，长2.9m，桥墩有分水尖、凤凰台，可分减水流冲力。桥面两侧各竖16根石望柱，15块栏板，刻有莲花纹、八仙法器花纹、鲤鱼跳龙门等浮雕，雕工古朴生动。桥北侧西端栏板刻有番奴像，双手捧盘顶在

图4-74
广州番禺龙津桥
（资料来源：http://360.mafengwo.cn/travels/info.php? id=877325）

头上，盘中盛物，作单腿跪献状。桥中央外侧刻阳文草书"龙津"二字，上款"康熙年"三字。[1]

江南水乡地区石拱桥数量甚多，名桥也不可胜数。如徽州宏村，除架在牛肚——南湖上的石桥外（图4-76），还有四座桥，宏村桥、际泗桥、宏际桥、源民桥（图4-77），它们是村民跨溪交通往来的要道，也是"牛"形村落四条不可或缺的腿。它们历经风雨沧桑，却依然雄起，支撑起了村庄。

（2）桥梁的功能

南方水乡的桥梁不仅数量繁多、型制多样，而且秉承先民水系营建的一贯原则集成多功能，因而南方水乡的桥梁总是力图一桥多用，除了最基本的交通功能外，还承担了构景、休闲等多重功能。

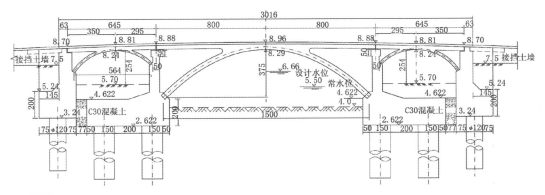

图4-75
一般龙津桥的立面图
（资料来源：徐家慧.新荔枝湾龙津桥设计[J]，城市桥道与防洪，2016（12）：50-52）

1 蒙子伟. 珠三角历史桥梁的调查与研究[D]. 广州：广东工业大学，2013.

图4-76
皖南宏村南湖中的石拱桥

图4-77
皖南宏村中的宏济桥

（资料来源：http://yahoo.yododo.com/guide/01408503DA3E5DA4FF80808140839B36）

1）交通联络

南方水乡地区传统村落常依山傍水，降雨充沛，村内水系众多，溪涧河塘遍布，河溪、山涧成为交往的主要障碍，由此南方水乡地区历来重视道路、桥梁、渡口、路亭的建造，更少不了散落于乡村间的形形色色的廊桥和碇步。

2）人文景观

桥梁是南方水乡地区重要的人文景观，其文化内涵主要通过水口组景、桥名、形态、设施、桥联、祭祀、佛龛等形式表现出来，古桥蕴含了丰厚的历史文化，每一座桥梁本身就是传统村落的独特景观。

3）休闲空间

高踞水上的桥梁，平板桥上的栏杆，廊桥亭桥的室内外坐凳、美人靠，桥下的水潭洗埠等，都是夏日纳凉、集会娱乐、交易经商、浣洗垂钓的佳处。尤其是廊桥、亭桥等既是景观，又是一种比较开敞的小型遮蔽建筑物，将亭、廊建于桥上，桥供人行，亭让人停，行、停相随，善解人意，颇具人文关怀。[1]

（3）桥梁的营建

桥梁营造是与水系相关的重要系统工程，其作为一种人工建筑的涉水交通设施，是否具有完善的建造、保护和维修制度和办法，不仅关系到古桥本身的安全畅通，而且直接关系到通过古桥的行人及其交通工具的实用、安全、美观、久远与否。在长期的建桥实践中，水乡地区的先民积累了丰富的造桥技艺，在桥梁的建筑、保护与维修等方面均表现出高度的智巧。

1）古桥的选址

桥梁选址因水造势，建桥首在选址。古桥选址考虑的第一准则是耐用、方便、经济，

1　贺为才. 徽州城市村镇水系营建与管理研究[D]. 广州：华南理工大学，2006.

然后尽量做到"因境成景，随意而安"，使得古桥和环境构成有机整体，相得益彰。南方水乡地区古桥选址主要分为两种：一是山地建桥，二是就水架桥。

南方水乡地区的山地建桥主要体现在江南水乡地区的徽州、绍兴等山区对桥基的选址要求，因山区的水势对桥基的冲击力度很大，为了能使桥永固，桥基选址必须选择合适的位置，才能防止被洪水冲垮，山地建桥常选择天然的岩基作为古桥的基础。

而就水架桥对桥选址提出了更高的要求，因为不仅要考虑陆运的需要，还要考虑到水运的方便。若不需考虑航运要求，桥址多选在河流的收束口处，一可方便架桥，减小桥跨度，二可为驻足观景以开阔视线。若既要考虑航运需求，还要保证桥安全，则造桥不仅要考虑桥的选址，还要对桥的造型深思熟虑。

2）碇步的营建

早期碇步一般建于河床较窄地段，后来某些河床宽水流缓，洪水季短，造木石梁桥或拱桥不易的河段也有修建。碇步一般齿形平整，可供二人相向而行，有的分高低两级，高者可供肩挑者或者是涨水季节行走，低的可容二人相向而行。建造碇步一般选用白色花岗岩或青石，这类石质与颜色不仅使碇步外形优雅美观，更使夜行者借星月微光而畅行无碍，洪水初涨，踏浪而行的人们亦能安然渡岸。

为了稳定碇步基础，匠人采取了三种手段：其一是"木石牙错"，即睡木沉基法。在旱季水浅之际，用树径30cm的大松木在玎步上下滩之间做成"井"字形。每隔870cm纵横放一段松木，松木接头处用榫卯加固，然后在松木的"井"字框架内砌大鹅卵石。松木框架既可防止在沙滩上的砌石被水冲走，由于松木的柔韧性，又可消解不同季节热胀冷缩的影响。它固定水底基础的作用有些类似当今的混凝土中的钢筋一样，对碇步整体的稳定性非常有益。其二是将碇步根基深埋，在水下部分是水上暴露部分的三分之二，水上仅是80cm，水下则达150cm。这种比例的埋深，很合现代科学原理。其三是将高低二级的碇步并列，在水流的上方附一块三角状小石头，其原理来自墩式桥梁的分水，可缓解水流长年累月的冲击。[1]

3）桥墩的营建

南方水乡地区古桥的桥墩石块严丝合缝，迎水面的石"燕嘴"造型优美，光滑尖利。以利分水，减少水对桥墩的冲力。同时，为了减轻或避免桥身受水冲击的压力，古桥无论是石板桥还是石拱桥，几乎在迎水的一面，桥墩都突出如船尖形状，这样，即使再大的洪水，都不至于冲坏桥身。也正是因为如此坚固而雄伟高大的船尖形桥墩，才有可能将上游的来水分流，减轻对桥身的损坏。

4）桥拱的营建

石拱桥的轮廓主要由内外两条曲线构成：内曲线为桥孔内缘，一般呈弧线；外曲线为

1　刘杰撰，李玉祥. 乡土中国——泰顺[M]. 北京：生活·读书·新知三联书店，2001.

桥面外缘，较平缓，呈自由曲线。两条曲线若即若离，变化无穷，造就了各式富有意味的石拱桥。特别是一些单孔石桥，桥孔内缘平滑的弧线与水中倒影圈成一个规则的椭圆形，恰似一面圆镜，照着行人也照着桥本身，让人回味无穷。

石拱桥多由笨拙的石头垒砌而成，但其外形却极其轻盈，特别是拱心部分常常做得很薄，几乎让人有断开的感觉。先民不仅重视古桥的规划设计和建筑施工，而且还特别重视桥梁的保护和维修。村内的古桥，一般都有村民们约定俗成的保护规矩，而在一些交通要道和商业重镇，桥梁的保护往往还要借助于当地的地方官府。

4.2.3　综合防灾系统

1. 消防系统及齐备的消防设施

为了预防火灾，传统村落在长期的实践中积累了一整套相当完备的措施，例如，木结构不外露、因地制宜，因材施用，高墙、火巷分区，同时，河流水系也承担着重要的防火分区功能。

（1）区划科学的防火分区——火巷

村落建筑密度大，通常用宽街、窄巷、河流水圳等将整个村落划分为大小不等的区块，既便于交通勾连，又是重要的防火分区，火巷正是最典型的防火分区设施。

火巷是一座大宅院内部多单元纵、横向组合时，在两个纵向或横向单元之间设置的一条深且窄的内部小巷，巷两侧为高出屋面的封火墙。其主要功能是防火，也是客人留宿寄放驴马与为女眷备轿之处，又称马巷或备弄。火巷的作用类似现代防火规范中的防火墙带。由于火巷两侧均是高大的马头墙，在防火性能方面比防火墙带更有效。如果宅内临屋失火，则火巷两侧的封火墙均可以隔离、阻止火势蔓延，且利于人员疏散。呈坎、宏村、西递、南屏等莫不如此。

如黟县南屏古村中有许多短巷，这些短巷都有着共同的特点，就是短巷两侧全是高高的封火墙，巷内无户门，且多为死巷，无交通用途，其作用仅仅是与相邻民居隔离。大体量建筑两侧都有巷弄，大户人家一户一短巷或两户一短巷，一般人家三五户一条短巷。利用巷进行防火分隔，划分防火区域，从消防技术措施发展史的角度考察，它是明代中期徽州采取"五家为伍，壁以高垣"防火分隔措施的发展与完善。[1]

又如，有"消防博物馆"之称的安徽省徽州区呈坎村，消防构筑物更是分布在村落各主要十字街口，备有远古的灭火器材——水龙、水篓、水枪等，夜晚更夫登楼守视千家灯火。[2]呈坎村由河西四街九十九巷与河东溪东街两部分组成（图4-78）。河西的前街、钟英

1　宋群立. 徽州古民居（村落）木构建筑防火研究[D]. 合肥：合肥工业大学，2006.
2　李俊. 鲜为人知的古代消防博物馆——呈坎（上）[J]. 安徽消防，2000（8）：41-41.

图4-78
呈坎村街巷格局
（资料来源：倪琪，张毅，菊地成
朋.中国徽州地区农村传统村落街
区空间构造的形成——对古徽州地
区呈坎村与卢村的调查[J].城市建
筑，2008，（9）：88-89）

井巷

街、后街三条主街辅以钟二街北南纵贯，形成呈坎村的河西主经线，将河西从东至西划分成前、中、后三大块。横向是数十条巷子垂直于南北主街与深川河，形成呈坎村的纬线。经纬线把呈坎村划分成数十个方块，也就是大大小小的防火分区，可以有效地防止木结构建筑群火烧连营。发生在该村的多次火灾，正是防火分区的阻隔，未及蔓延便被扑灭。[1]呈坎村的这种总体布局，从现代消防角度来看，它是利用川河、河西三条主街把呈坎村分为四个大块的防火分区，再用小巷把每个大分区划分成若干个小的防火分区。采用这种方法处理，就从大的方面基本解决了木结构建筑易火烧连营的矛盾。事实也证明了这个千年古村虽发生过多次火灾，但没有火烧连营的情况发生。[2]

（2）封火墙

传统村落古民居的结构和构造特点决定其必然容易发生火灾，针对木材易着火的弱点，先民采取一种既防内火又防外火的有效措施——木结构不外露，即采用封火墙、地砖、防火门窗、小青砖、望砖等不燃烧材料包裹、封闭木构件，不容许木材外露，目的是阻止火势从外部向房屋内部蔓延，当然，内部失火，也能阻止火势向外延烧。不同地域文化影响下的封火墙也略有不同，如岭南民居封火墙采用水形山墙，用"水克火"以厌胜禳灾，山墙顶造型采用鳌鱼，装饰水草、草龙等图，寓意远离火灾，驱邪止煞，是岭南传统民俗在造型和装饰手法中的反映[3]。

封火墙的形状像昂起的马头，又称之为马头墙；整座封火墙如同一堵屏风，又称屏风墙。封火墙是古代木结构建筑防火中的一项至关重要的技术措施，其主要功能是封闭火势，阻止火灾蔓延。其构造采用砖石结构，以砖石砌筑把可燃的木结构包在里面，并且由于封

1 贺为才.徽州城市村镇水系营建[D].广州：华南理工大学，2006.
2 宋群立.徽州古民居（村落）木构建筑防火研究[D].合肥：合肥工业大学，2006.
3 罗意云.岭南传统民居封火墙特色的研究[D].广州：华南理工大学，2011.

火墙不承重，因而多做成空斗墙，如徽州民居建筑中多在空斗墙内填充当地红土，不仅堵死了砌筑空斗墙可能留下的空隙，更进一步提高封火墙的耐火极限[1]。此外为保证封火墙的阻火功能，通常使用石库门、石库窗等替代木门、门窗。

（3）天井

南方水乡地区不乏天井的营造工艺，尤其在徽商地区，天井还是徽文化在改造自然环境过程中表达自己的志趣追求的重要承载物，不仅改善了徽州传统民居的宜居条件，也承载着"聚财"的文化内涵。天井上由屋顶四周坡屋面围合成一个敞顶式空间，形成一个漏斗式的井口，汇四水归堂（塘）。天井内多铺青石，不仅具有通风、采光功能、防火防潮，还保持了排热、稀烟缓延烧的功能。遇到火灾，特别是火灾初期，天井对火有一定的"吸抽"作用，减缓了火的水平延烧，为救火、疏散及抢救争取了时间。呈坎的井上井、花园井既是卫生饮水的水源，又是消防应急水源的补充。其次，天井内一般置有长方形太平池，也是蓄水防火的重要设施。

（4）更楼和水龙房

更楼又称望火楼、望楼，是古代人为防火防盗而建设的高于一般建筑物具有瞭望功能的建筑。夜晚值守人员登更楼巡视全村，按一定时辰敲锣打更，提醒人们注意防火、防盗，发现火情、盗贼及时报警。如安徽省徽州区呈坎村的更楼就目前所知是江南村落中数量最多的，该村原有九个更楼，分布在村庄的不同部位，村落的每一幢建筑都在更楼的视线范围内。现尚存三座更楼：一是钟英街的钟英楼，二是后街的上更楼，三是后街的下更楼。呈坎村的更楼建设很有特色，它们都不是独立的建筑，而是跨建在主街和巷的十字街口上方，从边巷设室内楼梯登楼，更楼上四面都有望孔，可从四个方向洞察村落，更夫巡夜，一旦发生火情，即鸣锣报警。水龙房即存放水龙的房子，又称水龙庙，其功能类似于现在的消防站。里面不但存放有消防车、水龙、水枪、水带，还存放有弯头、火场照明油灯、火钩、火叉等灭火用的消防设施（图4-79）。如江西省婺源县的理坑村，村中有两座水龙房，分别布置在上村和下村的中间十字路口旁边，两座水龙房内各存放一台水龙和配套的灭火辅助器材。

图4-79
古代火烛车
（资料来源：http://photo.blog.sina.com.cn/photo/1072329211/3fea71fb44d2a5bdffce9）

1　宋群立．徽州古民居（村落）木构建筑防火研究[D]．合肥：合肥工业大学，2006．

水龙房分区设置，能够就近迅速出动灭火，缩短水龙到达火场的时间，提高灭火成功率。理坑有"双龙"，其中老水龙箱体上有"理源太平车"字样，水龙高1.41m，两边是手摇压杆，压杆上有圆孔，每边4～6人，利用械杆原理，上下压动械杆即可喷水灭火。参加救火的其他人用水篓、木桶、面盆等提水工具从河里提水倒入水龙的水箱内，给水龙源源不断地补充水源。通过对太平水车试水，水柱高度可达20多米。

2. 消防水系的营建

　　南方水乡地区绝大多数村落都有溪水流淌，如皖赣水乡西递的西溪、宏村的滩溪河、南屏的武陵水、江浙水乡深澳村的铜溪、广府水系小洲村的西江涌等，不胜枚举。村落水系担负诸如生活用水、水上交通、排涝、灌园等用途，还能有助于调节村内小气候、美化居室环境，而且古往今来水是村落天然、便捷的灭火剂。古代先民在与火灾的长期斗争中，充分认识到消防水源建设的重要性，所以在营村时就以水系规划为先，不遗余力，不惜代价地投入大量人力、物力、财力，营建了功能相同、形态各异的村落水系。

　　（1）长生水坝

　　长生水圳是常年传流在村落中的活水，人工水圳的营造与古村落的水口经营密切相关，如呈坎、宏村、婺源李坑村等（图4-80、图4-81）。呈坎村原有南北水口，风光旖旎。呈坎村南水口有上花园、下花园、上观、下观。村北水口，山林茂密，鸟语花香，龙山庙掩映其间。此地原是大片芦苇滩，源川河过滩南流。明中叶后，罗氏族人周密选址、精心规划施工，对澡川河及全村进行大规模整治，使自然溪流与人工水系相结合，形成"前面河，中间圳，后面沟"的基本格局，明渠暗圳走街串户，长年不息，古老的建筑与流动的溪水相辉映，宛如江南水乡。

　　宏村"引西溪以凿圳，绕邮屋其长川，沟形九曲，流经十湾，坎水横注丙地，午曜前吐土官。自西而东，水涤肺腑，共夸锦秀蹁跹，乃左乃右，峰倒池塘，定主甲科延绵，万亿子孙，千家火烟，于兹肯构，永乐升平"。在村西的西

图4-80
李坑村水圳
（资料来源：笔者自摄）

图4-81
宏村水圳
（资料来源：http://blog.sina.com.cn/s/blog_732071a70100zdsz.html）

溪上筑一道石竭拦水，开挖了一条九曲十八湾的水圳百余丈，将溪水引进村中心的一个天然泉水坑。由于泉水坑小，不能蓄水，为了达到引水、蓄水、防火的目的，随即将村中这一个泉水坑扩建成一个月塘，称之为"月沼"。实现了祖先的遗训，开挖月沼，"以潴内阳水，而镇朝山丙丁之火"。后因人口剧增，月沼的水不敷使用，宏村族人又耗费巨资，将村南的百亩良田改造为碧波荡漾的南湖。村中水圳与街巷并行，道路一侧水圳相伴，十曲九弯，圳水终年不息，始终保持在一个水位。月沼和南湖则为村民的日常饮用和灭火蓄积了水源。[1]

旌德县江村的水系建设匠心独运，以双溪穿村，精心规划，因地制宜，形成独特、完善、优美的江村金鳌水系。江村的地形是东、南、北三面环山，西面开敞，无屏障；中间平坦建庄园，东高西低水西流，形状如同箕。一条溪水源出金鳌山，入村行至进修堂北侧分成南北两条溪，平行并进西行到水口，双溪环抱聚秀湖之后重汇聚。北溪曰玉龙溪，南溪曰凤溪。玉龙溪是在原自然溪道上经过人工改造而成的，宽2m。凤溪是一条纯人为规划修建的人工溪。双溪两岸均是青石砌筑，溪底也是青石铺成，双溪每隔几米设一水闸。水闸的两条闸臂是青石制作，两条闸臂均开凿有双凹槽，凹槽用以插木板拦截溪水，双槽可以前后插木板。双溪上有几十道水闸，紧急情况之下可以利用闸板拦水，以备不时之需[2]。

1　贺为才. 徽州城市村镇水系营建与管理研究[D]. 广州：华南理工大学，2006.
2　李俊. 千年江村，探踪消防[J]. 安徽消防，2001，（12）：36-38.

（2）水塘及水塘群

溪流难免水量有限或取用不便，也并非每个村落都能找到山环水抱的理想风水宝地，于是古村落的先民们，挖掘水塘蓄水，缓解了用水的紧张矛盾。安徽省歙县昌溪古村依山傍水，水量虽丰，却因村基堤岸与水面落差达十几米，不利于生活、消防取用。昌溪先人则巧妙地利用发源于村后山谷中的三条溪流营建村落水源，从山脚起，就对溪流加宽改造，石砌护堤，保持水土，同时因地而宜，在村外溪边开挖水塘蓄水，现三条溪流上游共建有面积不等的水塘26口，小者仅半亩，大者四五亩。村中一旦发生火灾，先就近取用村内水塘和水井的水，然后视火情态势，再逐步放上游多级水塘的蓄水，高势能的塘水数分钟即可流到火场附近，提供源源不断的消防用水，从而有效控制火势，阻止了火势向外蔓延，极大地减少火灾损失。

旌德县江村内有18口水塘，水塘与大型建筑群伴生，形状有半月形有方形，如聚秀湖是半月形状（图4-82），村落南半部有三个小月亮塘，村落北山坡上有三个月亮塘成品字形布置。其中七眼水塘的建造是一项十分有效的防火措施。江村的东、西、中、北部均有网格状的村落水系，独南部水源不足，无法使村落整体上都置于水网的保护之下，在村落南部的山坡上居高临下建造七眼相连的水塘从而就解决了南部缺水的问题。七眼水塘之间有水闸和明渠相互连通，一旦村落南部的建筑发生火灾，就可到七眼水塘放水，水流到凤溪，

图4-82
旌德县江村内的聚秀湖
（资料来源：http://ah.big5.anhuinews.com/system/2010/05/20/002965271.shtml）

引至火场附近，即可用来扑灭大火。七眼水塘与村落水系相通，所以江村水塘的水都是活水，长年清澈洁净。水塘连在一起，占据了整个山凹，储水量有3000多m³。

（3）水系的补充

1）水井

古井既是古代卫生饮水的文明象征，又是消防应急水源的补充，尤其相对距离溪水较远的民居，近水应急更显其重要性。井水是南方水乡地区主要的饮用水源和浣涤、消防等其他生活水源，水乡地区的村落有众多的水井，有些水井位于私家宅园，如歙县呈坎的井上井、花园井；有的水井位于村中，成为村民公共的水源，如昌溪村内古井有数十口，最著名的当属建于元末的三眼井（图4-83）。井水水质优良，水量丰富，为了便于多人同时取水，特别是救火时应急取水，将井圈直径拓为1.4m，上覆大块青石板，开了三个直径分别为0.8m、0.77m、0.73m的井口，当村中发生火灾时，可三人同时取水。

旌德县江村的36口古井，目前大多数仍在使用，古井分布于全村，既有公用，又有私家水井。江村古井特色一是井口宽大，多为正方形，小水井的井圈是用四块青条石拼成正方形，大水井的井圈四个角有四根制作精美的立柱，用以镶固井圈石；二是井水水位高，大多数水井的水位高出地平面，井水距离井口上沿只有0.3m左右，最多也不过约0.7m，打水不用吊桶，用面盆伸手即可舀水，用水桶可直接到井里担水，最多是用扁担作提钩；这些水井既解决了饮水用水，还提供了火灾早期的消防用水。

2）太平池

古民居狭长的天井内多置有长方形太平池，可蓄水1.5m³左右。太平池四周均用整块青

图4-83
安徽省歙县昌溪村三眼井
（资料来源：http://blog.sina.com.cn/s/blog_49617a5b0100t90x.html）

石板构造，坚固美观。它承接天井屋面雨水，名为"四水归堂"，这是"招财进宝，肥水不外流"之意。池内的水既可放养观赏鱼，又可调节室内气候，更重要的是蓄水防火。如江村江仁庆宅餐厅天井内的太平池，长1.6m，宽0.94m，水深0.99m，池底有泉眼，终年不枯；呈坎村内天井中也置有太平池（图4-84）。

3）太平缸

消防水缸由来已久，作蓄水防火之用。水缸除了置于厨房兼作饮用水之外，徽州民居厅堂和内院也广备之。有用整块青石凿成的，一般直径0.65m，高0.6m，上下一般粗；有烧制而成的，多上大而下小。

从以上的分析可以看出，挖沟开圳、挖塘蓄水以及公共水井均属于室外消防给水系统，而太平池、太平缸和水缸则属于室内消防给水系统，可以提供火灾早期消防用水。

4.2.4 地方性材料

南方水乡地区拥有丰富的石料、木材资源。如皖赣地区的黟县青、红赭石、茶园石、白麻石、各类大理石、龙尾山的砚石等，岭南地区的鹅卵石、杉木等，这些材料大都成为良好的建构筑材料、道路铺装材料。传统村落喜用坚硬的青石铺筑路面，希望借此"平步青云"。即便在深山更深处，村道亦用青石铺就。如黟县西递古村中的宽街窄巷，一律用当地的石板铺就，平整光滑，千百年岁月的风雨洗礼，亿万次的足履车辙摩蹉，如今石面圆润、光洁可鉴，闪烁着徽州先民的智慧与汗滴的光辉。也足见当时徽州采石、搬移及雕镂

图4-84
安徽省徽州区呈坎村太平池
（资料来源：http://blog.sina.com.cn/s/blog_6924080b0102vumb.html）

图4-85
渔梁坝石条铺装
（资料来源：http://www.mafengwo.cn/i/2883975.html）

技术之高超，更为坝工技术的最佳积淀。

此外村落中还多用鹅卵石作为道路铺装材料。鹅卵石品质坚硬，色泽鲜明古朴，具有抗压、耐磨耐腐蚀的天然石特性。

（1）渔梁古坝上的石条石块铺装

渔梁古坝上，大小不一的石条石块铺陈（图4-85），历经千百年风雨洗礼、激流冲刷，它们已经斑斑驳驳、坑坑洼洼，却很光洁，常成为影视镜头对准的焦点。渔梁坝因此而获得更丰厚的人文积淀。

（2）婺源县汪口村曲尺堰采用片石垒砌

曲尺堰所采用的垒石技术，费用少、功能强，主要采用天然的片石、石料，几乎是从乱石中选择而来，不同于渔梁坝规整的大块巨石，无须经过更多的人力加工，不必凿平、磨光、开榫，从而节省了大量的人力、财力。

4.3　南方水乡地区传统村落基础设施问题

4.3.1　给水排水系统

1．水网体系的重要作用逐渐下降

处于水乡地区的传统村落，以独特的水陆交通体系与民居的组合形成了自己特有的水乡空间，但过去很长一段时间里缺乏有效的规划控制和环境保护意识的薄弱，原来作为生活水源和生活空间的水网体系逐渐成为生活污水排放、漂洗、饲养甚至堆积垃圾的场所。而农村工业化更是造成传统村落内部水体的严重污染，使得昔日沿河道两岸十分活跃的传统村落核心地区出现严重的结构性和功能性衰退，居民亦不再依赖河道生活，"临水而居，伴水为邻"和"小桥流水"式的传统居住空间模式受到了巨大的冲击和破坏。

2．用水安全保障不足

给水方面，用水安全得不到保障。村落内部的生活方式的变化致使村内生活垃圾和生活污水的量和质上都发生剧烈变化。传统的供水系统主要依靠河流的自净能力来保证用水清洁，然而，单纯地靠水系的自我净化已经难以保障居民用水安全。此外，入户自来水仍有少数传统村落尚未得到普及，村民用水不便。如江省武义县武阳镇郭洞村村内除少数饭

图4-86
传统村落干涸的河道（广东省海珠区小洲村）
（资料来源：笔者自摄）

店自己打深井用水外，大部分村民仍需到分布在村内的七口古井或溪河中打水用水。

3. 水系堵塞，水体污染严重

排水设施方面，南方水乡地区由于河流众多，排水方面最大的问题是河道淤塞，水污染严重，如广州市小洲村的河道淤塞严重，恶息难闻（图4-86）。另一方面，大部分给水排水管线存在直接裸露布置在室外的情况，严重影响和干扰了传统村落的景观风貌。

同时，受到现在信赖并利用现代化科技观念的影响，传统村落正在努力把现代基础设施引入村落当中，而忽视了传统设施的维护和利用。传统给水排水设施部分都被荒废，甚至已经破败不堪，不再发挥作用，出现了现代设施无法引进，传统给水排水设施不被重视的两难境地（图4-87）。部分村内排水沟渠被当作垃圾填充和污水排放场地，通常通过降雨时水量较大冲洗掉排出村外，但长久下来容易堵塞排水系统又滋生蚊虫污染环境。

4.3.2 道路交通系统

1. 水上交通的流失

处于水乡地区的传统村落，以独特的水陆交通体系与民居的组合形成了自己特有的水乡空间，以水路作为其主要的交通方式，并依赖水路而得到发展，但随着时代的发展与社会变迁，原始的船只运输已逐渐被公路交通取代。尤其是近年来随着传统村落外围道路的修建和陆路交通体系的建立，水网河道的交通运输功能逐渐消退。

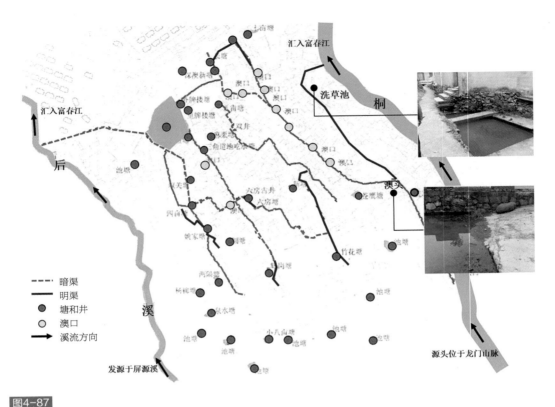

图4-87
深奥水渠格局图：只剩下一个洗草池以及澳头被混凝土堵住
（资料来源：李政．深澳村理水探究[D]．杭州：中国美术学院，2012）

2．穿越性对外交通性干道对传统风貌的破坏

村外交通性干道主要负责加强村落与周边区域的交通联系，随着城乡一体化进程的不断深化，大部分传统村落都实现了与区域交通性干道相连接，使村民的对外出行更为方便。但是，随着乡村公路网的快速建设，很多村落都出现了交通性干道穿越传统村落保护范围的现象，由于交通性干道设计宽度较大，设计车速较高，与村落的整体空间尺度相差较大，因此，交通性干道的穿越对于村落的整体传统风貌和格局造成了巨大的影响和破坏。

3．村内通行道路街巷

目前，随着村民对于交通出行要求的提高，就造成了原有道路不能满足内部村民使用需求的问题出现。其次，村内的传统街巷建造年代较为久远，没有按照现代道路建设的思想和方法进行布置，没有考虑人车分流等诸多问题，多数情况下不能适应现代交通工具的通行要求，而且使用时间较长，部分道路街巷还出现了严重的破损毁坏情况。最后，值得注意的是，部分村落为了满足现代化交通工具的通行要求，对传统道路进行了拓宽、翻新、路面改为适于车行的水泥路面等一系列改造，不顾村落的保护要求修建了新的道路，破坏了原有的街巷空间尺度与传统风貌。

4．道路交通设施与传统风貌不协调

村落内的道路交通设施主要包括路灯、指示牌等辅助人们使用道路进行外出的设施、设备。传统村落在原来的修建过程中基本都没有考虑这方面设施的配套需求，然而，为了满足现代村民的使用要求，应该根据需求在合适的位置予以配备一定数量的道路配套小品设施。在调研过程中，笔者发现大部分传统村落基本仍然没有对道路交通设施进行相应的配备和改善，还有部分村落配备了设施，但设施数量较少不能满足需求，或者是年久失修，已经不能使用，外观不能与传统风貌相协调。

其次，传统村落停车设施不完善。停车场属于现代科技的产物，是现代化的交通出行工具，传统村落营建过程中也不可能考虑设置相应的机动车停车场地。但是，目前机动车辆正在乡村逐渐被普及开来，使用人群越来越多，这样部分传统村落中就出现了拆除传统民居建筑，改造原有空地变成停车场地的现象，这不仅对村落传统建筑造成了严重的破坏，而且停车场地一般较为空旷，与传统村落规模、村落肌理格格不入，且地面铺装材料与传统风貌差异较大，也造成了对村落整体格局风貌的破坏。

4.3.3 综合防灾系统

其一，村落中的传统街巷空间尺度较为狭小，路面铺装较不平整，几乎都不能满足消防车辆的顺畅通行。

其二，在大多数传统村落中并没有统一布置整体的市政给水管网系统，这样一来，就不能依托市政给水系统提供消防用水，大多数情况下则需要利用村落中的水井、河流等作为消防水源。南方水乡地区的水资源较为丰富，分布着较多的河流，也有数量众多的给水水井，但是需要提供一定的场地，布置加压水泵，抽取水源来进行灭火，但是，在村落中较少存在布置设施的场地，还有就是部分水井水源较不稳定，存在水井干涸的情况。

其三，大部分传统村落基本都没有布置所需的消防设备，一旦火灾发生只能依靠周边的水源取水灭火；相应的火灾报警监控装置十分缺乏，不能及时预警、发现火灾的发生；在建筑较密的区域没有布置一定的火灾隔离设施，不能控制火灾的持续蔓延。另一方面，在配备相应消防设备的村落，也没有对设备的布置和外观进行相应的考虑，设备配备较为随便，对于传统村落的街巷风貌具有一定的影响。

最后，传统村落存在部分街巷年久失修，较为破败不堪的情况，不能供村民在发生危险时疏散逃生使用，村落原有的传统街巷较为曲折、幽深，还存在一定数量的死路，村民在疏散时不能及时确定正确的逃生路线，延缓逃生的时间，可能会发生一定的危险。在疏散场地方面，历史文化村落的空间尺度一般都不大，基本没有供长期使用的大型疏散场地，但是，可以利用一些原有的禾坪、广场等空地作为具有一定临时性质的小型疏散场地，以供使用。

4.4　小结

本章重点阐述了南方水乡地区传统村落的分布与特征，并从给水排水系统、道路交通系统、综合防灾系统、地方性材料等方面总结了该地区传统村落基础设施的特征与营建经验。本章节小结主要包括：

（1）南方水乡地区包括南方湿润及江河水网密布的平原及盆地地区，主要位于苏浙、上海、皖南、江西婺源、珠江三角洲及桂东南等地区。整体以亚热带季风性气候为主，雨水充沛，村落多临水而建，用地多被溪河所分割，村落整体布局多与水系关系密切。根据地形、气候、文化特征等多种因素，将南方水乡地区划分为江浙吴越水乡地区、皖赣徽商水乡地区及岭南广府水乡地区三个亚区。

（2）由于南方水乡地区水系发达，雨水充沛，其基础设施与水系关系密切，具有显著的特征及丰富的营建经验，其中给水排水系统是最为突出的一项基础设施工程，大量传统基础设施如沟渠水圳、水坝、防火墙、火巷等基础设施如今仍发挥着积极的作用，而水系与道路相结合形成的水街更是该地区传统村落宝贵的营造经验。

（3）传统基础设施的营建经验有其不能被取代的价值与意义，然而随着时代的变迁及现代技术的植入，传统基础设施也暴露出一些问题与局限，如基础设施陈旧落后、传统设施损毁严重、新旧基础设施不协调导致整体传统风貌遭到破坏、供应总量不足等。

05

山地丘陵地区传统村落
基础设施特征与营建经验

- 山地丘陵地区传统村落的分布与基础设施特征概览
- 山地丘陵地区传统村落基础设施的营建经验
- 山地丘陵地区传统村落基础设施问题
- 小结

5.1 山地丘陵地区传统村落的分布与基础设施特征概览

5.1.1 山地丘陵地区传统村落的分布

山地丘陵地区在我国分布广泛，主要位于云贵高原、川渝地区、赣闽粤湘交接地带等地，大部分为南方湿润多雨、地形起伏较大的山地与丘陵地区。该地区地势连绵起伏，地形复杂，山谷纵横，气候以亚热带季风气候、南温带高原季风气候及北亚热带高原山地季风气候为主，年降水量一般在1000mm以上。由于冬季也有相当数量的降水，冬夏干湿差别不大。

山地丘陵地区传统村落多选址于山水之间，位于半山腰或山脚，用地多被山峦或溪河等分割，地势复杂，有一定的高差起伏。并且由于山地、水体的分割，往往造成村庄用地破碎。所以，山地丘陵地区传统村落总体上用地形态多为线性的空间形式，村落沿等高线布置，使得一些传统村落呈现为组团式的用地形态。村落中的巷道狭小曲折，大多与河流关系密切。部分村落选址讲究峻险而建，深居山区腹地，为外界所难进入，防御性功能突出。在山地丘陵地貌特征的区域内，集中了众多的少数民族，傣、侗、壮、苗、瑶、土家族等少数民族村落大量存在。这些村落保留了少数民族的生活习惯、传统风俗文化以及特色民居，如侗族、苗族的吊脚楼、布依族的石头房子等，极具地域特色。由于都受到山地地貌的限制与阻隔，虽然各传统村落在分布地域、民族上存在区别，但大量的传统村落都形成了与山地丘陵地貌息息相关的"山地文化"。

根据地形、气候等多种因素，可将山地丘陵地区划分为四个亚区，分别为闽粤赣山地丘陵亚区、湘鄂粤多民族山地亚区、川渝及周边巴蜀山地丘陵亚区、云贵高原及桂西

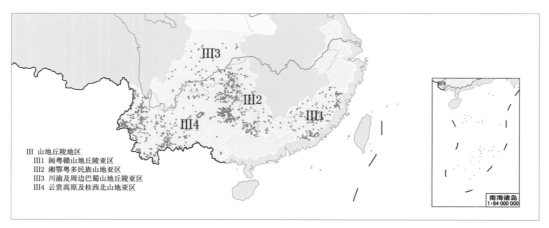

图5-1
山地丘陵地区及其亚区传统村落分布
（资料来源：笔者自绘）

北山地亚区。受地理条件和历史人文等因素的影响与制约，山地丘陵地区的传统村落数目较多，目前整个地区三批共1427个传统村落，其中第一批327个、第二批568个、第三批532个。其中云贵高原及桂西北山地亚区最多，分布着传统村落965个。封闭的山区阻隔了现代城市发展对于传统村落的破坏，使得此类地区的传统村落较其余地区保存的更为完好，数目也更多。从地域分布上看，山地丘陵地区传统村落分布具有明显的向山区靠近的趋势，大多数集中于云贵高原地区。山地丘陵地区具有极为特殊的地形地貌、自然条件与民族文化，在这三者的制约与影响之下，其传统村落的选址与布局、民居营建与基础设施建设体现出较为明显的注重结合地形、防火防潮、地方性材料运用以及民族差异性等特征。

1. 闽粤赣山地丘陵亚区

闽粤赣山地丘陵亚区传统村落分布于福建、江西南部、广东东部等地，为东南沿海的山地丘陵地区，以亚热带季风湿润型气候为主，四季分明。闽粤赣山地丘陵亚区的主要民族为汉族，同时也是客家人的聚居区，地区文化以客家文化与闽台文化为主。该地区村落多始建于明清以前，但现今的村落格局及建筑主要为清代遗存。由于村落耕地少、人口多，民居建筑的选址必须因地制宜、因山就势、就地取材和因材施工，尽可能不占和少占耕地，向"天"、"水"、"山"争取居住空间。闽粤赣山地丘陵亚区传统村落多为客家村落，村落选址讲究峻险而建，深居山区腹地，为外界所难进入，防御性功能突出。道路多采用片石、山石修筑而成，绕山而建。客家村落不仅村落布局、建筑形式独特，更具有不寻常的群体文化特征。

对于客家文化形成的原因，曾祥委（2005）解释为"生存策略"，即农业族群一系列的文化制度，其神明崇拜、宗族制度、祖先认同以及联宗行为，都是生存的需要；同时维系群体生存的集体主义伦理也与其生存需要相联系。[1] 迁徙的困苦、生存环境的隔离、村落秩序的需要和相对避世的独立生产生活等因素，促使客家文化具有崇拜祖先、聚族而居、有统一的行为规则、共同的语言等社会文化特点。

客家传统村落空间形态比较　　　　　　　　　　　　　表5-1

特征类型	梅州	赣南	闽西
地域范围	梅州市6县1市1区	江西南部现属赣州市管辖的（清代分属赣州府、南安府、宁都直隶州）的18个县市区	龙岩市及三明市的部分辖区，包括上杭、永定、连城、武平、长汀、清流、宁化、明溪8县

1　曾祥委. 从多姓村到单姓村：东南宗族社会生存策略研究——以粤东丰顺县为例[J]. 客家研究辑刊，2005（02）：87.

续表

特征类型		梅州	赣南	闽西
相似性	自然地理		八山一水一分田，重风水选址	
	社会形态	家族聚居体	家族聚居体	家族聚居体
	布局方式	背山面田，溪水环绕	背山面田或田畴之间，溪水环绕	背山面田或田畴之间，溪水环绕
	街巷形式	无（除丰顺县部分地区外）	街巷规则性弱（赣南北部）	街巷规则性弱
			无（安远——始兴以南）	无（土楼为主的村落）
	空间肌理		外向型	
差异性	民居形式	围龙屋、横堂屋	厅屋式（赣南北部）	九厅十八井
			土围子（安远——始兴以南）	土楼、五凤楼（博平岭南脉两侧）
	祠堂形式	宅祀一体	宅祀一体，有部分单独祠堂	单独祠堂（四点金）
				宅祀一体（土楼）
	防御性	普遍较弱	厅屋式——弱	九厅十八井——弱
			土围子——强	土楼——强
	建筑组合形态	带型，以开基祖屋为中心	街巷式（赣南北部）	街巷式
			点式、组团式（安远——始兴以南），以祖堂为中心向心围合	点式、组团式，以祖堂为中心向心围合

资料来源：孙莹. 梅州客家传统村落空间形态研究[D]. 广州：华南理工大学，2015。

　　闽粤赣山地丘陵亚区客家村落建筑形式独特，以土楼、四角楼、围龙屋为特色。土楼建筑的代表村落为福建省南靖县书洋镇田螺坑村，其隶属福建省漳州市南靖县西部的书洋镇上坂行政村，距南靖县城60km，坐落在海拔787.8m的狐崀山半坡上，是由方形的步云楼和圆形的振昌楼、瑞云楼、和昌楼，椭圆形的文昌楼和其他夯土建筑组成的一个村落。村落东、北、西三面环有大狐崀山和大科崀山山脉，南面为大片梯田。村落中，五座土楼依山势起伏而高低错落，疏密有致，居高俯瞰，构成人与自然环境和谐共存的绝景。土楼不仅在建筑风格上特色鲜明，也反映客家人聚族而居、和睦相处的家族传统。此外，就地取材，用最平常的土料筑成高大的楼堡，化平凡为神奇，又体现了客家人征服自然过程中匠心独运的创造。

　　而粤东地区村落代表为广东省陆丰市大安镇石寨村。石寨村于唐朝武德五年设陆安县时开始建村，到明朝时仍为简陋土寨，至清初才形成今日人们看到的古城墙、宗祠、街巷和排水系统等格局。石寨村周边群山环抱，小河蜿蜒，方圆十里平坦谷地中间突起一座形

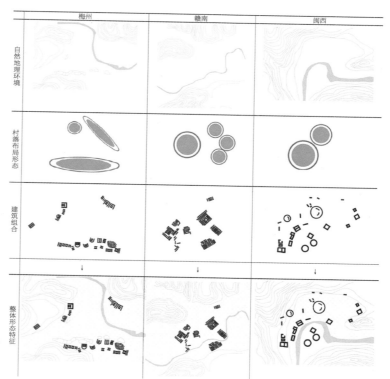

图5-2
客家传统村落布局比较
（资料来源：孙莹. 梅州客家传
统村落空间形态研究[D]. 广州：
华南理工大学，2015）

图5-3
福建省南靖县书洋镇田螺坑村鸟瞰
（资料来源：http://piao.wanbula.com/3833.html ）

图5-4
广东省陆丰市大安镇石寨村鸟瞰
（资料来源：http://www.fanfuyingyi.com/uploadfile/2010/0830/20100830060956911.jpg）

如雄狮的小山岗，石寨村落即在小山岗之上。城内民居一路依寨墙走势呈圆形而筑，一路依山势高低而建，层叠有序。两路中间有一条依山势而筑的主村道环穿全村，次要巷道与主巷道两端相连，构成庞大的村道网络。

2．湘鄂粤多民族山地亚区

湘鄂粤多民族山地亚区传统村落分布于湖南西部、广东北部和湖北恩施等地，地理环境较为复杂。气候主要为亚热带湿润季风气候，年平均温度18℃左右，冬季少雪，雨量充沛。湘鄂粤多民族山地亚区是一个多民族聚居的地区，其中，民族风情历史悠久的土家族和苗族大约从盘瓠时期便因战争迁徙至此，繁衍至今成为该地区总人口最多的两个少数民族。自然环境的闭塞完整地保留了少数民族特色鲜明的民俗风情、居民建筑、服饰饮食、文学艺术和礼仪宗教文化等。

从文化资源特色方面看，楚湘文化乃至中原文化同西南巫鬼文化千百年来在湘鄂粤多民族山地亚区不断碰撞、交融，最终沉淀形成色彩斑斓、浓郁醇厚的多元民族文化。湘鄂粤多民族山地亚区人民祖祖辈辈生活在山地环境下，也造就了与山地环境相适应的生活方式与传统文化。广泛分布的高山峡谷，又像一道道天然的屏障，阻碍了这一地区和外界的交流。在相对封闭的氛围下，经过长期的历史沉淀，当地各民族逐渐形成了自己独特的地域文化。湘鄂粤多民族山地亚区的民族分布，呈现出"大杂居，小聚居"的局面，从整个

图5-5
雪后彭家寨
（资料来源：http://roll.sohu.com/20110425/n306435031.shtml）

亚区来看，同时分布着多个民族。各民族之间互相融合，共同发展，而每个单独的村落，又通常是由同一宗族的许多个家庭长期聚居在一起形成的。村落内部保有强烈的宗族观念，要设土地堂对本族祖先进行祭祀。外族人要迁来居住，只有两个途径，一个是举行"合户"仪式，放弃自己原本的宗族，加入该村的宗族。另一个方法是另外修建单独的土地堂，祭祀自己的祖先。

　　受到地形限制与地域文化的影响，该亚区传统村落多位于山腰或溪旁，风景秀丽，远离城市，深居山中，交通较为不便。村居大部分靠近田地，依山筑屋。因为平地较少，所以建造房屋尽量紧密，有的整村以走廊联通，房屋连成一片。村庄初建时，房屋原为整齐排列，以后逐渐增建，往往利用旧有房屋墙壁相互连接，因此在外观上形成凌乱的布局，不分主次。村庄内部常见用小巷连通，宽度1～1.5m不等[1]。村落建筑形制也随着民族不同和地区不同多有变化，但主要以吊脚楼为主。由于其建筑多由山中的乔木、竹子建成，且取水依靠水井，防火成为这些村落基础设施的首要问题。其代表性建筑为适应山地地区山多田少、气候多雨湿润，满足山地农耕生活又能防御山上蛇虫野兽、通风良好的吊脚楼建筑。

　　如湖北省宣恩县沙道沟镇两河口村，地处土家族的母亲河酉水源头，位于国家级自

1　陆元鼎，杨谷生. 中国民居建筑下卷[M]. 广州：华南理工大学出版社，2002：1066-1079.

然保护区——七姊妹山的缓冲地带，当地生态良好，满目青山，悠悠绿水。该村集中分布着数个吊脚楼群，在龙潭河流域，以彭家寨为中心，曾家寨、汪家寨、唐家坪呈"三星拱月"之势，白果坝、老街首尾相衔，符家寨、板栗坪等大小不一的村寨沿龙潭河一线呈串珠状分布。而其中的彭家寨更是武陵山区土家聚落的典型代表，村寨格局自然形成，依山就势，因地制宜，顺应山势铺筑道路，用以联系各户院落。屋基建于坡度较大的山坡上，由于地势高差，村落呈现出按一级一级的层次向上排列的气势，掩于丛林之中，颇为壮观。

3．川渝及周边巴蜀山地丘陵亚区

川渝及周边巴蜀山地丘陵亚区传统村落分布于四川东南部、重庆、陕西南部和甘肃南部小部分地区。该地区地形大致以阿坝、甘孜、梁山三个自治州的东部边界为线，划分为川西高原和四川盆地两个差异显著的部分。川西高原多为藏族、羌族、彝族等少数民族居住，四川盆地则几乎为汉族居住，仅川南及川东南边远地区有土家族、苗族等少数民族居住。村落高差较小，气候以亚热带湿润季风气候为主。

历史上川渝地区经历过几次大的移民活动，实际上外来移民占了总人口的80％以上。移民活动既是人口的融合，也是文化的融合。在多元文化的融合和自然地理环境的影响下形成的山地文化在川渝及周边巴蜀山地丘陵亚区的城市、城镇、乡村的建设过程中以具体的形态表现出来。川渝传统村落选址布局注重对山地的顺应和对山地环境的保护，建筑讲求与山地自然环境的结合，是中国传统的崇尚自然山地观的生动体现。许多川渝传统村落有着千年的历史，而其山地聚居的历史更是可以追溯到几千年前，山地文化是该地区聚居文化中的重要组成内容。由于所处的地理位置以及独特的历史文化背景，传统村落的山地聚居面貌有着鲜明的特色。

首先，由于川渝及周边巴蜀山地丘陵亚区自然地理条件多种多样，使分布各地的山地聚居面貌带有很强的地域特征。由于山地自然环境条件的限制，对自然的改造和利用的方式与程度与平原地区大相径庭。其次，川渝及周边巴蜀山地丘陵亚区历史上受到其他民族及民系文化的影响和冲击，受此影响的山地聚居功能和形态也呈现出不同的文化特质。第三，川渝及周边巴蜀山地丘陵亚区有着源远流长的山地农耕文化，它是川渝几千年历史长河中的主流。围绕着农耕文化产生和发展的传统技术，深深根植于这片土地，区别于其他文明的科学技术发展道路，对山地聚居环境的特征塑造，也起了相当大的作用。

小型、封闭性和同质性是川渝地区传统村落聚落社会的基本特征。川渝传统村落通常规模不大，人口较少，基于地缘、血缘、史缘等的聚居同质性都是聚落社会特征的体现。川渝村落民居布局的特点主要在于如何适应山区地形和农田分散状况，住居多近农田，便于耕作，呈"大分散小集中"的星罗棋布方式。大部分村居是单门独户，与周围的竹木树林、院坝等形成一个住居单元体，也有三五户形成较大的院落组团，还有大户人家则集数

图5-6
川西林盘
（资料来源：http://cms.scta.gov.cn/zt_cycx/lyxltj/system/2012/03/30/000151872.html）

十间房为多进院落的大建筑群。它们都具有自成一体的散居特点，这是数量最多的一种民居聚落的形态。[1]川渝及周边巴蜀山地丘陵亚区大部分村落交通可达性好，经济积累好，基础设施较为齐备。尤其是形成了成都平原独有的"川西林盘"这一农村稻田—树林—宅院的生产和生活模式，即农家院落与周边高大乔木、竹林、河流及外围耕地等自然环境有机融合的农村居住环境形态。

4. 云贵高原及桂西北山地亚区

云贵高原及桂西北山地亚区传统村落分布于云南（除迪庆）、贵州以及桂西北地区，以亚热带季风气候为主，云南南部少部分地区为热带地区。云贵高原及桂西北山地亚区地形复杂多样，地面崎岖不平，山地面积广大，以"多山"为其特征，故有"江南千条水，云贵万重山"之说。在万山之中，散布着众多的山间盆地、河谷阶地，俗称"坝子"。大体说来，云南的坝子多且面积较大，如昆明、玉溪、宣威、曲靖、杨林等坝子都较宽阔，但山地仍占很大比重，特别是西部横断山脉地区。贵州山地占全省总面积的87%，丘陵占10%，平地仅3%，坝子虽然数量不少，但面积都很狭窄，万亩大坝为数不多。明朝正德年间，王

1　陆元鼎，杨谷生. 中国民居建筑（下卷）[M]. 广州：华南理工大学出版社，2002：1017-1032.

阳明贬谪贵州，踏上云贵高原就感到地理环境与其他地区迥然不同，惊呼"天下之山，聚于云贵，连亘万里，"际天无极"。

云贵高原及桂西北山地亚区是我国少数民族众多的区域，这里是南方四大族系——氐羌、百越、苗瑶和濮人分布相对密集的地区，同时也是汉族移民较多的地区。其中，在云南、贵州的汉族约占两省人口总数的三分之二，少数民族占三分之一，少数民族共28个，且多为本区独有。"民族众多"是云贵高原及桂西北山地亚区人文地理的重要特征。

云贵高原及桂西北山地亚区的民族，尽管经济文化类型各不相同，但都受到山地环境的制约，因而在文化上不可避免地、不同程度地打上"山"的印记，表现出"山地文化"的特征。"靠山吃山"这句俗话，形象而且准确地表述了山地与当地少数民族生计之间的关系，并制约着人们的谋生手段及生产、生活方式。从总体上讲，云贵高原及桂西北山地亚区的经济似可概括为"山地经济"，这不仅直接影响着山地农业，而且矿业、手工业、建筑、交通都深受山地影响。在古代农业社会，"山地农业"在云贵高原及桂西北山地亚区占有十分突出的地位，在坝子中主要是水田农业，而广大山区则长期盛行"刀耕火种"。人们以坝子为中心形成聚落，而坝子与坝子之间为山岭所隔绝，于是形成许许多多彼此分隔的"小天地"。可能是因为坝子间山水相连的缘故，古人称之为"溪洞"。云贵高原及桂西北山地亚区山地经济的传统模式，大抵属于"溪洞经济"类型。它最显著的特征就是"男耕女织、自给自足"，在一个狭小的范围之内"日出而作，日没而息"，商品经济极不发达。

大山的阻隔，客观上对古老文化起到保护作用。山地民族的"原生态"文化，是在山地的特殊环境中产生和形成的，有其独特的"文化生境"。同其余山地丘陵亚区的村落一样，在云贵高原及桂西北山地亚区民族"原生态"文化中，最有价值的是"天人合一"的传统观念，它强调人与自然的和谐，重视良好的生态环境。居住在大山之中，无论是半坡村、水边寨或谷底人家，都注意选择良好的自然环境。保护森林植被是一种普遍的习尚，在许多乡规民约中都禁止滥砍滥伐。

少数民族的创造也包含诸多科学成分。譬如梯田，充分利用地形和山上的水源，在有效扩大水田面积的同时又美化了自然环境。古老的水车、水磨、水碾包含极高的科学含量，不破坏、污染环境，是人类利用水力资源的开路先锋，同时可以展示山地风貌。为适应山地环境，各民族在建筑上都有独特创造。例如：傣族的竹楼，侗族的木楼，壮族的麻栏，苗族的吊脚楼，独龙族的大房子，布依族的石板房，纳西族的木楞房，彝族的土掌房，白族的"三房一照壁，四合五天井"等。在构筑物及公共建筑方面，有溜索、索桥、竹桥、木桥、石桥、风雨桥，有水井、堰塘、水车、水碾、鼓楼，有大理崇圣寺三塔、景洪曼飞龙佛塔、喇嘛寺等。此类民族建筑的瑰宝具有很高的工艺和艺术的价值，展现了独特的民族风格和地域上的适用性。

云贵高原及桂西北山地亚区的传统村落多选址于山水之间，有一定高差起伏，依山而

图5-7
云南省红河州红河县甲寅乡作夫村全景
（资料来源：http://travel.sina.com.cn/china/2013-07-30/0941204179.shtml）

建，傍水而居。由于地形环境和生产生活等因素的影响，村寨规模不大，小则十几户，大则几百户，个别达千户。村寨建筑依山而建，沿等高线或垂直或平行嵌入山腰坡地，重重叠叠。布局以自由分散式居多，所以民居均随地形，因势利导，与山势有机结合，显得自然灵活，不受任何格局约束，也没有明显的村寨边界。

村寨道路网络，由垂直等高线、平行等高线、斜交等高线的道路组成，基本是结合地形、巧于因借的自由行使，既有树枝状，又有放射状，也有棋盘式等多种道路形式。路面狭窄，多采用石板、碎石、卵石、沙土铺筑；由于地形复杂和为了充分利用建筑空间，常常出现道路斜插民居一角或横穿底层或相邻檐廊并行或悬挑一隅，形成各样的过街楼、廊道、吊脚楼、掉层的处理手法，使道路或放或掩或伸，形成曲径通幽、步移景换的多姿多彩的村道特殊空间。[1]由于村内建筑多采用干栏木构，巷道狭窄曲折，防火是该地区传统村落的主要问题。

由于云贵高原地区海拔较高，地势起伏较其他丘陵亚区更甚，村落景观有着"八山一水一分田"之称。该地区平地较少，村落农耕多开垦梯田，森林、水系、村庄与梯田"四

1　陆元鼎，杨谷生. 中国民居建筑（下卷）[M]. 广州：华南理工大学出版社，2002：862-879.

图5-8
贵州省三都水族自治县都江镇怎雷村鸟瞰
（资料来源：笔者自摄）

素共构"，合理利用自然资源进行农耕开发。如云南省红河州红河县甲寅乡作夫村，大片的蘑菇房依山沿势而建，寨后山头有茂密的森林，寨子两边有长年不断的箐沟溪水流淌，通过开挖水渠将水引至寨中，保证了人畜用水，然后往下流入开垦出的梯田里。泉水顺着层层梯田，以田为渠，由上而下，长流不息，最后汇入谷底的江河里。村庄镶嵌在四周秀丽绝妙的梯田之间，融云海、梯田、蘑菇房、棕榈、森林于一体，形成一道秀美的山水屏风。[1]

而位于贵州省三都水族自治县都江镇怎雷村，则是"干栏式"木构建筑密集的典型村落。怎雷村地处都柳江与龙江上游分水岭的山脉中，东靠大山，西临都柳江支流排长河。村落倚山而建，层层梯田由山脚累级而上，气垫恢宏。民居随着山势的起伏，巧妙地组成了一幅"入村不见山、进山不见寨"的山野村居图，形成了"天人合一"、优美、宜人、质朴的人居环境。

由于山地丘陵地区村落多选址于山水之间，用地多被山峦或溪河等分割，地势复杂，有一定高差起伏。村落内基础设施的铺设大多与村落地形关系密切，与平原地区有着较大差别。本章拟从给水排水系统、道路交通系统和综合防灾系统梳理阐述该地区传统村落基础设施的特征。

1　王桥银. 哈尼家园活着的经典范本—红河县甲寅乡作夫村[EB/OL]. [2011-09-28]. http://www.yn21st.com/show.php?contentid=9031，2011-09-28/2015-09-03.

5.1.2　给水排水系统

1. 传统村落水系营建理念

不同于平原城池，山地聚落由于特殊的地理环境，不能做主观统一的城市规划，在道路水系的格局规划上更注重地形、风向和流水。山地村落多以自然河流为经纬，纵横相间。在顺应山势的前提下，对水系道路也做了科学合理地规划修正。"水之性，行至曲，必留退，满则后推前。地下则平行，地高即控。杜曲则揭毁，杜曲睦则跃。跃则倚，倚则环，环则中，中则涵，涵则塞，塞则移，移则控，控则水妄行。"地势曲折倾斜，可以缓解流速有效分洪，但过于曲折，水流就会跳跃，跳跃则引起偏流打旋，导致泥沙沉淀、水道堵塞。治理山洪，则应以疏导排水为主，截洪调蓄为辅；以理顺导流为主，修正改造为辅，达到"高筑堤岸，束水下流，水道皆有合法之倾斜度，尾间畅遍"。同时截弯取直，加大泄洪沟道的转弯半径，避开下游居民。同时顺直上下游水道，使洪水纳入下游防洪管道前敞泄无阻。所以针对山地的特殊地理特征，在建设初期，就必须知备水性，了解排洪原理，考虑地形、坡降、流向，使城河有足够的流量和流速。

（1）阻外水

山地丘陵地区村落得益于山环水抱的自然环境，水源皆来自于外部天然水体。到了洪水雨季，过量的降水量引发山洪，外部河流依据不规则的陡峭山势奔涌入城。村中用石块垒砌，构筑坚固的护村坝。这些规模高大的护村坝可以把洪水限制在河道中，阻止外部洪水进入村内。如果坝内水位高于防洪警戒水位，村民则需要尽快移到较为安全的地方以避水潦。

（2）排内水

地势起伏多变，建筑错综排列的山地传统村落，在降雨量大的洪水季节，容易在村内积聚过量的雨水。水系中的街巷网络通过明渠暗沟成为主要的泄洪通道，街道铺筑的石板路面两侧，常挖有宽约半米的排水道，降水和生活污水通过暗藏的排水道流放到村外的天然水体里。

（3）雨水

山地丘陵地区传统村落常常在村内建水塘，具有积蓄雨水调解洪水的作用，同时满足村民日常生活的各类需要。水流流出村外，亦可灌溉农田，浇灌树木。水塘有的是天然泉水在低洼处形成，有的则是人工开凿的。水塘系统满足了村民的基本生活需要，还能在洪水暴发时，积蓄过量的降水，调解平衡水系的蓄水能力，削减洪峰，以避水涝。

2. 给水系统

一般地，山地丘陵地区传统村落水源的取得一般主要有三类：（1）地下水，井与泉、池，掘井汲水或汇泉为池（井）；（2）地表水，溪河沟圳，通过就水而居或引水入村而得；

（3）蓄水池塘，因开挖池塘蓄积雨水、地下水，通常是地表水和地下水的结合。

（1）地下水——井与泉

山地丘陵地区地下水资源十分丰富，主要有岩溶水及基岩裂隙水两大类型，地下水含量高，水质好，所以地下水是该地区的主要饮用水源之一。地下水的开发利用方式包括机井取水及引泉取水。

（2）地表水——溪河沟坝

山地丘陵地区河流多为雨源性河流，水资源量主要源于降雨补给，于是河流成为山地丘陵传统村落的重要水源之一，提供了生活、生产及消防用水，并融入村落成为核心组成部分。村落多择水而居，因此绝大多数村落都有溪水流淌，且水的形态不尽相同，或从村一侧流过，或穿村而过，或环村而过。有的村落为了更好地利用天然河流，设计建造了巧妙的人工水圳，使水流沿精心设计的沟渠盘旋屈曲而过，便于村民取水、用水、灌溉等。

图5-9
贵州省安顺市西秀区七眼桥镇云山屯村水井
（资料来源：笔者自摄）

图5-10
黔东南苗族侗族自治州从江县往洞乡增冲村村旁河流
（资料来源：笔者自摄）

（3）地下水与地表水结合——蓄水池塘

由于山地丘陵地区地形起伏较大，水量地域分布不均，不同时期大气降水不平衡，或为了防火、降燥等目的，调蓄系统便成为水系中的重要一环。规划水流，引水、开沟，挖塘蓄水、开湖、筑堤坝、造桥涵以及在山区丘陵修建高位水池，这些措施都是对村落水资源短缺的补充或调节水资源，缓冲雨季水势，防洪，避免水土流失。山地丘陵传统村落通常以水塘、水池、水缸等进行蓄水，塘水、池水一般不作饮水水源。

如湘西土家族苗族自治州凤凰县阿拉营镇舒家塘村巧妙地利用村落一处泉眼作为水源，营建多口水塘并顺着地势高差层层跌落，在村中形成连续的水塘群，并与沟渠中的水流最终汇至一处排出村外。山地村落中民居建筑多以木制建筑为主，防火要求较高，故村中水塘还是村落消防用水的重要来源，村中一旦发生火灾，可就近取用村内水塘和水井的水。一般村内塘水只作洗濯、养鱼、放鸭和消防之用。

图5-11
湘西土家族苗族自治州凤凰县阿拉营镇舒家塘村水塘
（资料来源：笔者自摄）

图5-12
湘西土家族苗族自治州凤凰县阿拉营镇舒家塘村取水泉
（资料来源：笔者自摄）

传统村落居民的饮水主要来自于井水、泉水，而沟渠池塘等地表水多用于日常的洗灌。山地丘陵地区泉水出露较多，可实现重力供水，节省电费。村里一般有两种给水方式。其一，通过给水管网接入每家每户。由于村落多位于山地之间，地形起伏大，水源位于高处，所以通常在水源附近建造蓄水沉淀池，部分村落两天供一次水。其二，村落取水通过引山泉水或打井人工取水，这些村落多采用引泉成池的方式建造取水口，同时配以相应的村规民约，保证取水口水源的清洁干净。

由于山地丘陵地区多山地，村民常于山上开垦梯田，进行水稻种植，因而引水灌溉是村落给水系统的又一重要环节。村民一般在梯田四周开挖沟渠，借助地势高差，将泉水引入沟渠或接纳雨水进行自流灌溉。

灌溉系统分为地面灌溉及地下灌溉。地面灌溉过程中地表水流在重力作用下，汇入沟渠，再由沟渠进入梯田，经梯田由上至下逐级灌溉，最后多余水量再排出进入河道。地下灌溉过程中，渗入地下的水流在主要驱动力——重力作用下，经渗水口进入梯田，多余水量再由梯田汇流，最后排出进入河流。

3．排水系统

山地丘陵地区村落多依山就势而建，排水系统常在选址之初就结合地形来考虑，利用地形组织沟渠，让山洪雨水或避开村子或顺利穿过村子。通常两者兼顾，这样可以在组织村内排水时，冲洗掉村内污物。村内排水主要利用地形高差在街巷中组织排水，水量较大或村内宅院集中时部分村内设地下排水暗道，并在村外设有水门等设施。排水沟渠走向大多垂直于等高线，排水系统主要包括：江河溪流、沟渠、旱沟、水塘、堤坝水闸及民居天井等设施。

（1）沟渠

传统村落的沟渠包括明渠与暗渠，水圳、贯穿村镇的溪流、沿外墙开挖的排水沟和街

图5-13
贵州传统村落梯田景象
（资料来源：笔者自摄）

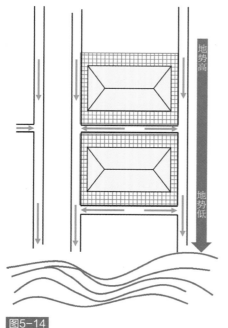

图5-14
黔东南苗族侗族自治州从江县往洞乡增冲村
排水系统示意图
（资料来源：笔者自绘）

巷道路两侧的排水沟共同构成排水网络。这些排水沟圳中主体部分在建村之初就已规划，增建房舍时排水沟与其连通，将生活污水、雨水和山洪导出村外。如贵州省黔东南苗族侗族自治州从江县往洞乡增冲村的排水系统，由于村落三面环水，且中间地势高，四周地势低，村内污水、雨水因重力自流排出村外，再经排水口进入环村的河流中。

（2）堤坝水闸

堤坝有拦河坝与障水护村坝之分，小型的拦河坝为竭坝、堰，是村镇水圳和灌溉渠的取水处，为控制水量，取水口设置水门、水闸等挡水设施。安顺市鲍家屯古水利最为著名，有"小都江堰"之称。鲍家屯修筑6个既能泄洪又能提高水位饮水灌溉的壅水坝，结合7条总长5.08km的灌溉渠道，有效抗御旱灾、排洪。

图5-15
贵州省安顺市鲍屯村水坝
（资料来源：笔者自摄）

5.1.3 道路交通系统

由于山地丘陵地区分布于南方地形起伏较大的山地与丘陵地带，其道路设施通常与地形地貌存在较大关系，具有显著特征。村落往往自由分散，相距较远，山路崎岖，行走不便，往往步行一个多小时，直线距离上只走了两三千米。村寨道路网络常由垂直等高线、平行等高线和斜交等高线的道路组成，基本是结合地形，无论是对外交通道路、传统街巷或是梯田道路皆与平原地区道路网络有较大差距。

1. 对外交通

村落对外交通指村外联系周边区域的主要交通性干道。村落常位于崇山峻岭中，依山而建，傍水而居，布局较分散，通常为数条盘山公路或小道串联各村寨和村落主要对外交通干道。近年来由于各地方政府对传统村落基础设施的改造，村落进出道路大部分已完成硬化。由于山地陡峭，道路通常起伏大，转弯多，进出村仅有一条道路，交通不便。如贵州省石桥村黔东南苗族侗族自治州丹寨县南皋乡石桥村、铜仁市印江县永义乡团龙村等村落，对外交通道路均为水泥铺面双车道。

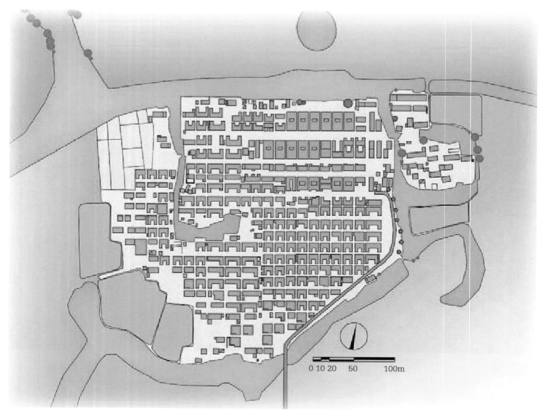

福建省漳州市东园镇埭尾村平面图
（资料来源：易笑. 闽南古村埭尾聚落研究[D]. 泉州：华侨大学，2014）

2. 村内街巷

村内通行街巷指满足村落内部日常生活的交通联系的通道，串联各家各户以及村内主要公共空间。山地丘陵地区传统村落主要街巷布局大致可以分为三种：

一种是梳式布局，俗称棋盘式布局。这一类村落通常位于盆地或谷底等地势较平缓的地区，具有平原特色，村落高差较小。如福建省漳州市东园镇埭尾村，该村落以东西向为主要道路，以南北向较窄的巷道为次要道路，构成相互垂直的规整的棋盘式路网。

闽粤赣山地丘陵地区较湿热，通风防热成为影响其民居平面布局的主要因素之一。从整体布局上看，村落前后均为河流、虾塘、水田，水域四面环绕。就朝向来说，埭尾的棋盘式布局与其夏季主导风向平行，有利于在建筑平面布置中合理组织天井、厅堂和巷道，从而有效地形成穿堂风。其对巷道的设计也相当讲究，小巷均较窄，一般都在1~2m左右。因两侧建筑相邻造成深深的阴影区，从而形成通风良好的冷巷。又由于巷道与夏季风向平行，夏季风可沿冷巷和屋面顺畅的吹入室内。这种棋盘式路网的布局方式，既解决了交通、防火，又解决了日照、通风、防热和排水等问题。

a. 树枝状
b. 交织状
c. 放射状

图5-17
少数民族村落的自由式路网
（资料来源：雷翔. 广西民居[M]，南宁：广西民族出版社，2005：81）

　　同时，村落棋盘式的布局还利于防御。一排排一列列形制一致的大厝对于当地人是易于分辨的，但外人进入则有如误入迷宫，分不清方向。此外，榉头间外檐下为连接下落与顶落的走廊，但空间较狭小仅容一人通过。整齐划一的古厝之间，位于顶落大厝身与榉头间的通道为子孙巷，其两端有通向户外巷道的边门，相互正对着，当打开同一直线上的大厝边门，就形成了一条东西向的快捷通道。据当地村民所说，战乱时期就是利用侧门打开形成一条笔直的巷道，从而使许多村民幸免于难。[1]

　　另一种是自由式布局，山地丘陵地区的传统村落由于其位于山区，村寨建筑往往依山而建，分布较分散自由，村落内部街巷系统常常布局自由，沿等高线分布，呈现出不规则性。房屋呈散点状分布，每处仅有一户或几户人家，相互之间以小径相连；有的依据地势以及河流走向，顺等高线方向做线性延伸，同一高度上的房屋随等高线的走向连成一行，不同高度上的房屋顺地势向上呈多行阶梯式排列；有的则垂直于等高线分布，有一条自下而上贯穿整个村落的街道，大部分房屋都集中在这条街道两侧，街道与房屋呈鱼骨状排布。综合平行等高线和垂直等高线的村落特征，村中道路交通相互联系，成树枝状，通常有几条平行或垂直等高线的道路作为村落主脉，中间分出几段分支，整个道路系统如同树枝一样连通各家各户，还有的村落围绕特定场所而建，产生内向的聚合力，促进村民的团结和交流。[2]

　　如湖南省通道侗族自治县芋头村，该村落由下寨、中寨、牙上三个寨组成。村寨布局形态呈带状依山体展开，牙上寨、中寨依山而建，形成沿"龙脉"分布的组团状聚居空间和复合型村落空间形态。

1　易笑. 闽南古村埭尾聚落研究[D]. 泉州：华侨大学，2014.
2　李思宏. 湘西山地村落形态特征研究[D]. 长沙：湖南大学，2009.

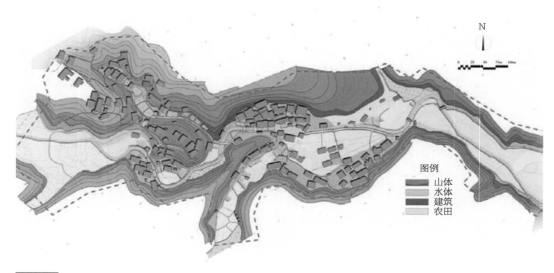

图5-18
湖南省通道侗族自治县芋头村平面图
（资料来源：范俊芳，熊兴耀. 山水村落——芋头侗寨的村落景观空间及价值研究[J]，华中建筑，2010，（4）：108）

图5-19
芋头侗寨鸟瞰
（资料来源：http://wenwu.huaihua.gov.cn/Article/ShowArticle.asp?ArticleID=65）

　　第三种是"无街巷"布局形式，这一形式常出现于客家村落。客家传统村落的街巷格局特征较为特殊，绝大部分村落呈现"无街巷"形式，而是靠一条生产性和对外交通性的道路串联起村落内的大部分建筑，少数村落内有1~3条街巷存在。

一般来说，街巷是布局形态中的骨架，但典型的客家传统村落内并无公共意义上的街巷形式存在，传统时期村落建筑和村落公共空间靠麻石路（现有些改为水泥路）和一些步行小径串联组合在一起，道路顺应地形，跟随建筑的位置蜿蜒曲折。麻石路是村落内主要的生产性和对外交通性道路，宽度约以一人肩挑扁担加一个错身位而定，约2.5～3m；步行小径宽度约在1～1.5m，连接到各个建筑。带型村落内的聚居建筑沿等高线规则布置，村落主要建筑和空间基本依靠一条麻石路就可串联。组团、散点型村落因多个聚居组合道路产生分支，这类村落内的主要道路一般有1～3条。面状村落的建筑由纵横交错的街巷组织。

图5-20
客家"无街巷式"传统村落空间肌理
（资料来源：孙莹. 梅州客家传统村落空间形态研究[D]. 广州：华南理工大学，2015）

随之而来是典型的无街巷式的客家传统村落的空间肌理，呈现"外向型"的空间形态特征；多数建筑向外敞开，直接面向道路、农田、水塘，从而区别于一般街巷式建筑前后、左右相对，街巷被建筑"包围"的"内向型"空间肌理[1]。

（1）街巷的走向

山地丘陵地区传统村落街巷的走向可以分为两类：第一类是与等高线平行，顺应地形，随地形的弯曲而蜿蜒曲折；第二类是与等高线垂直，街道随地形的坡度而起伏。街道一般不长，且多半不是平直的，每走一段有一个转折，很自然将街巷分为若干段。街道的弯曲、坡度的变化为行人提供了明确的方向感。[2]村落中街巷四处贯通相连，如果不考虑行走的效率，选择每一条道路都可以到

图5-21
湘西土家族苗族自治州凤凰县阿拉营镇舒家塘村垂直于等高线街巷
（资料来源：笔者自摄）

1 孙莹. 梅州客家传统村落空间形态研究[D]. 广州：华南理工大学，2015.
2 李思宏. 湘西山地村落形态特征研究[D]. 长沙：湖南大学，2009：19–21.

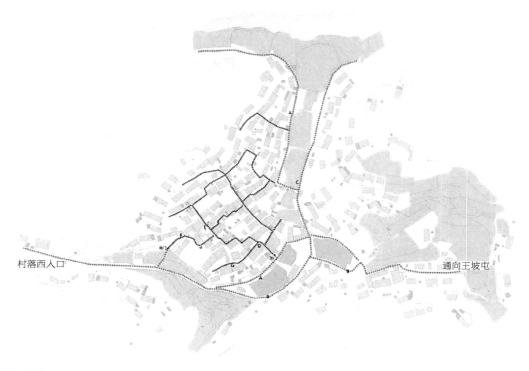

村落西入口　　　　　　　　　　　　　　　　　　　　通向王坡屯

图5-22
湘西土家族苗族自治州凤凰县阿拉营镇舒家塘村交通流线
（资料来源：任薇. 湘西舒家塘古堡寨聚落景观形态研究[D]. 武汉：华中农业大学，2013）

达目的地，不会迷路或钻进死胡同，形成与等高线相交的竖向道路和平行于等高线的水平道路交织成立体的网格系统。通过与平地村落道路网的对比，山地村落街巷最大的特点就体现在竖向维度之中。[1]

　　例如湘西土家族苗族自治州凤凰县阿拉营镇舒家塘村，村落位于三座山相交的Y字形山谷中，主要道路位于山脚，沿Y字形水塘两侧修建，形成主脉。村内建筑沿山而建，街巷或平行于等高线串联房屋，或垂直于等高线层层而上，由主脉分出，形成立体的网格系统。

　　（2）街巷的尺度

　　街巷的尺度一方面依附于由房屋和院落的组合所产生的尺度，另一方面巷弄间的区域往往包含了若干房屋组团。相较于平地村落的道路系统，山地村落的街巷不仅受限于房屋和院落的组合，还受限于地形。因此，山地村落的街巷尺度要更小，通常$D/H \leqslant 1$、$W/D \leqslant 1$（D：街道宽度；H：临街建筑高度；W：临街建筑面宽），是使人感觉亲密的空间距离。这样的街道空间可以加深人们感受的深度，促进人们在其中停留和交往。

1　李子豪. 浙江传统山地村落竖向营造形态美学研析[D]. 杭州：中国美术学院，2012：18-20.

图5-23
黔东南苗族侗族自治州从江县丙妹镇岜沙村街道
（资料来源：笔者自摄）

　　山地丘陵地区传统村落的街道随地形起伏上下，民居建筑一般体量不大，层数一到两层。由于地形起伏，石阶台地较多而无法行车，街巷通常宽1~2m，宽的地方也不过3~4m，加上临街出挑的吊脚楼、晒台，不时出现的踏步和曲折，使得街巷尺度宜人，充满韵律感。例如黔东南苗族侗族自治州从江县丙妹镇岜沙村，村落建筑均为木质吊脚楼，保存良好。村内街巷主街路宽不足5m，普通街巷则只有1~2m，在满足日常交通需求的同时，形成亲切的围合尺度。

　　（3）街巷的连续与变换

　　山地村落的街道大多是随人们出行自然形成，即便经过初期规划，由于山地的复杂地貌和当时施工技术有限，最终建成的街道也是顺应山势、蜿蜒前行的。同一地区的街道形态比较统一：路面采用相同的材料和手法铺筑，路边的建筑大多采用本地产的建筑材料，就地取材，因地制宜，建筑风格基本一致；房屋之间用共用山墙，街道立面完整统一。建筑多为一两层，屋檐连着屋檐，描绘出优美流畅的天际线。街道宽度大抵一致，保持了空间尺度上的连续性。

　　同时，由于地形起伏，台阶与坡地交错，山地丘陵传统村落的街巷系统又是复杂变换的。平缓路段每走一段路就会出现踏步、转折，上坡路段每走一段台阶就会出现休息平台，而这些转换节点处又常常与其他功能相结合。比如踏步和转折常常结合在一起；台阶休息平台也与常常与道路转折、分岔路口相结合；踏步、转折也会出现在小桥、分岔路口前后，引起行人注意；台阶的休息平台也与旁边的商铺或房屋入口相结合，作为缓冲地带，避免道路直冲大门的突兀感。[1]

黔南布依族苗族自治州三都水族自治县都江镇怎雷村，无论主街道或普通街巷，均采用石板铺装，道路两侧建筑也均为木质吊脚楼，街道立面完整统一，街道质感也相互一致，保持了街道空间上的连续性。同时，在街巷的转弯处常设休息平台，这些平台既是民居建筑出入口的缓冲地带，也是村民日常闲暇交流活动的场所。

（4）就地取材、因地制宜

山地丘陵地区多山多石，石材可片成块状，方便取用。传统村落就地取材，街巷也多采用石板、碎石、卵石、沙土铺筑。近年来由于道路翻修，大部分村落已完成道路硬化，但村内巷道仍多采取石板铺筑，缝隙浇筑水泥的方式。

村落中的街巷营造还强化了山地地形的自然特征。台阶的尺度没有被限定，它们的高度随着山势坡度微妙的递增或递减，贴临地表延伸，降低了环境改造的工程强度。山地坡度的变化也带来的道路形态的丰富变化。在缓坡处，台阶与坡道呈现一种模糊与交融的状态。台阶时而融于坡道，在这种情况下道路由大段的坡道均匀间隔以少量的台阶构成；又或者坡道融于台阶，此时连续的高度极低的带有坡度的台阶构成道路。在陡坡处，道路呈现出曲折萦回的"之"字形结构，以斜切于等高线的布置方法化解陡峭的地形对于行为的制约。[2]

由于地形复杂和为了充分利用建筑空间，占天不占地，左右灵活，上下灵活，常常出现道路斜插民居一角或横穿底层或相邻檐廊并行或悬挑一隅，形成各样的过街楼、廊道、吊脚楼、掉层的处理手法，使道路或放或掩或伸，形成曲径通幽、步移景换的多姿多彩的村道特殊空间。[3]如有的吊脚楼与交通空间相结合，采用跨越方式，将支柱直接落在路边，建筑跨越整个道路，既能争取到可用之空间，又不影响行人通行，形成过街楼。

（5）与给水排水结合

山地村落多采用明沟排水方式，山地地形的垂直特征本身有利于雨水的排除，雨水通过适当引导在重力作用下沿着山体坡向自流入山脚溪流江湖之中，排水明沟往往与道路网在一定程度上重叠，常与竖向道路交织在一起。一方面，临路设置排水沟可以确保道路不致积水；另一方面，道路是唯一联系山上与山下的线性元素，利用道路清晰的导向性，可以通过与之结合的排水沟将山泉和雨水最高效地引流至山下，从而维护居住场地的稳定与安全。除此之外还有一个经济性因素是，这样做不会占用有限的、代价高昂的山地居住空

1 李思宏. 湘西山地村落形态特征研究[D]. 长沙：湖南大学，2009：19-25.
2 李子豪. 浙江传统山地村落竖向营造形态美学研析[D]. 杭州：中国美术学院，2012：18-26.
3 陆元鼎，杨谷生. 中国民居建筑（下卷）[M]. 广州：华南理工大学出版社，2002：862-863.

图5-24
街道从吊脚楼下穿过
（资料来源：笔者自摄）

图5-25
贵州省黔东南苗族侗族自治州黎平县肇兴乡堂安村堂安村平面
（资料来源：谷歌地图）

间。因而，在村落营造中将具有线性结构特征的竖向道路和排水沟紧密地结合在一起。

3．田间道路

山地丘陵地区地形起伏大，村民多于山上开垦梯田，进行水稻种植。田间道路多围绕梯田设置，平行于等高线，呈三面将梯田包围。路面多为碎石土路，雨天泥泞，仅有少部分村寨对其进行硬化。如贵州省黔东南苗族侗族自治州黎平县肇兴乡堂安村，可以看到其梯田道路沿等高线分布的走向。堂安村大部分田间道路均为土路，仅有靠近村寨附近的少量道路进行硬化，铺装为石板或卵石。

4．交通设施

（1）桥梁

山地丘陵地区多山多水，传统村落选址也多位于崇山峻岭中，依山而建，傍水而居，为解决跨水交通，满足生产和对外交往的需求，村民们在溪河上架起造型各异的桥梁。例如贵州省铜仁市印江县永义乡团龙村，溪流穿村而过，沿河多架桥梁，共有7座，样式各异。桥梁不仅沟通溪流两岸，还与溪流共同组成村内景观。

图5-26
贵州省铜仁市印江县永义乡团龙村风雨桥
（资料来源：笔者自摄）

（2）广场

广场能够为人们提供聚会和交流的空间，广场同时还是晾晒谷物、进行各种祭祀、庆典的场所。无论尺度大小与否，广场在村落中都有着重要地位，被赋予精神上的象征意义。同各家各户的院子一样，广场也有风水上的讲究，其选址、形状和朝向要合乎全村的风水格局，在广场旁往往还建摆手堂、设土地庙、植风水树，期待能够风调雨顺、保佑全村和谐平安。有的广场位于村落入口处，成为村内外的缓冲空间，促进与外界的交流；有的广场则位于村子中间，各家各户围绕广场而居，广场产生内向的聚合力，将全村人紧密联系在一起，有的村子直接将广场与现代公共建筑的功能要求相结合，在旁边边建学校、村委会等，兼做学校的操场、村委会的会议场等，节约了土地，提高了广场的利用率。[1]

山地丘陵地区传统村落广场与其他地区相比，数量较少，尺度也较小。广场多位于村落中心、村口或村委处，常与公共建筑一起作为整个村落的活动中心，是村民日常活动、聚会闲聊的场所。由于近年来大部分传统村落均进行不同程度的翻修建设，大部分村落广场均已完成硬化，铺设水泥或石板。村内小块广场则大多成为村民的晒谷场，部分广场也常充作村落的停车场。

1　李思宏. 湘西山地村落形态特征研究[D]. 长沙：湖南大学，2009：19-25.

（3）码头

山地丘陵地区许多村落傍水而居，部分村落由于未搭设桥梁或距离桥梁较远，跨水交通通常采用渡船。例如黔南布依族苗族自治州三都水族自治县坝街乡坝辉村，位于都柳江西岸，交通较为闭塞，对外道路需绕道坝街乡，进出不便，村民大多由渡口乘船进出。渡口位于村落东南面，有专人摆渡。

5.1.4 综合防灾系统

综合防灾系统主要包括防洪、消防、抗震、人防等主要内容。山地丘陵地区传统村落由于地形地貌、气候以及周边自然环境的原因，防山体滑坡、消防和防潮成为传统村落在建设之初就主要考虑的问题。

山地丘陵地区传统村落大多位于山高谷深、河流汇集的峡谷带或河流冲刷而成的盆地、谷地中，分散式的聚落分散分布在山腰间，极易遭受由山洪和河水暴涨而引发的滑坡、泥石流等地质灾害。在山区，往往一个地区具有多种地貌特征，由一种灾害可诱发多种地质灾害同时发生，或者多种地质灾害同时发生。例如云南西北部，既有高山草场带，又有山高谷深的丘陵地带和喀斯特岩溶地貌，此处区域成为滑坡、泥石流及地面塌陷等地质灾害的易发区域，传统村落灾害的防治难度较大。为了避免地质灾害的侵袭，多数传统村落对于聚落的选址和布局有着其独到的地方，村落的选址往往位于相对较为平坦、易于建设的河流谷地和河流冲积平原上。考虑到地质的稳定性问题，村民常常选择山脉中较平缓或浑圆的地形上建造建筑，在其中选择相对突出的微地貌，并且选址在前方一块平地进行建设。这些部位土体土质相对稳定，不易受到流水的冲刷和侵蚀。在村落建设时，通常会将村落建造在以上所述地段，多为背山面水、地势平缓的谷地。这些地区，山脉岩体掩藏于覆盖层下，基岩顶面较高，沉积层薄，没有厚的沙砾层及游泥，基础较稳定，宜于建造建筑。除了在村落选址上尽量避免自然灾害，在村落修建中，村民往往充分利用山地的落差通过设计排水系统，使生活污水和雨水排到不影响环境的水域，形成完整的供水排水系统，避免因为暴雨引起内涝及山体滑坡[1]。

在消防方面，山地丘陵地区由于房屋多使用木头等易燃的建筑材料，自古以来经常发生火患，防火成为山地丘陵地区传统村落的重中之重，衍生出多种村落防火经验：部分村落在建筑木材上涂抹用草泥混合土制作的防火涂料；部分村落在门前建水塘，水田上建禾仓；部分村落修建防火街巷，一旦发生火灾，人们只需撑着就近巷道两边的石墙直上屋顶，把瓦掀开，就能使火苗上蹿，从而截断火路，阻止火势蔓延；还有村落保留了传统的喊更传统，时刻提醒村民注意防火安全。

山地丘陵地区气候温暖湿润，雨水丰润，土地上覆盖了茂密的森林和植被，村落通常以木为架，以土为墙，这两种材料都是容易受到潮湿的。村民依据主体木结构承重和砖（石）围护结构建筑的特点，首先顺应自然气候条件，然后采用"排"、"隔"相结合的疏导规避思想和技术。传统村落中许多保存下来的老建筑，利用简洁经济的构造技术，高效率的排水除湿，形成一套相对完备的潮湿防治体系[2]。如利用台基的方式，抬高室内地坪，以防止室外的雨水流入，同时也将建筑主体部分架起来一定高度，防止地下水的牵引和渗透，导致受潮腐坏，或采用较厚的墙体，增加材料围护结构层。同一材料围护结构层的厚度越大，其导湿系数越小。因此在防潮措施中，增大围护结构层的厚度也是经常采用的方法。在防潮地面材料的选用上，选用采用石灰、黄土、砂子拌制三合土、石灰沙土等混合以作为防水材料等。

1　张昊. 山区传统乡村聚落地质灾害安全与防治体系研究[D]. 北京：北京建筑大学，2014.
2　孙攀. 鄂西南土家族传统木构民居潮湿防治研究[D]. 武汉：华中科技大学，2012.

5.2　山地丘陵地区传统村落基础设施的营建经验

5.2.1　给水排水系统

1. 水系的营建

山地丘陵地区大部分村落在选址之初便倾向于山水聚汇、藏风得水的地方，因而村落选址大多数是依山傍水、背山面水、负阴抱阳、随坡就势、因地制宜。该地区多山多水，地形复杂，水系营造实践经验丰富。大部分村落水系空间布局明确，基本上呈点、线、面状分布。点状水系由水井、小池、泉眼等构成，线状水系由水圳、排水渠、溪流等构成，面状水系则包括水塘、池沼、水库等。山地丘陵地区传统村落在水系营建时，总是力求一水多用，以较少的支出，获取最大效能。同一条水圳，可以同时提供饮用水、浣洗、水碓、排洪排污、降燥防火、发展养殖等多重功能。

（1）云贵高原及桂西北山地亚区水系营建案例——舒家塘村

湘西土家族苗族自治州凤凰县阿拉营镇舒家塘村是一个典型的拥有完整水系营造的传统村落。村落为明清时期驻守"边墙"（南方长城）军士及家属驻扎点，而后形成的村落，古堡寨选址的凤山呈南北走向，与四周的山体形成一块较为平坦的洼地，凤山东、南、北均有山溪流过，四周群山对古堡寨呈环抱之势。作为军事堡寨，其理想的模型是"枕山，环水，面屏，向阳"成封闭型聚落，需集中布局，利用内外高差，形成易守难攻之地。舒家塘古堡寨地势北高南低，沿堡寨外侧北、东、南方向修筑池塘阶梯式池塘，环抱堡寨，而其余平坦之地与周边山地都成为可耕作的良田。

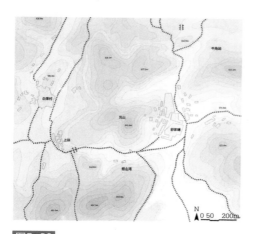

图5-29
湘西土家族苗族自治州凤凰县阿拉营镇舒家塘村山水格局
（资料来源：任薇. 湘西舒家塘古堡寨聚落景观形态研究[D]. 武汉：华中农业大学，2013）

图5-30
湘西土家族苗族自治州凤凰县阿拉营镇舒家塘村聚落布局
（资料来源：任薇. 湘西舒家塘古堡寨聚落景观形态研究[D]. 武汉：华中农业大学，2013）

舒家塘村水系系统的水源来自于多口泉眼涌出的地下水，系统兼备了饮用水、浣洗、排洪排污、降燥防火、发展养殖等多重功能。其水系系统可以分成三个层级，按功能可分为吃水塘、洗涤塘、养殖塘，同时这些水塘都兼备泄洪防火的功效。三个层级顺着地势高差逐层跌落，低层级的水系不会影响上一级的水质。

第一级是整个水系取水的源头——取水口，属于吃水塘，位于村中部东侧，现在仍是该村主要的取水口；第二级有三个水塘，分别用于洗菜、洗衣服及洗粪桶；第三级别便是余下的水塘群，一般用于发展养殖，同时也兼备泄洪防火的作用，每个水塘的出水口都有格栅用来阻隔污染物。这些水塘中的水最终与路旁沟渠中的水流汇至一处排出村外，灌溉农田。

舒家塘村的水井、水圳、水塘形成了天然的氧化塘处理系统。村内用于洗涮生活用具的井水池塘是生活污水处理的集中源头区域，与这一池塘相连接的多个池塘大面积种植藻类、荷花等水生植物，且各个池塘之间运用网格、管道或暗渠相连，整体起到了对污水净化的作用。虽然近年来对池塘进行重新修缮，但仍维持了原本的形态及功能，目前这一系统仍在正常使用当中。

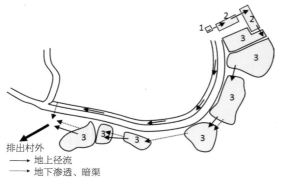

排出村外
→ 地上径流
→ 地下渗透、暗渠

图5-31
舒家塘三级水系平面
（资料来源：笔者自绘）

图5-32
舒家塘村三级水系系统
（资料来源：笔者自摄）

1）水井

舒家塘村落内有古井六七口，最常用的有三口。A位于村内西面村口处，B位于村内道路交叉口荷塘东侧，C位于堡寨北侧梯田处。三处井区均用石块或水泥混凝土修筑的矮墙围合，周边都有大树进行一定的遮挡。B处的井最为有名，为水质上乘的"活堂井"，井旁立有一块青岩石碑，详细记载着泉水来源、水质状况、捐款人名及掘井年代，表明井重修于清朝咸丰九年。古井由多个大小不等的方形水池排开，第一口水池供饮用，第二口供淘米洗菜，第三、四口供洗衣和清洗脏物，其余两口水井设置类似，呈"一"字形排开。这种水井设计科学，功能齐全，每口之间的距离及周围的占地满足多人共同使用，并能够有

图5-33
舒家塘村古井分布
（资料来源：笔者自绘）

图5-34
舒家塘村古井C
（资料来源：笔者自摄）

图5-35
舒家塘村饮水池
（资料来源：笔者自摄）

图5-36
舒家塘村洗涤池
（资料来源：笔者自摄）

效防止不同功能池的相互污染。这种形式的井在湘西一些农村沿袭使用至今，更体现了在贵州多民族地区中，各民族文化的交融。

2）水圳

村里水圳分作明水圳和暗水圳两部分，大部分地段圳宽1m左右，深0.8～1m。这样的尺寸设计是村民经过多年使用经验而得出的，水圳宽了水就浅而慢，无法达到冲洗和输水的目的，窄了洗东西则不方便。通过水圳，将村落里的水井与水塘串联起来，形成舒家塘村完整的水系系统。

3）水塘

虽然舒家塘村堡寨其东、西、南三面皆有山溪环绕，但由于地处少雨区域，早年为了解决干旱时用水，在堡寨外沿寨墙挖掘水塘。据当地寨民讲，原有水塘48口之多，平时水

图5-37
舒家塘村水圳
（资料来源：笔者自摄）

图5-38
舒家塘村不同池塘之间
的溢流口及暗渠
（资料来源：笔者自摄）

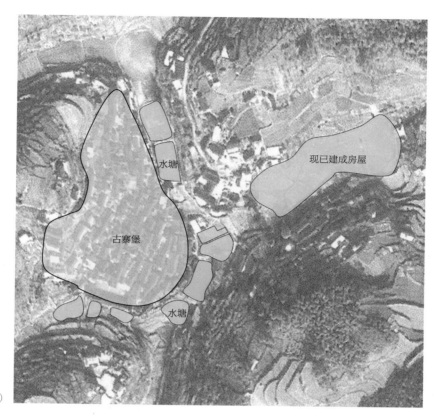

图5-39
舒家塘村水塘分布
（资料来源：笔者自绘）

塘蓄水养鱼鳖，种藕载荷，形成美丽的风景线。但由于年代久远，目前村内仅剩几口水塘，大多数池塘改为良田。从留下的池塘可以看出，池塘深约3m，大体呈长方形，池壁用青石块垂直垒砌而成。

　　村内的水塘不仅起到蓄水养鱼的作用，整村在历史上还形成了天然的氧化塘处理系统。氧化塘是利用天然水中存在的微生物、藻类等对废水进行好氧、厌氧生物处理的天然或人工池塘，通过天然的生化自净作用完成对废水的生物处理。舒家塘村内用于洗涮生活用具的井水池塘是生活污水处理的集中源头区域，与这一池塘相连接的多个池塘大面积种植藻类、荷花等水生植物，且各个池塘之间运用网格、管道或暗渠相连，整体起到了对污水净化的作用。虽然近年来对池塘进行重新修缮，但仍维持了原本的形态及功能，目前这一系统仍在正常使用当中。

　　（2）湘鄂粤多民族山地亚区水系营建案例——古排村

　　虽然山地丘陵地区地下水和地表水资源均十分丰富，但水源地往往并不位于村落近处，许多传统村落仍远离水源，需要架设相应的取水设施才能进行生活、生产取水。有的村落为了更好地利用水资源，通过利用地方性材料，设计建造了巧妙的取水设施，使水流沿精心设计的管道盘旋屈曲而过，以便于村民取水、用水、灌溉等。

图5-40
舒家塘村污水生物处理池塘
（资料来源：笔者自摄）

图例
◻ 文物保护单位保护范围
◻ 建设控制地带（紫线范围）
◻ 环境协调区

图5-41
广东省连南瑶族自治县三排镇
南岗古排村总平面图
（资料来源：郑力鹏，郭祥. 南
岗古排——瑶族村落与建筑[J].
华中建筑，2009，（12）：134）

　　广东省连南瑶族自治县三排镇南岗古排村，是我国现存规模最大、保存最好的瑶族
村落，被誉为"中国瑶族第一寨"。连南瑶族聚族而居，依山建房，因其房屋排排相叠，其
山寨常被称之为"瑶排"。村内多石少土，水资源较贫乏，瑶民利用竹水笕、集水池和石沟
渠等整合成了一套完整的给水、排水系统。[1]

1　廉孟. 论广东南岗瑶寨建筑成因[J]. 美术大观，2015，（4）：71.

图5-42
广东省连南瑶族自治县三排镇南岗古排村全景
（资料来源：http://www.qybwg.com.cn/wfbhdetail.asp?id=536&sortid=99）

在过去供水不便的情况下，古排村就实现了入户"自来水"。南岗古排村的水源来自村后的高地，雨水经由人工开挖的沟渠汇集到蓄水池，再由水笕送到各家各户。古排村内还分散布置集水池，作为储水设施供各家各户取用。水笕用竹木制成，利用古排村约30°的平均坡度向下送水，并按照实际地形高低，或凌空架设或埋入地下。集水池多为石板砌成，容积从一立方米至数立方米不等。通过竹水笕和集水池收集雨水，再由水笕输水，从而形成完整的给水系统。古排村的排水系统层次分明，由石砌的主次沟渠、村前的水塘等组成。主沟渠在主干道旁，次沟渠多在各排房屋之后，沿之路布置。主沟渠垂直于等高线，利用水的重力自流排入水塘。[1]

（3）闽粤赣山地丘陵亚区水系营建案例——埭尾村

位于盆地或谷底等地势较平缓地区，具有平原特色、村落高差较小的山地丘陵传统村落，其水系营造形态则有所不同。如福建省漳州市东园镇埭尾村，水对其村落的形态结构起着重要的作用。

埭尾村的理水很是讲究，全村自成水系，其水源由地表水和自来水组成。地表水包括绕村而过的内河与通往外界的南溪支流，主要提供村民灌溉、洗涤的用水，也兼顾排污和运输。内河淡水几百年来为村民提供饮用和洗涤用水，用于村落的蓄水、养鱼、灌溉、防洪、防火及排水等。清澈的内河满足了人们的生活需求，也丰富着村落的景观。然而在旱季，内河淡水却远远不能满足埭尾村的所有用水，为了引流灌溉农田，埭尾村人利用其近海的特殊地理位置，将村落西侧通往外界的南溪支流的海水与环绕村落内河的淡水相连合作为供应。早在20世纪二三十年代，埭尾人就建起了自己独立的水闸，用以控制海水与淡水的比例。

1　郑力鹏，郭祥. 南岗古排——瑶族村落与建筑[J]. 华中建筑，2009，（12）：132-137.

图5-43
广东省连南瑶族自治
县三排镇南岗古排村
村落排水系统
（资料来源：郑力鹏，
郭祥．南岗古排——
瑶族村落与建筑[J].
华中建筑，2009，
（12）：136）

图5-44
广东省连南瑶族自治
县三排镇南岗古排村
集水池和水笕
（资料来源：郑力鹏，
郭祥．南岗古排——
瑶族村落与建筑[J].
华中建筑，2009，
（12）：137）

图5-45
广东省连南瑶族自治县三排镇南岗古排村水笕
（资料来源：http://www.nlc.gov.cn/newgtkj/mcmz/201204/t20120409_60980.htm）

　　沿海地区雨水较多，夏季常有台风带来的短时间强烈降雨，这时聚落的排水尤其重要。埭尾村的排水系统主要由暗沟、沟渠和绕村的河道组成。暗沟是连接住宅与住宅两侧沟渠的通路，民居屋面的雨水和生活污水汇聚于天井内，然后汇集的雨水顺暗沟流入排水沟渠，形成"四水归堂"，寓意财源滚滚而来。两进建筑屋面的雨水经檐口和屋角水沟自由滴入天井里，天井大都随着地势西高东低、中高周低，其四周有浅浅的明沟将雨水汇集后引入一侧的排水口，由一条暗道排至厝外的沟渠中。而一进民居则直接由厨房里的下水管道排入靠近该房间一侧的沟渠中。雨水沿着水渠顺流而下，汇聚于头前河，从而有效且及时地排去村中的积水。

　　埭尾村的排水沟渠穿街过巷，贯穿全村，直通各户。它的布置结合了埭尾村棋盘式的总体布局特点来进行统一规划。埭尾村每户的房屋四周至少有一面平行于建筑设有排水沟渠，各家各户的雨水和生活污水便从自家水槽排入巷内的沟渠。沟渠有窄有宽，约0.15 ~ 0.5m，有合理的坡度设计，形成的网格状水沟十分有利于排水。沟渠亦垂直于河道，并直接排入河道。埭尾村的地势虽整体平坦，但借助于其中微弱的高差便将整个村子前低后高地布置在台地上，从而利用水的自流，不费力地将污水从沟渠排入村前的河道中自行稀释分解。因而虽建筑布局密集，但聚落内的生活用水都能得到合理排放。

福建省漳州市东园镇埭尾村排水系统
（资料来源：易笑. 闽南古村埭尾聚落研究[D]. 泉州：华侨大学，2014）

2. 灌溉水利工程

对于梯田，人们不会陌生，它是在坡地上沿等高线分段建造的阶梯式农田，沿山区、丘陵区坡地层层向上分布。梯田是人类为防止水土流失，人为改变地表的坡形，将长而陡的坡地改造成连续分布的小平台，加上田坎地埂，把山坡改造成阶梯式平地，以增强坡耕地保持水土的能力。所以梯田是为了种植庄稼而切入山坡的地形，是非常普遍的一种大地上的风景，是农民长期的劳动成果，也是人类改造地表形态最令人惊叹的方式之一。

梯田的修筑主要是通过对地形的微小改变，使田面变得平整，一般是根据山势地形而变化，因地制宜，并与灌排系统、交通道路进行统一规划。一般说来，坡缓地大则开垦大田，坡陡地小则开垦小田，甚至沟边、坎下石隙也能得到利用。因而有的梯田很小，有的则很大，往往一坡就有成千上万亩，这一景观构成了举世瞩目的梯田奇观。

我国梯田分布较广，其之所以壮丽和独特，首先是大自然的区域气候和水文条件所造成的，梯田分布区大多依山而建，且雨水较多。其次，梯田分布区由于地理结构和海拔差异较大，开发模式不同。如东部丘陵区海拔较低，人为因素干扰较大，梯田开发利用模式较多；而云贵高原地区的梯田海拔高差大、人为干扰小，梯田开发模式相对单一，生产方式比较传统。梯田按田面坡度不同可分为水平梯田、坡式梯田、复式梯田等。[1]

（1）水平梯田灌溉案例——鲍屯村

贵州省安顺市大西桥镇鲍屯村位于贵阳至黄果树高速公路沿线，始建于明洪武二年（1369年），是贵州早期建设的军屯之一。鲍屯所在的安顺地区岩溶地貌发育，但地势比较平坦，海拔在1200～1400m之间，年降雨量约为1300mm。河谷平地散布于崇山峻岭中，其间有溪流穿过，适宜人类定居，又称"坝子"。鲍屯就是这样的"坝子"。鲍屯水利工程体系位于长江上游乌江水系的三级支流型江河（鲍屯人称大坝河）上。型江河发源于安顺市西秀区七眼桥镇洞口岩上，由西南向东北流经郑家屯、七眼桥、鲍屯等地，由六保进入平坝县后称羊昌河，流经路塘、羊昌等地，至新院入红枫湖，出红枫湖后称猫跳河，至修文、清镇、黔西三县交界处与鸭池河汇合，同入乌江。型江河从鲍屯村西南流入，绕小青山东流，经坝子东南流出，河底不断有泉水补给，水资源条件较好。2008年和2010年，西南地区大旱，农村饮水发生困难，但鲍屯村依然能够自流灌溉。[2]

鲍屯村落的选址充分体现了其始祖鲍福宝的生态文化观，他在选择村落地址时，为了达到人与自然、人与居住环境的和谐，对自然生态环境进行了审慎周密的考察，定址于自然生态环境优越的"杨柳湾"。鲍屯的地势西北高东南低，面向平坝，土地肥沃，水源充足，适宜农耕。村南正面有两座形似雄狮和大象的山峰，两山之间是奔腾的河水，呈山环水绕之势。村落西侧有文峰山、玉案山，村西北侧有仙人山与村落构成"神仙撒网"的关系。村东有三处珍珠泉，终年向外喷涌着形似珍珠的泉水。村北为鲍氏墓园，依山面水，鲍屯人视之为风水宝地。

鲍屯的村落建筑设计有着强烈的军事防御性。村口矗立着两颗古柏树，鲍屯人称之为"风水柏"，之后是屯门，然后沿中轴线由南向北依次为瓮城、汪公殿、大佛殿、关圣殿、练武场、鲍氏宗祠等建筑。中轴线的两侧，由数百座石头房屋通过八条弯弯曲曲的小巷连接起来，组成一个攻守兼备的"八卦阵"——青羊阵、白虎阵、雄狮阵、长蛇阵、火牛阵、金鱼阵、鹿角阵和玄武阵。鲍屯村落建筑在军事防御风格设计的基础上也体现了适应自然、与自然一体的生态文化观。贵州安顺属于典型的岩溶地貌，岩山遍布。山上土层薄、林木稀，起层的薄灰岩易于开采剥取，以此为墙盖远比木材与泥土牢固且经久耐用。屯堡的房屋建筑材料都就地取材，石墙石壁石瓦，似鱼鳞状规则的菱形石板瓦是屯堡建筑民居的一大特色。石板房外部抗热性强，内部散热性弱，极好地适应了当地的地理条件和气候环境，是建筑设计与自然生态相适应的居住方式[3]。

1　范寒梅. 梯田中的水利工程[J]. 金田，2013，（6）：313.
2　谭徐明，王英华，朱云枫.贵州鲍屯古代乡村水利工程研究[J]. 工程研究——跨学科视野中的工程，2011，（3）：189-295.
3　彭瑛. 安顺鲍屯人的生态文化观[J]. 安顺学院学报，2010，（1）：5-8.

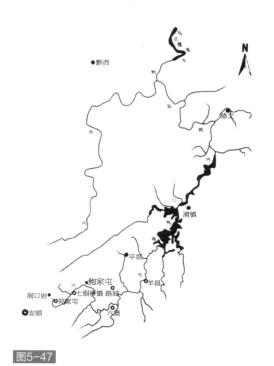

图5-47
型江河水系
（资料来源：谭徐明. 贵州安顺鲍屯乡村水利工程农业景观保护的范例[J]. 中国文化遗产，2011，（6）：51）

1）鲍屯水利工程的文化传统

鲍屯人经常提到的一件事就是祖辈有着兴修水利的传统。《后汉书》记载，鲍昱做汝南太守时，"郡多陂池，岁岁决坏，年费常三千余万。昱乃上作方梁石洫，水常饶足，溉田倍多，人以殷富"。而明嘉靖三十年程尚宽撰《新安名族志》中称：东晋咸和二年（327年），鲍弘任新安太守，创兴水利，以资灌溉。他创建的鲍南埧是徽州建造最早、使用时间最长，规模最大的水利工程，1600多年来给当地人民创造了无穷的财富。而鲍家屯的始祖鲍福宝当年为鲍屯村带来了祖籍皖南建设水利的经验，数百年来村民又不断进行水利工程建设，形成了完整的水利工程设施。整个工程系统布局合理、功能完备、设施简洁，除灌溉外还具有供水、排泄、水力利用等功能，使鲍屯具有便利的农业、生活用水和粮食加工等条件。鲍屯村落格局很明显是受皖南古村落"水口园林"的影响，是"水口园林"在黔中的移植。这种"水口园林"盛行于皖南，而皖南的村落往往就是和水利建设结合进行的。鲍屯的水口园林胜于皖南之处就在于，其拥有更多的田园风光和自然景色，宛如一幅浑然天成的水墨画。

2）鲍屯水利工程的规模和主要设施

鲍屯古代乡村水利工程是一个完整的工程体系。以型江河为水源，以移马坝为渠首枢纽，采用引水、蓄水、分水结合的方式，通过"鱼嘴分水"将上游河道一分为二，形成老河和新河两个输水干渠、三个水仓、一个门口塘，再经过二级坝，将水量分配到下级渠道，实现了全村不同高程间耕地的自流灌溉。输水干渠能灌溉又能泄洪，环绕鲍屯村的通风向阳、肥沃的田野，最后河水在"螺丝湾"回龙坝汇合，顺着原有的河床，向东南方向流去。此外，还充分利用河水落差和地形条件兴建多处水碾，为村民提供生活用水和粮食加工的便利，是具有综合效益的水利工程体系。

鲍屯乡村水利体系以最少的工程设施满足了灌溉、生活用水和防洪的需要，其工作原理可以用村民的一句话来概括："一道坝，一沟水，一坝田"，即以坝壅水，在河道上形成水仓；沿等高线开渠引水，一条渠道可以灌溉在同一等高线范围内的稻田。坝是节制水量的关键工程，低水位时壅水，达到一定高程后开始泄水。设在坝上不同部位的龙口可在不同水位时过水，是春季灌溉用水高峰之际调节上下游用水的主要设施。

图5-48
鲍屯村水利工程全景
（资料来源：http://programme.rthk.org.hk/rthk/tv/index.php?c=tv&m=timetabled）

图5-49
鲍屯村沙盘鸟瞰
（资料来源：笔者自摄）

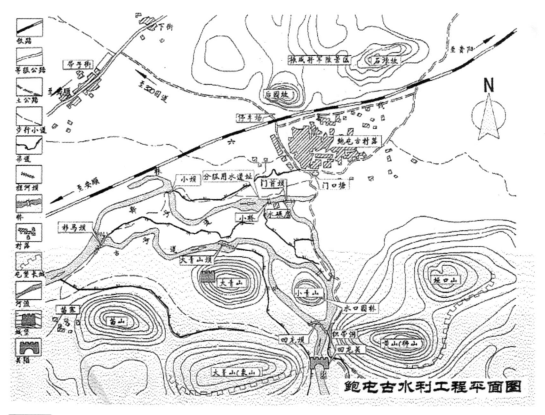

图5-50
鲍家屯水利工程平面布置
（资料来源：吴庆洲. 贵州小都江堰——安顺鲍屯水利[J]. 南方建筑，2010，（4）：78-82）

渠首枢纽——驿马坝。驿马坝是由顺坝（与大坝河方向同向）和横坝（横截大坝河方向）构成的"L"形拦河坝，构成了区间蓄水池水仓，深1～2m，水域不大，在水稻栽种用水之际，由其调节水量。顺坝是主坝，长128m，高1.4m，堰顶宽1m，堰顶高1310.4m，坝下为老河，即型江河故道。横坝长30m，高1m，宽0.7m，坝下为新河。顺坝和横坝上均设有不同高程的分水涵洞或分水口，使不同高程的农田都能获得灌溉水源。汛期大坝河主流由顺坝分流，经老河下泄，少部分洪水入新河。

新河及其分水工程。新河是向鲍屯地势最高的耕地供水的干渠，小坝和门前坝是其二级分水坝，向斗渠分水。小坝位于新河中间位置，长17m，高1.5m，堰顶宽1.1m，堰顶高1309.5m。门前坝位于鲍屯南端，长81m，高2m，堰顶宽1.4m，坝顶高1308.5m。坝上设分水龙口，低水时向下游分水。还有暗堰（涵洞），可在水位最低时向农渠分水。门前坝上有水碾房，下有水轮，至今仍可运转。

图5-51
鲍屯村水利工程顺坝
（资料来源：笔者自摄）

图5-52
鲍屯村水利工程横坝
（资料来源：笔者自摄）

图5-53
鲍屯村水利工程小坝
（资料来源：笔者自摄）

图5-54
鲍屯村水利工程门前坝
（资料来源：笔者自摄）

老河及其分水工程。老河有大小青山堰两道，坝后引水渠分出一支，灌溉鲍屯地势最低区域的农田。大青山堰长60m，高1.6m，堰顶宽1.3m，堰顶高约1306.53m。小青山堰在大青山堰下游250m处，长19m，高1.6m，堰顶高约1306.4m。

水量控制调节的关键工程——回龙坝。新、老河在回龙坝汇合。回龙坝长77m，堰顶宽1.6m，顶高1306.2m，形成水利系统最后一个水仓。枯水期，回龙坝可蓄积来水，维持水仓和新老河道的水位，满足灌溉和生活用水需求；汛期洪水经由长达77m的溢流面，可在较短的时间内将上游洪水及时下泄，保障了村落的防洪安全。

干支渠系及排水沟。鲍屯渠系配套工程有引水渠系和排水沟。新河和老河是两条骨干渠道，新河长1613m，老河长1009m。两河平均引水量为2.1m³/s，灌溉面积3250亩。两河共分出7条支渠，分布在不同的高程，总长约5080m。经改造，部分支渠合并。20世纪80年代后，新老河岁修制度逐渐中断，目前最大的问题是河道淤积。其中，新河淤积1～3m，老河淤积0.3～3m，渠道过流能力降低。

图5-55
鲍屯村水利工程回龙坝
（资料来源：笔者自摄）

图5-56
鲍屯村水利工程水坝高龙口
（资料来源：笔者自摄）

　　排水沟分为干沟、支沟和毛沟三级。干沟平行于等高线布置，分两级，地势较高的主要用于排泄坡面洪水；干沟之间有纵向的支沟连接；毛沟兼有灌排双重功能。干沟呈窄深的断面形态，利于渍水排出。排水沟汇集的雨水或灌溉弃水最后回归新河，再排至老河中。[1]

　　3）鲍屯水利工程的特点

　　第一，结构简单实用。鲍屯的"坝"其实就是1～2m或2～3m高、几米至几百米长短不等的砌石堤。当水大时坝顶可以溢洪，有的溢流面纵剖面为优美光滑的曲线构造，当水小时水可走龙口和渠道，坝顶可以走路。所谓龙口，就是砌石坝上朝天开着的两三个石槽。坝的一侧连接着水渠，水渠进口段为石槽，构造与龙口一模一样。龙口分高龙口和低龙口，用石块、水草堵住其中某些龙口，就可以很方便地控制水流去向及分水流量。坝体底部一般都留有排沙孔，高30～40cm，宽不足1m，平时用石块堵住，农闲时打开底孔，利用水力冲沙，可以省去清淤淘河的辛苦。

　　第二，刻意延长坝轴线。主要的坝都建在河道比较宽的地方，如果河道不够宽阔，就把大坝修得弯弯曲曲（驿马坝长坝、门前坝、回龙坝），或是在河道中斜着布置坝轴线（驿马坝长坝）。在今天的水利工程师们看来，这样的布置似乎很不合理，其实考虑到鲍屯的坝都是低矮的溢流坝，容易漫水溢流，就不难发现古人是在有意识地延长溢流坝长度，减小坝顶宽流量，降低洪水冲垮大坝的可能性。

　　第三，尽量利用基岩，使用当地材料。为了提高抗冲能力，大青山坝、小青山坝、回龙坝都建在基岩上，其中大青山坝基岩出露，犹如数条鳄鱼横亘河中，坚不可摧，可以部分替代了人工筑坝，小青山坝则利用天然岩石做分水鱼嘴，诚可谓巧借天然助人工。坝体使用坚硬的石头，楔形砌筑，胶结材料用黄泥巴加石灰。这些都是当地容易得到的材料，

1　谭徐明，王英华，朱云枫. 贵州鲍屯古代乡村水利工程研究[J]，工程研究——跨学科视野中的工程，2011，（3）：189-295.

图5-57
鲍屯村修复后的水碾房
（资料来源：笔者自摄）

有利于岁修维护，鲍屯甚至规定了取土的料场。坝体不要求滴水不漏，以现代的眼光看，这样更符合生态保护的要求。[1]

4）鲍屯水利工程的综合利用

鲍屯灌区自流灌溉面积153.3hm²，下游邻村灌区有66.7hm²，上游邻村灌区还有133.3hm²。灌区内设有引水渠，又有排水河，灌、排两不误，一年种两季，除水稻外，还种小麦、油菜、蚕豆等。一条引水渠把"水仓"的水引到了村前，人们的生活用水包括饮水因此格外方便。池塘旁边的"洗衣处""洗菜处"两截石碑以及"牛饮水处"等约定，见证了鲍屯人对水的依赖，也见证了他们对水的合理利用、管理与保护。村民还可以在河塘里养鸭、养鱼、养鹅，用水碾加工生产的米糠和水草养猪，也成为鲍屯经济的重要补充。

开河引水到村前，是创建鲍屯村落时规划上的需要，也是营造园林风景的一种手段。鲍屯的一个特点是它的村落布局形成了一个"水口园林"，很明显是受到皖南古村落水口园林的影响。水口园林的组成元素除自然山水外，还有路、桥、亭、古树、碑碣、牌坊，甚至还有戏台、水街、社屋、祠堂等。600多年来，这里的水利设施和大自然已经完全协调，营造了优美的水环境。

1　吴庆洲. 贵州小都江堰——安顺鲍屯水利[J]. 南方建筑，2010，（4）：78-82.

除了日常的灌溉和用水外，鲍屯人利用大坝落差建造了10座水碾，不仅自己的稻米可以用水碾，而且还承揽别处的碾米生意。鲍屯大坝都不高，坝前形成大大小小的水塘，这些水塘是天然的游泳场，至今仍是孩子们的乐园。[1]

5）鲍屯水利工程的价值

鲍屯水利系统的工程布局、建筑形式都体现出鲍屯人公平利用水资源的意识，及其与河流和谐共处的自然观；坝型、建筑材料则显示出本土化的技术特点，以及本地人特有的建筑审美情趣。

第一，工程规划合理，以最少的工程设施获得多方面的效益。在鲍屯村乡村水利工程体系中，坝是关键工程，因地制宜地布置成顺坝和横坝，再利用自然地形形成具有蓄水功能的水仓。它主要通过坝线走向、坝的高度的不同安排对水资源总量进行控制；又通过坝上不同高程的龙口，进行水量的再次分配，从而使得水稻栽插季节各用水户都可以同时获得灌溉用水。位于坝底的龙口则有排沙孔的功能。整个工程体系简洁且功能完备，具有灌溉、生活供排水和水能利用等综合效益，且没有一处闸门，不须常设管理人员，以极低的运行和维护成本持续运行了400年。鲍屯水利系统不仅具有工程效益，且与周围环境融为一体，营造了人水和谐的乡村环境。

第二，曲线型溢流堰坝顶形态，产生了具有较大的泄洪能力和较好的景观效果。鲍屯村水利系统的坝有的长达上百米，短者亦至数十米，高1～3m。其中，驿马坝和回龙坝最为典型。它们以低坝和优美的曲线型坝轴线，延长了溢流堰过流长度，有效地减少了堰顶单宽流量，获得最大的瞬间溢洪效益，同时降低了洪水发生时的垮坝风险。鲍屯各堰均建在基岩上，这赋予坝体稳定的基础。堰体采用本地石灰岩加工成的条石干砌，坝体表面以黄泥混合石灰勾缝。

第三，完善的渠道系统，使输水条件达到最优，并极大地降低了工程维护成本。渠系规划是鲍屯水利系统的又一特点。新河和老河是干渠。新河是人工河，以输水为主，据安顺市水利局勘测设计院的测量，平均纵比降为1.8%。这一比降，能够使其获得最大供水范围。新河最后一次清淤距今已30年，虽淤积严重，但仍能工作。老河是天然河道，平均纵比降为3.2%，以行洪为主，兼有灌溉输水功能，较大的比降能够满足行洪的需要。老河河床是基岩，不存在淘刷问题，淤积主要发生在弯道和水仓回水段，河道基本冲淤平衡。鲍屯水利系统的维护工作主要是渠道和水仓的疏浚。从近30年的运行情况看，其工程设计非常科学，在正常维护条件下，疏浚工程量很少。

最后，水利系统是否具有可持续性与区域政治、民俗和乡村管理机制关联密切。鲍屯古代水利工程的历史至少有400年，支持这一工程持续运行的是良好的村民自治管理制度，以及用水户对乡规民约的普遍支持和遵守。鲍屯不仅有关于水管理的石碑，在《鲍氏家谱》

---

1   吴庆洲. 贵州小都江堰——安顺鲍屯水利[J]. 南方建筑，2010，（4）：78-82.

中还可见到关于本村公田租谷用于祭祀和诸项公共事务的收支内容。水利工程的维护工作主要由用水户承担。对水利工程的管理也是依据田、沟、坝的关系进行。每年冬天枯水季节，在村落族长的主持下，各用水户都要出工打坝。

鲍屯水利工程的维护需要集体行为，与屯堡文化相互作用。当屯堡的军事性质逐渐消退后，水利工程的维护成为村民重要的集体活动和公共事务。因此，鲍屯水利工程的维护管理既有乡规民约的保障，也有自觉的集体意识。今天有些习俗仍然得以保留，如水稻栽秧用水紧张之际，依据先远后近、先高田后低田的顺序放水。水利工程的维护对鲍屯的民俗也有深刻影响，如在鲍屯依然保留的祖先祭祀、团体拳、地戏等活动中，都表现出较强的集体意识。由水事活动而衍生的这一文化现象构成鲍屯水利遗产的生动内涵。[1]

鲍屯古代水利工程科学与文化价值分析　　　　　　　　　　表5-2

分类	类型	技术特点	遗产价值
工程建筑	坝（堤）	根据坝与河流方向的关系，分为顺坝和横坝，是汛期行洪的骨干工程。坝形成水仓，控制水量	通过科学规划和设计，坝具有壅水、泄洪节制功能。独特的坝型和建筑材料的本土化，体现了屯堡人河流利用的自然观和审美意识
	龙口	设于坝的不同高程，可在枯水期向灌区各渠道分配水量	通过龙口的尺寸、位置实现灌溉水源的公平分配，体现出古代水资源分配和管理的智慧
	渠道及引水口	分为干渠、支渠两套独立又互为关联的系统。均通过龙口控制支渠引水量具有灌溉和排水的功能	由于科学的规划，渠道配套设施较少，为管理和维护带来极大的便利。渠道与天然河道融为一体，改善了区域自然条件
	水碾及水碾房	由水利工程和机械工程构成了利用水流落差工作的水碾，至今仍然正常运行	体现了古代水利工程与机械工程结合的技术成就，鲍屯水碾是古代水能利用技术传播与普及的生动实例
	水仓和门前塘	由地形和坝共同形成的蓄水池，在灌溉系统中具有水量调蓄的功能，改善了区域灌溉和生活供水条件	具有天然河流形态的渠道与蓄水池，营造了独特的乡村自然景观，不仅为鲍屯提供了生活与农业用水，还提供了有较高生态价值的水域，代表了中国古代乡村水利规划与乡土水利建筑的卓越成就
水利工程管理	碑刻	已经发现的明正德和清咸丰时期的两块碑，分别记载了当时鲍屯的水管理形态和乡规民约	是实证鲍屯水利系统延续数百年的重要文物
	鲍氏家谱	记载了鲍屯水利工程管理的经费来源和组织形式	是屯堡族群的人文形态的重要文献资料
自然与人文环境	农田	水利遗产完整体系的重要构成	古代水工程生态和景观价值的重要体现
	大小青山	鲍屯水利工程的重要自然地理坐标	水利工程的自然背景，构成文化遗产整体
	鲍屯村	鲍屯水利工程的重要人文地理环境坐标	水利工程的人文环境，构成文化遗产的整体

资料来源：谭徐明，王英华，朱云枫. 贵州鲍屯古代乡村水利工程研究[J]，工程研究——跨学科视野中的工程，2011（03）：189–295。

1　谭徐明，王英华，朱云枫. 贵州鲍屯古代乡村水利工程研究[J]，工程研究——跨学科视野中的工程，2011（03）：189–295.

（2）垂直梯田灌溉案例——哈尼族梯田

1）哈尼族梯田概况

另一处将取水、灌溉、防洪融为一体的壮观水利工程，则位于云南省开远市红河大羊街乡哀牢山，这里是哈尼族的聚居地。当地海拔800～1600m，气候凉爽、雨量充沛，自然生态环境优良。半山区常年云雾缭绕，生长四季常绿的亚热带阔叶林植被。哈尼族村寨背山引泉，寨前缓坡辟田，形成"森林—村寨—梯田—河流"天然布局。村民则沿着地势自然方向开辟台地，开沟引水，修建了壮丽的梯田景观。这些梯田分布广袤，跨红河、思茅、玉溪等地州市，涉及十多个县，规模近7万公顷，最高梯田至5000多台，气势雄伟，景观壮丽。

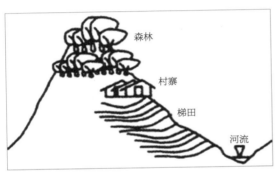

图5-58
梯田"四度同构"生态系统模式示意
（资料来源：http://www.mofangge.com/html/qDetail/
06/g3/201109/ehceg30692063.html）

图5-59
哈尼梯田
（资料来源：http://itbbs.pconline.com.cn/16
140440.html）

2）哈尼族梯田水文化

哈尼梯田文的水文化可主要概括为：水资源的高效利用、水资源保护理念、合理的梯田灌区规划和管理思想。

第一，水资源高效利用。哈尼族人聚居于哀牢山半山区，所依赖的水源主要以降雨经森林截留之后形成的地表径流及泉水出露为主。为了实现水资源的高效利用，哈尼族人利用山区来水所蕴含的机械能服务于人的生活，降低人的劳动强度。哈尼族聚居村落附近一般都有溪流流经，这些溪流虽然流量不大，但具有较大的流速，从而蕴藏有相当的水能资源。哈尼族人常在村落内设置水碾、水碓、水磨等设施将这些水能资源利用起来，从而极大地方便了自己的生活。

哈尼族人居于半山，而梯田海拔大多低于村落海拔，加之梯田级数较多，梯田施肥较为不易。哈尼族人则充分利用山区来水，发明了科学省力的"冲肥"方法。冲肥分两种，一是冲村寨肥塘，哈尼族各村寨都设有专门水塘，平时家禽、牲畜粪便及人类生活垃圾积集于此，插秧时节，利用山水，搅拌肥塘，农家肥水顺沟而下，流入梯田。如果某家需要单独冲畜肥入田，则通知别家关闭水口即可。二是冲山水肥。每年雨季来临期间，正是稻谷拔节抽穗之时，在高山森林中积蓄、堆沤了一年的枯枝、牛马粪便顺山水而下，流入山腰水沟，此时适逢梯田需要追肥，故村村寨寨、男女老少一起出动，把漫山而来的肥料疏导入田，此举古称"冲肥"和"赶沟"，并至今沿用。

　　哈尼族人自古就有利用梯田养鱼的传统。哈尼梯田仅耕作单季，水稻收割之后，梯田则不再种植其他作物，但此时梯田仍然尚有水的存在，哈尼族人则利用其梯田为养鱼之地，提高其水资源和土地资源的利用效率。

　　第二，水资源保护意识。梯田是哈尼族人的生命，水资源是梯田的命脉，森林则是水的源泉。哈尼族人非常注重保护水资源，最为突出的表现是对水源林的培育和保护。哈尼族人聚居村落通常位于上半山区，植被介于落叶常绿阔叶林与山地常绿阔叶苔藓林之间。海拔2000m以上地区分布的森林则成为哈尼族人的水源林，哈尼族古老的村规民约规定禁止砍伐水源林；而哈尼族村寨之后的寨神林则更为神圣，几乎每一个哈尼村寨都设有自己的寨神林。寨神林是森林的缩影，哈尼族人年年祭祀寨神林，且寨神林平时是不能随便出入，以防止人为的破坏。根植于哈尼族人心中的对森林的保护意识和保护手段，使得哈尼聚居区具有较高的森林覆盖率，这些森林涵养的水资源形成了库容巨大的绿色水库，从而成就了哈尼梯田。经过上千年的经验积累，哈尼族人对树种的水源涵养特性有相当程度的掌握。

　　第三，科学合理的灌区规划与管理。哈尼梯田位于山区，具有完整的灌溉体系。为了维持哈尼梯田的灌溉系统正常运转，村寨设有专门的管水人员，进行灌溉管理，由村寨支付其钱粮作为报酬。尤其是枯水季节，其沟渠来水量减少时，哈尼族人设立类似于现代农田水利的轮灌制度，以避免争水、抢水的水事纠纷。沟渠是梯田灌溉系统处于重要地位。哈尼族人自古就有岁修沟渠制度，平常沟渠破损，谁见谁修，但每年冬季，村村出动，疏沟通渠，铲除杂草，修葺如新，正是这种渠系维护制度，保证了千年哈尼梯田灌区完好如初[1]。

　　3）哈尼族梯田修建方式

　　建寨选址，开垦梯田。梯田的开垦需从建村立寨说起。哈尼族建村立寨时，首先必须考虑森林、水源以及平缓的山梁或山坡等垦殖梯田不可少的自然条件。开田之地以村寨下方和村落等高线两侧的向阳山梁或缓坡，有自然防洪沟、能引高山之水灌溉、离村寨不远的片区最为适宜。村寨选址于梯田选址有着直接的关系。哈尼梯田灌溉用水的特点是需水量大且持续。梯田的直接水源来自寨子上方的森林，哈尼人把寨子建在半山腰，森林在村寨的上方，下方是梯田。这种布局，是哈尼梯田灌溉系统得以运作的关键。茂密的森林，构成了巨大的天然绿色水库，自上而下的溪流四季不断地从林间涌出。哈尼人就势开挖沟渠，引水流经村寨，供给全部村民人畜用水。由于梯田是从寨脚呈扇形向下开挖，村寨民

1　王龙，王琳，杨保华，等. 哈尼梯田水文化及其保护初步研究[J]. 中国农村水利水电，2007，（8）：42-44.

居点集中，从村寨和森林流出的溪水、泉水，带着林间腐殖质和村寨的人畜粪便等，持续不断地流向大田，不仅为水稻生长提供了必不可少的水源，而且带来了优质的肥料。这也是哈尼族"水就是肥"这一观念背后利用灌溉系统施肥的关键。[1]哈尼人先是沿着地势自然方向，砍树烧地、开辟台地，然后趁着肥力种上旱地作物，将生地变成熟地。

开沟引水，改地为田。水沟是梯田的主要配套工程。哈尼族在台地种植旱地作物期间便逐步开挖沟渠，水沟挖通后才改地为田。哈尼族先民在长期的实践中开创了一种特殊的开凿沟渠的方法——流水开沟法，即开沟时以目测沟线，施工中边开沟边放水，把挡住水流的泥土和石块挖除，使水顺流，边挖边引水，直到挖到目的地。挖沟过程中，若是遇到深涧老箐，就用竹子、棕榈树等长直的木材凿成水槽，凌空架起涧槽引水。

挖渠过程中，根据灌溉面积，每挖好一段沟渠便留一个水口作为这个片区的分水口，又以此为源头挖出一条小沟渠。同理，这条小沟渠又分成若干更小的沟渠。就这样，历代先民通过几十代人的不懈努力，终于挖成了无数纵横交错的梯田灌溉沟渠。沟渠根据大小、长度和用途又分为防洪沟、大沟和小沟。防洪沟是根据地形在峡谷处经雨水冲刷形成沟渠后，被先民们稍加疏理利用的沟渠。平时，大山里的水和雨季的水汇集到防洪沟后被引到大大小小的沟渠里，进而流入梯田；雨季时，梯田里溢满的水和雨水又通过防洪沟流入河流，舒缓沟渠和梯田的压力。大沟是那些跨越很多山梁、流经很多村寨、灌溉面积较大的主干沟渠。大沟把水从防洪沟或者河流里引流过来，然后逐级分配到流经区域的小沟里，小沟是直接把水引流到田里的沟渠。

分水方法。从古至今，哈尼族沟渠传统分水法主要有"欧头头"、"卫重"、"嘎斗"、"欧黑玛博"（均为哈尼语）等四种。梯田耕作中几种分水方法交叉使用，相互补充。

"欧头头"，也称"欧斗斗"，即木刻分水。哈尼族先民为了合理用水，避免水利纠纷，减少人力投入，根据一条沟渠引水量能灌溉梯田面积的多寡，经众田主商议，规定每份水田应得的水量，并将水量刻在一条横木上，按沟头、沟腰、沟尾流经顺序，将横木放置在水沟分水口，让沟水自行分流。大沟木刻分水至小沟，小沟木刻分水至田口，层层分流，代代沿用，人人遵守。

"卫重"，意为轮流引水或分段引水。每年2～5月农田用水紧张时，为使每户人家都能顺利耕种，根据灌溉面积的多寡，经协商将沟渠分为几段，由远到近轮流放水。

"嘎斗"，意为砍断水尾，即该界限以外的田或区域内新开的田不经同意不得用该沟渠之水灌溉。

"欧黑玛博"，意为没有进水沟。有些田离主沟渠比较远，没有沟渠不能直接引水到田口，只能通过其上方的田引渡水，经协商，上方田主将田水口打开将水引渡下方。

1　李奇玉. 地方性知识视角下的哈尼族梯田灌溉系统[C]，第二届中国科技哲学及交叉学科研究生论坛论文集，2008，（12）：240-245.

图5-60
哈尼梯田分水流量计
（资料来源：http://www.zjj.hh.gov.cn/info/1037/2965.htm）

　　哈尼族从梯田的开垦到沟渠的开凿与管理、无论是技术上，还是理念上都包含崇敬自然、顺应自然、持续利用资源的观念，并赋予梯田生命，形成人与自然合二为一的梯田灌溉管理系统，整个系统处于均衡、可持续发展的状态，既在利用自然求得生存的同时，保持水土、保护自然，反过来以良好的自然生态求得生存的可持续性。[1]

3．消防水塘

　　山地丘陵地区传统村落多数为少数民族村落，建筑形式以杆栏式建筑为主。木质的建筑极易发生火灾，所以该地区传统村落的水系常常也充当这消防用水的作用。如贵州省黔东南苗族侗族自治州黎平县堂安侗寨，靠山面水，依山而建，村内水系保存完好，至今还发挥着重要的作用。

　　堂安村最重要的一口瓢井位于鼓楼东南侧距离鼓楼约10m处，是堂安村标志性。瓢井是用来盛泉水的石槽，由青石打造，因造型酷似水瓢而得名。据说正是因为有这股泉水，才有了堂安，所以堂安人视它为母亲泉。泉水按流经的地方分为五个部分。瓢井中的水位

1　马岑晔. 哈尼族梯田灌溉管理系统探析[J]，红河学院学报，2009，（3）：2-4.

图5-61
贵州省黔东南苗族侗族自治州黎平县堂安村全貌
（资料来源：笔者自摄）

图5-62
贵州省黔东南苗族侗族自治州黎平县堂安村水系
（资料来源：笔者自摄）

第一部分，作为饮用水。流经的第二个圆形水池是洗涤塘，用来洗菜洗肉。第三个部分是一个长方形的水池，同作为洗涤塘用来洗衣服。第四个部分则是消防水塘（养殖塘），三口水塘里面养了许多鱼，每逢节日时还会举行捞鱼竞赛。这三口水塘同时也作为消防水源，

图5-63
贵州省黔东南苗族侗族自治州黎平县堂安村圆形水池
（洗涤塘）
（资料来源：笔者自摄）

图5-64
贵州省黔东南苗族侗族自治州黎平县堂安村瓢井（饮水泉）
（资料来源：笔者自摄）

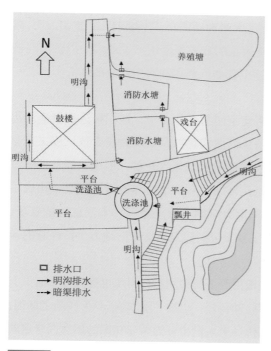

图5-65
贵州省黔东南苗族侗族自治州黎平县堂安村水系系统
（资料来源：笔者自绘）

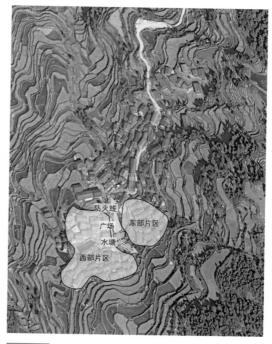

图5-66
贵州省黔东南苗族侗族自治州黎平县堂安村"防火线"
（资料来源：笔者自绘）

连成一道"防火线"，将村南部的房屋分隔成东西两片，可以在房屋起火时很好地阻止火势蔓延，极大地减少火灾损失。最后水会顺着沟渠流出寨子，灌溉农田。

4. 乡土水利利用设施中的生态智慧[1]

除了营建水系、灌溉农田、集水消防之外，许多靠近河流、湖泊的传统村落还营造了直接驾于水面之上的亲水设施，充分体现了乡土建筑的生态智慧，如云南省腾冲县和顺乡地区的洗衣亭设施就是典型的代表。

（1）和顺洗衣亭分布及其概览

和顺位于滇西边境之城腾冲以西，自古以来是西南丝绸之路上重要的商贸重镇。腾冲自元、明时期实施军屯戍边以来，逐步在原古越人聚居基础上形成了以汉族为主的聚居地，是云南少数以汉人为主的边城。中原汉族文化与本地多民族文化以及边境外来文化的相互影响与交流融合，形成了腾冲独特的地景格局，和顺古镇即是这一边城地景格局的缩影与翘楚。

和顺古镇是由来自巴蜀和江南屯守边防的汉族人后裔繁衍壮大而逐步延展形成的聚落，其中传统村落为云南省保山市腾冲县和顺镇水碓村、云南省保山市腾冲县和顺镇十字路村。和顺古镇至今有六百多年历史，现是云南最大的侨乡（侨居国外1万多人）。由明入清后，"屯田制"的废除使得和顺汉人得以摆脱"军田"的束缚。在人多地少的生存压力、边境交通条件逐步改善以及中缅自由贸易政策的影响下，大量和顺民众"下缅甸"、"走夷方"，离开家园外出谋生，和顺也因此逐渐由以农业经济为主的普通聚落逐渐发展成为以侨商经济为主的商贸重镇[2]。清末民初时期，和顺涌现出不少富商巨贾和红遍东南亚的商户（如"三成号"、"永茂和"、"福盛隆"等）。

致富后的和顺侨乡游子们不仅纷纷于家乡兴建家园与祠堂庙宇，还积极进行聚落周边环境的营造与基础设施建设。中原文化在此与侨乡商贾文化以及西南边境少数民族文化有着潜移默化的交相融合，也使得和顺在聚落风貌塑造中得以兼收并蓄，形成了兼具江南古韵与滇西边城风情的独特魅力并延续至今。特别是环绕和顺聚落边界的沿河景观带构成了和顺富有魅力的乡土聚落景观标志，而沿三合河上分布的一座座富有乡土气息的洗衣亭，则是这一标志性景观带上的"明珠"，充分体现了乡土公共建筑营造中对地方生活经验的理解以及对生态环境适应性的尊重。

目前，沿着发育于黑龙山流经龙潭、陷河湿地再西下的和顺三合河（也称和顺小河）上分布着9座风格各异洗衣亭。和顺洗衣亭，最初叫"河房"，也称"洗衣房"，为和顺之首创，主要于清末民初时期修建，多为外出经商致富的侨乡男人们出资为留守在家的妇女们修建的能遮风避雨的，号称"最独特、最朴素、最温暖"的爱心建筑[3]。由巴蜀及江南迁移而来的汉人在和顺多沿袭宗族礼制聚族而居，主要以姓氏命名街巷及划分社区，如尹家坡、寸家湾、李家巷、张家坡等，基本形成了各里巷内以血缘为纽带的聚族而居的空间格局。而和顺现有

---

1   本节选自笔者的研究成果：魏成，王璐，李骁，等. 传统聚落乡土公共建筑营造中的生态智慧——以云南省腾冲县和顺洗衣亭为例[J]. 中国园林，2016，6：5-10.

2   杨大禹. 走出来的和顺侨乡民居[c]//中国民族建筑论文集. 2003：51-61.

3   何林. "下"缅甸与和顺人的家庭理想[c]//中国边境民族的迁徙流动与文化动态会议论文. 2009：242-275.

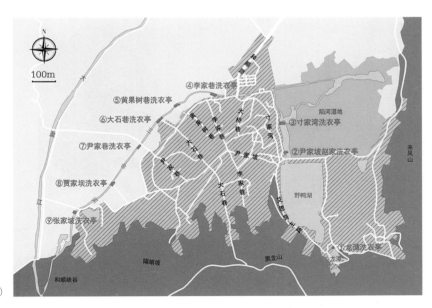

图5-67
和顺洗衣亭的分布
（资料来源：笔者自绘）

的洗衣亭大多对应并毗邻现有的里巷及闾门，洗衣亭由此实际上是各宗族社区对乡村生活空间领域的划分，承担着服务周边社区生活与村民公共交流的可识别性的场所功能[1]。

从清朝末期首个洗衣亭——大石巷洗衣亭的建设开始，出于对乡村生活空间领域的划分以及宗族声望的考量，自民国及新中国成立以来，和顺人在村民饮水之源和洗涤之处的龙潭及三合河上，通过村民自发组织筹资及投工投劳，用自发的社区能量在洗衣台的基础上或新建或重建了9座洗衣亭，基本覆盖了和顺古镇现有的村社社区，形成了环绕现有聚落边界的分布格局：龙潭、尹家坡赵家、寸家湾、李家巷、黄果树巷、大石巷、尹家巷、贾家坝以及张家坡洗衣亭。

洗衣亭主要有两部分构成：洗衣台和风雨亭。洗衣台是村民河边洗菜涤衣的重要场所，主要由火山条石搭接于水上。洗衣台形态主要以"田"字形条石组合为主，少数为适应河流宽度而呈"日"字形扩展。风雨亭是建设于洗衣台上的景观亭，起着遮风、挡雨及避晒的作用，是和顺乡土聚落重要的景观标志。风雨亭多为十平方米大小，建筑类型主要以穿斗式歇山顶为主，兼有抬梁式双坡硬山顶与卷棚顶。民国时期洗衣亭的支撑体系多为木柱，新中国成立以来重建及新建的洗衣亭常以石砖墙或水泥柱替代。

洗衣亭乡土建筑虽简易朴素、土生土长，却饱含着对村民生活经验的理解以及营造的生态智慧。时至今日，即使和顺古镇村民早已用上自来水，家家都有洗衣机，但洗衣亭依然是妇女洗衣洗菜、老人纳凉休憩、小孩玩耍嬉闹的常去场所，充分体现了其作为传统聚落乡土公共建筑的社区凝聚力与场所精神。

1　肖晶. 对和顺惊奇之源的理论诠释[D]. 昆明：昆明理工大学，2011.

图5-68
龙潭洗衣亭
（资料来源：笔者自摄）

图5-69
尹家坡洗衣亭
（资料来源：笔者自摄）

图5-70
寸家湾洗衣亭
（资料来源：笔者自摄）

和顺洗衣亭特征概览　　　　　　　　　　　　　　　　　表5-3

序号	洗衣亭名称	建设年代	风雨亭类型	洗衣台形式	依附村社
1	龙潭洗衣亭	1933年	六柱穿斗式歇山屋顶（木柱）	"田"字形条石组合	水碓
2	尹家坡赵家洗衣亭	1951年	十柱穿斗式歇山屋顶（木柱）	扩展"田"字形条石组合	尹家坡、赵家月台
3	寸家湾洗衣亭	1935年	八柱穿斗式四坡卷棚顶（木柱）	扩展"田"字形条石组合	寸家湾
4	李家巷洗衣亭	1933年	八柱抬梁式双坡瓦顶（石砖柱）	扩展"田"字形条石组合	李家巷
5	黄果树巷洗衣亭	2006年（新建）	八柱抬梁式歇山屋顶（水泥柱）	扩展"日"字形条石组合	十字路村九小组
6	大石巷洗衣亭	2010年（重建）	梁式双坡瓦顶（木柱、石墙）	扩展"田"字形条石组合	大石巷
7	尹家巷洗衣亭	1962年	六柱穿斗式歇山屋顶（石砖柱）	扩展"田"字形条石组合	尹家巷
8	贾家坝洗衣亭	2008年（新建）	四柱抬梁式歇山屋顶（水泥柱）	扩展"田"字形条石组合	贾家坝
9	张家坡洗衣亭	2000年（新建）	十柱穿斗式歇山屋顶（木柱）	扩展"田"字形条石组合	张家坡

（2）和顺洗衣亭的生态营造

和顺洗衣亭无论是其洗衣台的搭建、风雨亭的建造，还是风雨亭与洗衣台的相互关系，都充分反映了村社建造者们对生活经验与环境适应性的理解，并体现了多元民族文化的相互影响与融合。首先，作为体现洗衣亭乡土营造"精华"的洗衣台，其条石搭建看似随意简单，但其构筑形式蕴含了丰富的生活智慧。洗衣台条石多垂直或平行于河岸呈"田"字形或"日"字形，搭接在立于河塘中的柱桩之上。精妙的是，条石的长宽及单元拼接非常符合洗涤活动的人体尺度，特别是条石的拼接组合与高低变化，充分体现了其适应河床水位变化的多种可能，为不同季节村民使用洗衣台提供了多种选择性。

从垂直于河岸的纵剖面来看，洗衣台条石摆放并非在同一高度，而是故意倾斜使其标高根据其与岸边距离的近远逐渐下降，即离岸越远的条石越贴近水面；从条石拼接组合形式来看，洗衣台主要有三种类型，即"田"字形平接、"田"字形叠接以及"日"字形叠接。平接即为水平相接，没有明显的条石高差变化；叠接是高低叠加的拼接，高差变化即为条石的厚度。例如，龙潭洗衣亭由于其建设在常年水位较为平稳的龙潭上，所有条石保持同一平面但略有倾斜即可满足日常的漂洗要求。但对于寸家湾、尹家坡赵家、大石巷、张家坡等临河洗衣亭而言，由于三合河水流常呈现季节性的水位高低变化，叠接的条石组合与倾斜条石可形成多样化的条石高度变化，以满足不同水位的洗涤要求。特别是，在横竖向条石叠接时，通常为垂直于岸边的竖向条石叠加在横向条石之上。因此，即使河水淹没前端部分条石，村民仍可利用与岸边连接的竖向条石和离岸较近的横向条石进行洗涤，充分

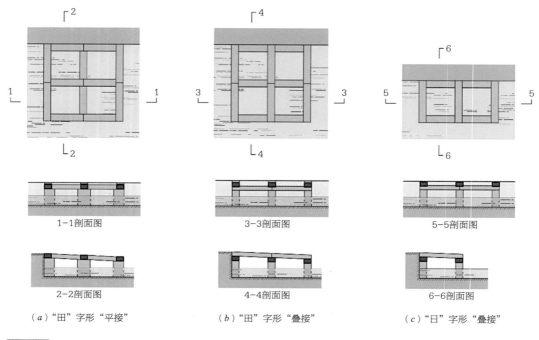

1—1剖面图　　　　　3—3剖面图　　　　　5—5剖面图

2—2剖面图　　　　　4—4剖面图　　　　　6—6剖面图

（a）"田"字形"平接"　　（b）"田"字形"叠接"　　（c）"日"字形"叠接"

图5-71
洗衣台条石搭接形式示意图
（资料来源：笔者自绘）

体现了乡村建造者对于河流环境变化与生活经验的理解。此外，洗衣台的条石材料多是地方盛产的特色火山石，火山石凹凸不平的表面与孔隙可起着类似"搓衣板"的作用，加大洗衣搓揉成效，也具有较好的防滑作用。

其次，作为洗衣台遮蔽物与景观标志功能的风雨亭，多立于洗衣台上，其建造手法简易，朴素无华，具有乡土建筑的典型特质，且在营造方式与功能多样性上较好地贯穿了因地制宜的适应性特征。多数风雨亭并非完全覆盖洗衣台，只是覆盖部分或与洗衣台呈"咬合"关系，为不同季节、不同天气状况下使用洗衣台提供了多样性空间，以满足村民多样化的空间需求，如在雨天或夏天可选择在亭内刷洗，冬日晴天可于亭外洗涤。清末及民国早期的风雨亭多为穿斗式木柱结构，而随后的风雨亭建造中已发展为抬梁式砖柱结构并加入隔墙或山墙，可使风雨亭能在躲避竖向的阳光直射和降雨之外，还能较好抵御横向强风的困扰。如大石巷及尹家巷洗衣亭加建山墙使洗衣亭呈半开敞状态，在亭内刷洗不仅可以避雨还可较好地阻挡冷风。另外，风雨亭的建造多为地域乡土材料楸木与火山石，腾冲以盛产楸木与火山石而闻名。楸木坚固且耐腐，是理想的乡土建筑材料，在早期的风雨亭建设中有较多的应用。

第三，除遮风挡雨、洗菜涤衣等功能外，洗衣亭还具有其他乡土公共功能的延伸，如衣服晾晒的场所、跨河桥梁、休憩交流平台、滨水玩耍嬉闹等功能。早期风雨亭的简易围栏、柱子之间的线绳或柱钉为挂晾衣物、棒槌等提供了便利性的支持，洗涤后潮湿笨重的衣物可不必提回自家晾晒，如龙潭洗衣亭、寸家湾洗衣亭等。寸家湾等洗衣亭甚至还安装了电灯，为起早摸黑的村民提供了诸多生活上的便利。不可多得的是，多数洗衣亭还兼具跨河交通功能，利用洗衣台垂直河岸的一条竖向石板可延伸至河对岸形成跨河的简易小桥，承担沟通两岸的交通桥梁功能，这在寸家湾、李家巷、大石巷以及尹家坡赵家等洗衣亭中都有体现。尽管洗衣亭主要作为村民的洗涤之用，但作为聚落宗族生活领域空间划分的重要标志，洗衣亭也是村民特别是所服务的村社民众交流信息、攀谈聊天以及孩童嬉闹玩耍的重要场所。洗衣亭内外设置的桌椅石凳或附属设施，使洗衣亭可兼做凉亭，供村民洗衣劳作之余纳凉、聊天之用。而亲水性较好的洗衣亭也天然成为孩子们玩耍嬉戏的亲水平台，儿童可在此玩水、捞鱼及嬉闹，乡野趣味十分浓郁。另外，由于和顺还保留着在节庆、办理喜丧事时宰杀牲口的习俗，部分洗衣亭旁还设置了"灶台"，民众可在此宰杀与洗烫猪羊，洗衣亭由此又可作为宰杀猪羊时清洗的场所，如大石巷洗衣亭、寸家湾洗衣亭等。

不可否认，和顺洗衣亭是各村社宗族发动社区力量为乡土公共空间营造进行捐资捐物下的产物，和顺洗衣亭在某种程度上作为各村社对和顺相关生活空间领域的划分标志。可贵的是，尽管和顺侨乡经济实力雄厚，名门望族居多，但和顺洗衣亭的建造却充分展现了乡土建筑材料简易、造价低廉的基本特性。2006年新建的黄果树巷洗衣亭以及2008年兴建的贾家坝巷洗衣亭都只筹资八万余元，而2010年在原破败洗衣亭基础上重建的大石巷洗衣亭仅花费五万四千元。作为以中原汉人后裔为主的聚落，和顺在洗衣亭的营造上并未出现如在其他汉文化地区常出现的宗族攀比与炫耀的势利奢靡之风，在洗衣亭的营造发展与扩散过程中依然延续着其静谧无争、自发无名的乡土建筑营造伦理观，保持着对自然与生态环境的敬畏。

（3）多元文化影响下和顺洗衣亭的形成及其发展

基于结合洗衣台和风雨亭组合关系的洗衣亭，其整体建造尽管简单朴素但构思精巧，功能多元，其营造智慧不仅充分体现了以人为本的人性关怀[1]，也反映了边城多元文化之间交相融合的影响。作为乡土空间领域划分的文化景观标志，依河而立、飞檐翘角的洗衣亭建筑辅以楹联、碑记充分反映了中原宗族与儒家文化的遗存；而在亲水洗衣台上加盖风雨亭也受到地方傣族文化的影响。有研究指出，和顺独特的洗衣亭建筑形式受到傣族水井建筑的影响：傣族文化的"水崇拜"使得一般的傣族村寨都有一到两口水井，并普遍在水井上加盖"井罩"以保持水井清洁。"井罩"即为加盖在水井之上的建筑，其与水井融为一体，主要由井底、井台、井栏和井罩、排水沟等构成，皆为精工砌筑，造型别致，融建筑、雕塑、绘画及实用等为一体，具有浓郁的地域民族风格[2]。而腾冲村落中的水井建筑也具有

1　张轶群. 传统聚落的人文精神——解读和顺乡[J]，规划师，2002，18（10）：45-47.
2　艾菊红. 傣族水井及其文化意蕴浅探[J]. 内蒙古大学艺术学院学报，2005，2（2）：50-54.

普及性，和顺洗衣亭作为腾冲独特的乡土建筑形式，是受多样化傣族水井建筑文化的启发与影响[1]，即保留傣族水井"井罩"的形式，去除相对复杂的装饰与绘画艺术，并在结合儒家亭台文化基础上所进行因地制宜的创新。甚至认为和顺洗衣风雨亭的正脊与歇山式建筑的戗脊线起翘明显，轻盈伸展如凌空欲飞，是受傣族仿生建筑竹楼的影响。

由此，和顺洗衣亭乡土公共建筑的营造创新，离不开地方民族文化潜移默化的影响。体现了地域多元民族文化的渗透连接。颇有意味的是，富有地域独特魅力的和顺洗衣亭反过来又作用并影响到周边及少数民族的聚落文化景观营造。在和顺洗衣亭生态营造智慧的影响下，周边的传统村落如腾越镇董官村、荷花乡羡多傣族村近年来分别依水而建了与和顺类似的"洗衣亭"，甚至羡多村洗衣亭在和顺洗衣亭的基础上又有所发展与创新，形成了丰富而多元的乡土洗衣亭地景格局。

董官村洗衣亭位于腾越镇董官村，是近年来仿造和顺洗衣亭形式新建的一个乡村水利建筑。董官村位于腾冲市区北部，离和顺古镇约10km路程，是一个汉族为主的传统聚落。因离腾冲市区较近，受城市化的影响较大，董官村洗衣亭的建造相比和顺洗衣亭而言，显得相对繁杂。在人工引水形成的几何形水面上设置的洗衣台，更多地具有城市水景广场营造的意味，条石形状与铺砌较受几何形切割所限制，乡土气息与和顺洗衣亭相距甚远。同时，其风雨亭采用亭廊组合方式，组合面积大大超除和顺洗衣亭的规模，有点类似"风雨桥"的建筑形式，且更为强调建筑构建的装饰性功能。固然董官村洗衣亭的生态性方面与和顺洗衣亭存在一定的差距，但董官村洗衣亭客观上却是和顺洗衣亭文化景观扩散传播下的结果。

比较而言，羡多傣族村的洗衣亭不仅较好地体现了和顺洗衣亭生态营造的精髓，且在和顺洗衣台的基础上进行了创新性的拓展，形成了"鱼嘴分水"与"堰坝"结合的乡村水利设施营造典范。荷花乡羡多村位于腾冲县最南端，和顺镇西南约20km，是一个以傣族为主的少数民族村寨，以"白鹭之乡"而闻名。羡多村洗衣亭建筑是八柱（水泥）抬梁式硬山形式，与和顺洗衣亭建筑相比而言并无过人之处，羡多村洗衣亭的生态营造创新主要体现在洗衣台的建造上。在傣族村寨中，溪流绕村或穿寨而过几乎成为傣族村寨营造的基本法则。羡多村在从南菁河引水入寨后，在水口处通过简易的"鱼嘴分流"技术将水流分成三股，一股绕村而过，并在另二股穿寨而过的人工水道之上建有洗衣亭一座。洗衣台为"田"字形条石搭接而成，河水从条石下流过。令人称奇的是，"田"字形条石实为两排"日"字形扩展条石并列而成，其中的一条"日"字形扩展条石组合其实是个小型的"堰坝"，通过"堰坝"出水口的挡板控制水位高度，因此在此"日"字形条石构筑的"堰坝"内，洗衣涤菜的水深实际上可根据不同的需要进行调节，以满足多样化的生活需求。而对于另一半的"日"字形扩展条石下，为体现对微地形环境的尊重，水流坡度也保持较大，

---

1   褚兴彪. 多民族艺术对腾冲民居景观的影响与启示[J]. 贵州民族研究，2014，35（4）：55-58.

水流相对较急，水深也较为有限，为满足不同类型的洗涤需要提供了可选择性的场所。由此，通过洗衣台的条石堰坝分隔手法，轻而易举地在风雨亭内实现两股流速不同、深浅不一的水流，以满足冲刷漂洗等对水深及流速的需要，令人拍案叫绝。固然，羡多村是一个以傣族风情为主的传统聚落，在民族之间相互影响与融合的发展过程中，羡多村傣族村寨也消化和吸收中原汉族的先进营造经验，羡多村洗衣亭即是在和顺洗衣亭文化扩散与影响下形成的鲜活案例。

图5-72
腾越镇董官村洗衣亭
（资料来源：笔者自摄）

图5-73
荷花乡羡多村洗衣亭
（资料来源：笔者自摄）

图5-74
羡多村的"鱼嘴分流"
（资料来源：笔者自摄）

图5-75
羡多村洗衣台双排扩展"日"字形组合
（资料来源：笔者自摄）

图5-76
羡多村洗衣台的"堰坝"
（资料来源：笔者自摄）

5.2.2　道路交通系统

　　山地丘陵地区传统村落大多分布在沿河地带，依山傍水，为解决跨水交通，满足生产和对外交往的需求，村民们在溪河上架起造型各异的桥梁，而这也成为该地区道路交通系统中最特殊的交通设施。俗话说"逢山开路，遇水架桥"，桥就是架空在水上或山谷中的道路。修桥铺路自古就是人类在同大自然搏斗中急需解决的问题。一般说来架桥的难度要比开路大得多，正因为难，也给聪明勇敢的山区人民留下了创造的天地。我国的工匠不仅因地制宜建造了多种多样的桥梁形式，有的还在桥上加盖长廊或建起屋、亭，使桥变成飞架空中的楼阁，这种特殊的桥梁就是廊桥。

1. 廊桥的分布概况

　　廊桥，也称屋桥、厝桥。有些地方根据廊桥的作用，称之为风雨桥、风水桥或福桥；有的地方根据廊桥的外形，称之为蜈蚣桥、虾蛄桥、鹊巢桥；也有的地方因为桥屋的装饰华丽，称之为花桥。侗族的风雨桥、闽西浙北的木拱廊桥都属于这一类。对廊桥的称呼虽然不同，但它们所起的作用却基本一致。廊桥不仅是交通设施，还具有社交、标志、观赏、祭祀等多种政治、经济、文化、民俗方面的功能，有着丰富的内涵。

　　廊桥的廊、屋、亭和中国其他古典建筑一样，用木材作为房屋的主要构架，属于木结构系统。它有许多优点：第一，结构简单，构件标准化。古代木构架结构的建筑类似于现代的框架结构建筑，即用木头做成桥，房屋的框架，承重都在梁柱上，周围的墙体可以任意处理。另外用来建桥的木梁只有大小长短的区别，甚至可以把桥拆下之后，用原有的这些构件异地重建，重修之后的廊桥，保存了原有的神韵，修建如旧。第二，就地取材，节约省时，木构架结构建筑的材料供应比较方便。在中国的大部分山区都盛产木材，原材料比较容易采集和加工，而且采用木结构建筑比砖石建筑省工、省时，可用迅速而经济地解决建筑材料问题。第三，木构架建筑的节点之间有若干的伸缩余地，加上它的木框架的梁柱式结构，是一个富有弹性的框架，这就使它还具有一个突出的优点即抗震性能强。它可以把巨大的震动能量消失在弹性很强的结点上。这对于多地震的中国来说是极为有利的。因此，有许多建于重灾地震区的木构建筑，上千年来至今仍然保存完好。在一定程度上可以减少地震对廊桥的危害。

根据统计，廊桥主要分布在中国南方，北方很少有廊桥。中国南方地形复杂，多山水阻隔，文化交流不如北方方便，故形成一个个富有地域文化特征的"文化龛"。建筑作为文化的一种亦表现出鲜明的地域性，廊桥作为一种特殊形式的公共建筑，和民居、公共建筑一样受当地的自然、社会和文化等方面的影响，在材料、结构、装饰等方面体现出特有的地域特征。中国廊桥分布的地区主要在南方各省，尤其是集中在浙江南部和福建北部的山地地区以及湖南、贵州和广西交界的侗族山区等地。另外，江西南部、四川、云南等地也有一定数量的廊桥[1]。本章节主要介绍山地丘陵地区中闽粤赣山地丘陵亚区及云贵高原及桂西北山地亚区的廊桥建造经验。

2. 侗族风雨桥
（1）风雨桥概况

在贵州、广西以及湖南的侗乡，由于特定的历史原因及民族之间发展的不平衡，侗族被排挤到车舟罕至的山区。闭塞的地理环境使侗族较少受到汉族统治者的约束和外界的影响，经济发展缓慢，在相当长的时间内保持着古越人传统的生产、生活方式及文化习俗，其建筑业不例外，并在选址、形态上都形成自己的特色，建成了许多久负盛名的鼓楼和风雨桥。风雨桥集廊、桥、亭于一身，因能遮蔽风雨，故得名风雨桥。桥内雕梁画栋，串珠、香袋高悬，桥上廊桥相间，十分华美，故又名花桥。风雨桥是侗乡最重要的公共建筑之一，也是最能体现侗族建筑文化色彩的建筑。

由于，整个侗族地区处在云贵高原的东部边缘，地势呈由西北同东南倾斜状。海拔在一米。其中有数条山脉坐落其间，一般侗族聚居地区的河流众多，它们大都迂回前进，没有固定的方向。这些河流经过之处多有高山，河窄流急，常见高峰峡谷，大多数属山溪性河流，坡度陡、水流急、洪峰持续时间短，水位涨落变化大。这也常常会成为廊桥的灭顶之灾。由于地处亚热带内陆山地气候区，处在东南季风和西南季风的中间地带，侗族地区属于多雨地区，沉水流域雨量尤为充沛，全年雨量分布以夏季为多，常占40%以上，整年雨季特别长，是全国雨日最多的地方之一。廊桥的防雨功能就显得特别重要。同时，该地区处于常绿阔叶林地带，盛产杉木、油桐、松，就连楠木、银杏、檀木这些名贵树种也在

1 蒋烨. 中国廊桥建筑与文化研究[D]. 长沙：中南大学，2010.

这里出产。再加上侗族人爱植杉树，而这些树木常常用作造桥的材料，充足的林木储备是廊桥延续至今的一个重要原因[1]。

（2）风雨桥结构与营建技艺

风雨桥整体设计颇具匠心，具有较高的建筑艺术价值，被建筑学家们认定为"榫卯抵承梁柱体系之大观"。其融汇侗族建筑文化精髓，展现了木制建筑营造技艺的精华，造型之优美、规模之雄伟、技艺之精湛，堪称桥梁建筑的奇观。

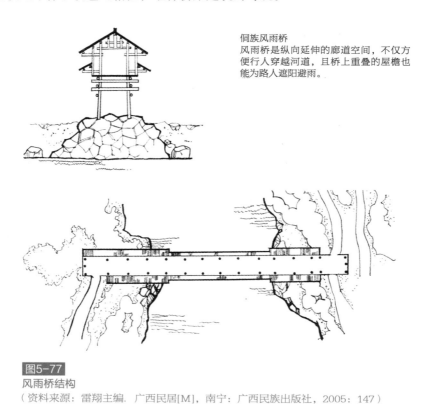

侗族风雨桥
风雨桥是纵向延伸的廊道空间，不仅方便行人穿越河道，且桥上重叠的屋檐也能为路人遮阳避雨。

图5-77
风雨桥结构
（资料来源：雷翔主编. 广西民居[M]，南宁：广西民族出版社，2005：147）

风雨桥的结构一般由上、中、下三部分组成。

下部是石筑墩台的桥基，分为桥台和桥墩。桥台是桥两端的基座，其结合河道两边的自然地形，局部砌以青石护坡而成。桥墩是竖立在河道中的六棱柱体大石墩，外壳由青石砌成，内部以料石填芯，迎、背水两面制成锐角，有效减少水流冲击力和蚀损。

中部是桥跨，全为木质结构。风雨桥是单向伸臂和双向伸臂相结合的多跨木制梁桥，桥跨用粗长的大杉木条并行叠置在桥基上。桥台处以岸壁为基点，用若干层木梁逐层单向伸臂递出，向桥墩靠拢。在桥墩顶处，木梁往桥面平行方向两边平衡伸出桥墩外，以短木托梁，逐层向上，层层挑出承重主梁。风雨桥以层层出挑的密布式悬托架梁和简支复合体

1   蒋烨. 中国廊桥建筑与文化研究[D]. 长沙：中南大学，2010.

系结构，使台墩及梁柱之间环环相扣，形成了宽大的桥面和稳固的结构。

上部是桥面廊亭，采用卯榫结合的梁柱体系联成整体。桥廊宽敞，两侧木柱间设有坐凳栏杆，供人歇息。桥壁上雕画着雄狮、千年鹤、蝙蝠、凤凰、麒麟等吉祥物，栩栩如生，古香古色。栏杆外挑出一层披檐，既增强了桥的整体美感，也保护桥面和托架不受风雨吹刮。桥面上方建有各式各样的廊亭、塔楼。塔楼多是抬梁和穿斗混合构架，下方为正方形，上方是四边形或六边形密檐式攒尖顶或歇山顶，体现了高超的建筑技艺。

风雨桥的三大部分环环相扣、珠联璧合，构成了结构技术和造型艺术和谐统一的木制建筑形象。其建筑技艺的惊人之处在于整座桥梁不用一钉一铆，大小条木凿木相吻，卯榫衔接，柱、挂、梁、枋横穿直套，纵横交错，结构牢固，韵律优美。丰富的桥身轮廓，完美的结构造型，突出表现了榫卯抵承梁柱体系桥梁的奇观。[1]

（3）风雨桥的功能与特性

风雨桥属廊桥的一种，因其在桥面上修建廊亭，反映了一桥多用的功能，既有通行的功能，又充分考虑了侗族地区的气候特点。因侗族聚居区域属亚热带气候，雨多日照强烈，在桥上加建廊屋不仅可以起到防止木构桥身被日晒雨淋，使木架不受风雨腐蚀，延长桥梁的使用周期。也可以提供人们在生产劳动之余休憩娱乐，同时还增加了木构桥面的重量，使桥梁本身更加稳固，以免雨季时河水猛涨而带来的冲垮桥面的危险。[2]

由于侗族地区平地较少，鼓楼和风雨桥等建筑为侗民集会议事、休闲娱乐的需要提供了公共空间。因此，风雨桥不仅是侗族村寨的标志、村寨的大门，也是人们交往娱乐的场所。夏天高温湿热，由于河面上通风良好，因而村民们都喜欢到风雨桥上休息、娱乐。把风雨桥建在出入口处，使得过往的村民有落脚歇息之处，人们在休息娱乐的同时又能防卫村寨的出入口，可谓一举两得。[3]

侗族一般称风雨桥为"福桥"，风雨桥不仅仅是满足通行的实用功能，在侗民心目中也是聚财纳福之桥。侗族风雨桥承担着侗民的朴素的愿望，补益村寨风水，祈求得福。风雨桥建筑山涧间，承接山势的来龙去脉，既方便了通行，又在心理层次上满足了风水补益的需要。[4]侗族风雨桥大多因地形地势而建，与村寨中的鼓楼、木楼，寨外的凉亭等建筑浑然一体，其廊、亭、桥连成一气，又融入周围景物中，形成一个完满和谐的整体，这也是侗族"天人合一"思想体系的体现。

结构布局的整体性。首先从风雨桥自身的结构来看，风雨桥桥身以木头衔接而成，桥面竖柱立架上盖青瓦形成避风雨的长廊通道，桥两头或中间矗立几座亭阁，远远望去，亭、廊、桥联成一气，既具有协调一致之气，又显出灵动变化之韵，形成一个坚实与活泼，威

1 熊晓庆. 风雨桥：榫卯结构桥梁之精髓——广西木制建筑赏析之三[J]. 广西林业，2014，（11）：28-30.
2 马可靠. 侗族风雨桥建筑艺术——以广西三江岜团桥为例[D]. 南宁市：广西民族大学，2011：31-34.
3 韦玉娇，韦立林. 试论侗族风雨桥的环境特色[J]. 华中建筑，2006，（3）：97-99.
4 马可靠. 侗族风雨桥建筑艺术——以广西三江岜团桥为例[D]. 南宁市：广西民族大学，2011：31-34.

严与自由的统一体。其次从风雨桥在整个侗寨布局来看。侗寨往往以鼓楼为中心，以风雨桥为纽带，整体构建成一种物体，或为鱼为龙，或为船，这与侗族"万物有灵"的自然崇拜和原始生活习俗相关，也体现了侗族朴素的整体观念和与自然亲近的审美观。

取材用料的自然性。风雨桥的取材，除了石砌桥墩外，都是来自山里的巨杉或其他木材，取之自然。桥面的楼、廊、柱，不用一钉一铆，大小条木纵横交错，采用杠杆原理，以挂方、挂撑方法支撑而上，全靠凿桦衔接，严丝合缝，浑然天成。

与周围环境的协和性。风雨桥既与民居、鼓楼呼应生姿，又融入周围青山绿水中，其本身的古朴美丽添色山林。它作为一种建筑的人工文化，浑然天成，不仅不与自然冲突，更是自然的有机延伸。廊桥驾于水面，加上四周古树、凉亭，形成绝妙的图景。风雨桥以自然为依托，借助于自然，又得益于自然。

聚民集资的公众性。侗族在封闭的自然环境和与中原汉族文化相对隔绝的社会历史条件下，仍然保持着原始社会的许多传统，具有较浓厚的群体意识，在文化意识上体现了强烈的公众性。从某种意义上来说，侗族风雨桥是一座公众之桥。从建桥上来看，侗族风雨桥所有材料大都为个人捐赠或是乡亲集体集资；从桥的管理来看，桥上刻立有保护桥梁的条款，人人遵守。每年夏天山洪暴发之时，各村各寨的侗家都会自发地抽出几天时间来检查风雨桥，对桥梁进行补修，不断加固；从桥的功用上来看，侗族风雨桥实际上也是一个社交场所。风雨桥有廊亭，是一个很好的娱乐和休憩场所。雨天备有草鞋，冬天置有火塘。逢年过节，在此迎宾送客，对唱侗族。劳作之余，村民于此小憩纳凉，村寨老少也可以在此聊天，嬉戏游玩。

（4）风雨桥案例

1）程阳风雨桥

程阳风雨桥，又叫永济桥、盘龙桥，是典型的侗族建筑，位于广西壮族自治区柳州市三江县城北面20km处（林溪乡境内），是广西壮族地区众多具有侗族韵味的风雨桥中最为著名的一个，是全国重点文物保护单位。

程阳桥是侗乡规模最大、造型最美观、民族特色最浓郁的一座风雨桥，是享誉国内外的侗族木建筑代表。建于1916年，是一座四孔五墩伸臂木梁桥。其结构以桥墩、桥身为主的两部分。墩底用生松木铺垫，用油灰沾合料石砌成菱形墩座，上铺放数层并排巨杉圆木，再铺木板作桥面，桥面上盖起瓦顶长廊桥身。桥身为四柱抬楼式建筑，桥顶建造数个高出桥身的瓦顶数层飞檐翘起角楼亭、美丽、壮观。五个石墩上各筑有宝塔形和宫殿形的桥亭，逶迤交错，气势雄浑。长廊和楼亭的瓦檐头均有雕刻绘画，人物、山水、花、兽类色泽鲜艳，栩栩如生，是侗乡人民智慧的结晶，也是中国木建筑中的艺术珍品。

这座横跨林溪河的桥为石墩木结构楼阁式建筑，2台3墩4孔。墩台上建有5座塔式桥亭和19间桥廊，亭廊相连，浑然一体，十分雄伟壮观。桥面架杉木，铺木板，桥长64.4m，宽3.4m，高10.6m，桥的两旁镶着栏杆，好似一条长廊；桥中有5个多角塔形亭子，飞檐高翘，犹如羽翼舒展；桥的壁柱、瓦檐、雕花刻画。整座桥雄伟壮观，气象浑厚，仿佛一道灿烂

图5-78
程阳风雨桥
（资料来源：http://huodong.lvye.com/event/1177878/）

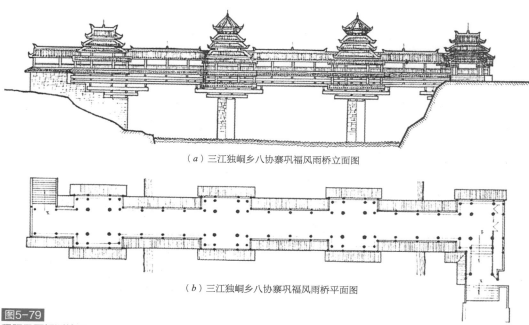

（a）三江独峒乡八协寨巩福风雨桥立面图

（b）三江独峒乡八协寨巩福风雨桥平面图

图5-79
程阳风雨桥测绘图
（资料来源：雷翔. 广西民居[M]，南宁：广西民族出版社，2005：127）

图5-80
增冲村鸟瞰
（资料来源：http://bbs.zol.com.cn/dcbbs/d232_216652.html）

图5-81
增冲村风雨桥
（资料来源：http://bbs.zol.com.cn/dcbbs/d232_216652.html）

的彩虹。它的建筑惊人之处在于整座桥梁不用一钉一铆，大小条木，凿木相吻，以榫衔接。全部结构，斜穿直套，纵横交错，却一丝不差。桥上两旁还设有长凳供人憩息。

2）增冲村风雨桥

贵州省从江县增冲村所属的从江县位于云贵高原东南边缘，属苗岭山脉向广西丘陵山地过渡地带。"四面依山，三面临水；山清水秀，林木丛生"，是增冲侗寨的特有自然景观。增冲河绕寨而过，形成了山环水绕、山水资源丰富的格局。增冲村在增冲河上建有三座风雨桥，均为廊屋式的全木结构建筑。风雨桥体量虽不及程阳风雨桥，但由于其贴近村寨，是村寨进出的必经之处，使用频繁。村民在此休闲纳凉、迎送宾客，极具生活气息。

3．福建廊桥

（1）廊桥概况

福建在我国大陆东部地区和沿海各省中素有"东南山国"和"八山一水一分田"之称，境内山岭耸峙，丘陵起伏，溪流纵横，所以桥梁建造一直兴盛不衰。福建古代桥梁无论在长度、跨度、重量、建造速度、施工技术、桥型和桥梁基础等方面，都达到很高水平。在我国的桥梁建筑史中占有重要地位。在福建各种样式的古桥中，最有特点的要算是廊桥。

福建的地势自西北向东南下降，海拔200m以上的山地丘陵约占85%，森林覆盖率达63.1%。杉木是福建亚热带针叶树的主要树种，因其树干直，重量轻，易于加工，结构性能好，木质中又含杉脑可防虫蛀，还有较好的透气性，是理想的建筑材料，在廊桥中应用极为广泛。福建的石桥建造在闽南沿海一带技术突出，但与木材相比，石材虽然抗压性强、经久耐用，却难以加工、难以运输，造桥成本较高。在盛产木材的山区，采用木材作为廊桥的主要建材，既省工又省时，既方便又经济。于是，造型美观、结构科学的廊桥便在多山多水多险阻的闽东、闽北、闽西等地山区应运而生。[1]

福建省是全国廊桥保存最多的省份。廊桥集中分布在宁德地区，根据各种资料的统计，宁德地区现存各种廊桥162座。其中寿宁县有68座，屏南县有62座，福安市有11座，周宁县有8座，古田县有7座，其余的则零星分布在福建省的其他县。

福建地区的廊桥整体结构巧妙独特，造型古朴精巧，外形宏伟壮观。建筑装饰手法多样，雕刻朴实精细，线条流畅，壁画构图完美，色彩艳丽。充分体现了福建地区古建筑的巧、壮、美、雅的艺术风格，折射出先民的建筑审美观念。廊桥的平面布局，建筑构造和比例尺度都与当地民居的生活习惯，气候特点和经济条件相适应，具有鲜明的时代特征，从一个侧面反映了当时社会的文化、经济以及人文状态，具有极高的历史价值、建筑价值、艺术价值、欣赏价值[2]。

1　张可永. 福建寿宁廊桥建筑艺术研究[D]. 无锡：江南大学，2008.
2　蒋烨. 中国廊桥建筑与文化研究[D]. 长沙：中南大学，2010.

（2）廊桥的类型与结构形式

廊桥，上廊下桥。从廊桥下部的结构来区分，福建廊桥大致可分为平梁木廊桥、八字撑木廊桥、木拱廊桥和石拱廊桥四种类型。

平梁木廊桥包括简支木梁桥和伸臂式木梁桥等廊桥。梁桥以桥墩作水平距离承托，然后架木梁并平铺桥面。伸臂式木梁桥以圆木或方木纵横相迭，从两岸层层向河心出挑，待两头相距五六米时，再以梁搭接。福建的平梁木廊桥主要分布在闽西、闽北、闽东及闽中山区，单跨到多跨不等。梁木直接搭建在两岸的块石桥台或河流中间用块石或条石叠砌的桥墩上。如果跨度较大，便在两侧桥台或桥墩之上用2～5行的粗大杉木架构成伸臂，以增加桥的承受能力。平梁木廊桥造价低，易施工，但桥面荷载不如拱桥大，且怕山洪冲刷。龙岩市连城县莒溪镇壁洲村的永隆桥就是其中的典型代表。

八字撑木廊桥是平梁木廊桥的变异形式。它没有采用在两侧的桥墩之上用层层杉木架构成伸臂，而是用一排圆木成角度斜撑在两侧的块石桥台和粗大杉木横梁之间。增加斜撑后，桥的横梁中加了两个支点，从而增强木廊桥跨中的受力和稳定，可以减少粗大木材的使用量。其优点是受力比较合理，但因这种形式的廊桥只适用于跨度不太大的溪流，采用不是很广泛。典型的八字撑木廊桥如宁德市屏南县甘棠乡漈下村的漈川桥。

图5-82
福建省龙岩市连城县莒溪镇壁洲村永隆桥
（资料来源：http://m.8264.com/thread-1014900-6.html）

图5-83
福建省宁德市屏南县甘棠乡漈下村漈川桥
（资料来源：http://www.coolzou.com/ThreadEx_6159_1.html）

　　木拱廊桥也称叠梁式风雨桥、虹梁式廊桥。与北宋时期的虹桥相比，福建木拱廊桥的桥拱技术已从绑扎结构发展为榫卯结构，而且木拱桥上建有桥屋，有的桥屋又发展为精美的楼阁。正因为如此，这些木拱廊桥近年来颇受建筑界、文物界专家学者的青睐，被誉为"古老概念的现代遗存"，具有"活化石的价值"。木拱廊桥的拱架结构由大小均匀的巨大圆木纵横相置、交叉搭置、互相承托、逐节伸展而成。虽然各桥的造法各异，但形成完整的木架式主拱骨架的建造特点是一致的。木拱廊桥能最大限度地解决桥的跨度问题，通常建在河床宽大、水深流急之处。由于结构的特殊，木拱桥受到向上的反弹力，很容易失稳遭到破坏。因此桥面上一般都加盖廊屋，这样可以增加桥身的重量，增强木拱桥的稳定性。宁德市屏南县长桥镇长桥村的万安桥是现存全国最长的木拱廊桥，桥身上建有桥屋37间，开间152柱，九檩穿斗式构架，上覆双坡顶，桥面以杉木板铺设，桥中设神龛，祀观音。遥望该桥，形似长虹卧波，非常壮观。

　　石拱廊桥是福建历史最为悠久的廊桥。石拱桥虽然没有防腐要求，但出于为行人遮风挡雨的需要，也有不少建了木构桥屋，从而使其功能得到延伸。石拱廊桥大多建在河床窄小之处或小溪之上，用块石或条石砌筑成拱券状，也有的先用石头叠砌成船形或半船形的桥墩，再在石墩上砌筑桥拱。多为单孔，也有双孔或多孔。虽然石拱廊桥的建桥工艺不如木拱廊桥高超，但它比木拱廊桥更耐风雨侵袭和洪水冲击，因此受到人们的欢迎，分布范

图5-84
福建省宁德市屏南县长桥镇长桥村万安桥
（资料来源：http://www.ctps.cn/PhotoNet/product.asp?proid=2475404）

图5-85
福建省政和县杨源乡坂头村坂头花桥
（资料来源：http://sns.fjsen.com/space.php?uid=794554&do=blog&id=77679）

围最广。现存的石拱廊桥中，有的建造水平较高，地方特色鲜明，如政和县杨源乡坂头村的坂头花桥。

图5-86
福建省宁德市屏南县长桥镇长桥村万安桥桥屋
（资料来源：http://guide.yododo.com/01435D4B977B02D2FF808081435CF5D5?anchor=1）

　　福建廊桥除了下部的拱架结构精巧之外，上部桥屋的搭建也充满了民间的智慧。廊桥的桥屋以木材为主要构架，最主要的建筑特色是采用榫卯结合的梁柱体系联成整体。梁架结构多为九檩四柱，五架抬梁式。桥屋正中是一条长廊式通道，两侧设置木护栏，沿着栏杆大多设木坐凳，由栏杆、坐凳连接着柱廊，巧妙地将其使用功能和结构功能结合起来。桥面用木板铺就，或用砖、石铺砌。为保护桥梁结构和桥面免受风吹雨打和烈日暴晒，桥身的外缘鳞叠铺钉木板（俗称风雨板）。有的廊桥的风雨板用油漆漆成红色或其他颜色，这既是防腐处理的重要措施，也是廊桥装饰的传统手法。为了让桥屋内通风、采光和行人观赏风景，有的上层风雨板开启了形状各异的小窗，有圆形、方形、扇形、六边形、心形、桃形、瓶形等。屋面施方椽、望板，铺小青瓦。屋顶以双坡式居多，曲线的屋脊形成柔和的凹凸面，显得轻盈活泼。[1]

　　（3）福建廊桥的技术成就

　　福建古代桥梁建筑在技术上取得了重大的突破，为发展我国以至世界古代桥梁技术做出了不可磨灭的贡献。其突出技术成就主要表现在以下几个方面。

1　戴志坚. 福建廊桥的形态与文化研究[J]，南方建筑，2012，（6）：8-12.

1）创"筏形基础"

桥梁的筑基向来是建造桥梁的关键。如洛阳桥位于洛阳江入海口，江面开阔，江水与海水教会，水急浪高，在这样的地段上建桥是史无前例的，工程艰巨。为了解决桥梁基础稳固问题，建造时首创了"筏形基础"。即在江底沿桥位纵线抛掷数万立方米的大石块，筑成一条宽20多米，长0.5km的石堤，提升了江底标高3m以上，然后在石堤上筑桥墩。这在桥梁史上是一大创新。

2）创"种蛎固法"

在没有现代速凝水泥的条件下，要解决桥基和桥墩的联结稳固是一大难题，建桥工匠们发挥了惊人的材质，巧妙地发明了种蛎固基的方法，在桥基和桥墩上种植海生生物牡蛎，利用牡蛎的石灰质贝壳附着在石块间繁殖生长的特性，使桥基和桥墩的石块通过牡蛎壳相互联结成一个坚固的整体。这种方法顺利解决了石灰浆在水中不能凝结，而如用腰铁或铸件等方法连接石块，铸铁很快就会被海水腐蚀等难题。

3）创"浮桥架梁"法

宋代福建的许多桥梁都是在波涛险恶的江海中用石造成。在宋代科技尚不发达，运输工具简陋的情况下，建桥工匠们发挥聪明才智，创造了浮桥架梁法。即把重达七八吨的石梁，置于木排之上，利用海潮的涨落将载有石梁的木排驶入两个桥墩之间，待潮退，木排下降，石梁即被装在桥墩上的木绞车吊起，再慢慢放置在石墩上，并用木绞车校正好放在石梁的位置。

4）创"睡木沉基"法

在水位干枯时，将墩基泥沙整平，用几层纵横交叉编成的木筏，固定在墩位处，再在木筏上垒筑墩石。随着墩身逐渐加高加重，木筏也随之下沉江底。

5）桥墩形式多样

从桥墩结构方面看，石墩桥往往是外圈砌石块或条石，中间用大小不等和强度不一的碎石块作填充料，其砌筑方法是采用"一丁一顺"交叉叠置，有的还用石灰浆或糯米等凝胶嵌砌。

（4）廊桥的文化内涵

组织交通、遮日避雨是廊桥最主要的功能。福建山区山高林密，谷深涧险，交通极为不便，修桥铺路自古就是当地先民在同大自然搏斗中急需解决的问题。千百年来，一座座廊桥如长龙越溪跨涧，连接着深山古道，方便了乡民之间的交往，沟通了山区与外界的交流。福建的大部分地区属亚热带海洋性季风气候，雨水多日照强。尤其是自然条件较为恶劣的山区，村落分散，人烟稀少，道路崎岖难行，在桥上加盖廊屋，在廊屋内设置固定坐凳，不仅可以联通两岸，还让过往行人有了遮风躲雨、避暑乘凉的地方。

廊桥为群众提供了重要的交往和娱乐空间。地处交通要道或村落附近的廊桥，常常成为人们休闲娱乐的去处和信息交流的空间。附近的村民可以在此摆摊设店、唱歌下棋，有的地方还在规模较大的桥屋里铺台演戏。廊桥也是人们举行各种民俗活动的场所，每逢节假日，总是人来人往，热闹非凡。

廊桥的外部造型极具特色，有着强烈的标志功能。在堪舆风水说盛行的古代，人们认为流水会带走财气，必须紧锁水口，以聚财源、利文运、兴村旺族。处理水口的办法有多种，可以造桥、修庙、建塔、植树、立牌坊等。桥能锁水，自然是村落水口建筑的首选。因此廊桥多建造在村落的水口处，即村口；若同一村庄修建两座廊桥，一般是村口和村尾各建一座。实际上，廊桥所起的作用不仅仅是满足人们保瑞避邪的心理需求，而且界定了村落内外的空间界限，丰富了村落的景观，成为一种重要的景观和地标。

廊桥的设计精巧，是桥梁和廊、屋、亭的巧妙结合，具有极大的观赏功能。廊桥长期屹立在青山碧水之中，已成为点缀、美化大自然的一部分。匠师不但赋予廊桥独特美观的外形，还在桥屋顶部制作精美的藻井，在桥屋内进行彩绘、雕刻等装饰，在桥两边建起门楼、碑亭、牌坊等附属建筑物，使廊桥更为婀娜多姿。历代的文人墨客则为廊桥留下楹联、诗文、碑刻，使桥梁成为一座完美的建筑艺术品。

（5）廊桥案例

金造桥位于宁德市屏南县棠口乡漈头村，是屏南境内第三长木拱廊桥，为县级文物保护单位。金造桥始建于清嘉庆十年（1806年），民国37年（1948年）重建。桥长41.7m，宽4.8m，单孔跨度32.5m，桥面距水面高度12m，桥屋建15扇64柱，桥两岸古树参天，周边生态环境保护良好。金造桥过去是屏南东南方向的交通要道，为旧城（双溪）通往宁德、古田东路、省垣福州等地的官道，也是漈头通往"九团"的必经之津梁。这里地势险要，两岸群峰耸立，溪流崎岖，春洪澎湃，急如万马奔腾。

金造桥南北走向，桥长41.58m，宽5.2m，桥面距离水面10.6m左右。桥屋建13开间64柱，九檩抬梁式构架，单檐歇山顶。桥屋两侧为廊间，两侧廊间横梁坐板驾于脚楣，桥头内柱与外檐角柱用穿枋连接，形成牢固的整体。拱骨、横木、桥面、梁架等木构件材质均为杉木。金刚墙用块石砌筑，桥面以杉木为梁，上铺厚木板。桥中设置神龛用以祭祀观音。[1]

4. 简易浮桥

除了建造风雨桥、廊桥这一类坚固稳定，雕饰精美的桥梁之外，山地丘陵地区传统村落也会搭建简易的浮桥来解决跨水交通问题，起到联系水系两岸的作用。如福建省漳州市东园镇埭尾村，水上交通主要由环绕村落的"绕城河"以及大大小小的石桥与浮桥构成。道路主要材质为石板路与砖石路。简易桥与船只搭接而成的浮桥，上可行人，下

1　姚洪峰. 福建省屏南县虹梁式木构廊桥金造桥现状勘测[c]//中国古桥研讨会暨海峡两岸古桥学术交流会，2009.

无通舟。埭尾的简易木桥与浮桥方便了村民到对岸的田地劳作，肩负着连接居住区与农作区的作用。

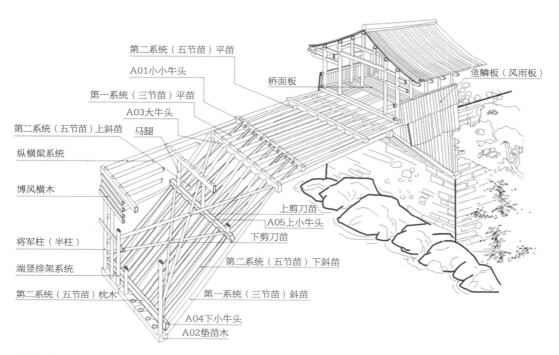

图5-87
福建省宁德市屏南县金造桥桥结构透视
（资料来源：姚洪峰. 福建省屏南县虹梁式木构廊桥金造桥现状勘测[c]//中国古桥研讨会暨海峡两岸古桥学术交流会，2009）

图5-88
福建省宁德市屏南县棠口乡漈头村金造桥
（资料来源：http://guide.yododo.com/01435D4B977B0
2D2FF808081435CF5D5?anchor=1）

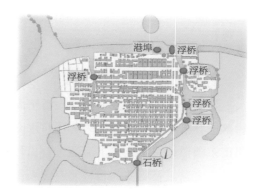

图5-89
福建省漳州市东园镇埭尾村埭尾村桥梁分布
（资料来源：易笑. 闽南古村埭尾聚落研究[D]. 泉州：华侨大学，2014）

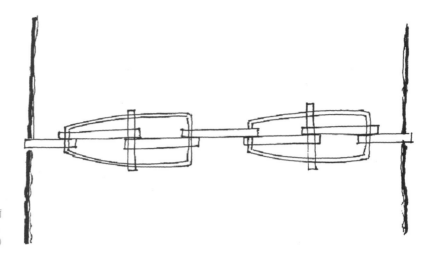

图5-90
埭尾村浮桥
（资料来源：易笑. 闽南
古村埭尾聚落研究[D].
泉州：华侨大学，2014）

图5-91
埭尾村浮桥
（资料来源：http://www.360doc.com/content/13/0717/20/137012_300686090.shtml）

5.2.3 综合防灾系统

1. 防火

干栏式建筑是山地丘陵地区传统村落最普遍使用的建筑形式之一。由于干栏式建筑多采用木构，防火就成为该地区村落的重点，衍生出多种村落防火经验：部分村落在建筑木材上涂抹用草泥混合土制作的防火涂料；贵州省从江县往洞乡增冲村传统的门前建水塘，水田上建禾仓的村寨规划方式有利于火灾防控；云南省翁丁村的居民将存放粮食的谷仓集中安置在聚落周边的区域，防止因住房着火导致谷仓和粮食被波及；贵州省石阡县楼上村的巷道是最好的防火带。一旦发生火灾，人们只需撑着就近巷道两边的石墙直上屋顶，把瓦掀开，就能使火苗上蹿，从而截断火路，阻止火势蔓延。而且，楼上村的庭院两边，各修有一口用石条砌成的消防池。牢固的防火设施，使得500多年来楼上村都没有出现过大的火灾，得以完整地保存至今。山地丘陵地区传统村落防火设施以侗族村寨尤为突出。村内建筑几乎为木质吊脚楼，极易发生火灾，因此村落的传统防火体系保留至今。

（1）消防用水

侗寨大都建在平坝周围或靠水的缓坡上，居住的地方总有一道溪水和一片稍稍平缓的土地，一条弯弯的溪沟从寨头流到寨尾，又出了寨，把一排排牛圈和粮仓也串起来。增冲古寨的水塘特多，大小不一，分散点缀于房屋之间。全寨位置最高处也建了储满清水的水塘。如今，多数家庭至今还保留了着盛满了水、用以防火的大木桶，不仅火堂里有，灶旁及烟囱旁边也有。

（2）喊更传统

侗族村寨都设有防火喊寨员。他们大多由村民推举出来的热心村寨公益、责任心强的中年男子担任，报酬由村民捐资或用公田部分收成给付。防火喊寨员的职责包括：早、中、晚走村头串寨尾喊村民注意防火若干次，提醒村民防火注意事项，同时，还要深入村民家中，查隐患，指不足。若遇有隐患的户主不听劝告，有权报告村寨寨老，寨老在鼓楼商议决定，视情节轻重，对不听劝告户主进行罚款或罚谷子，以告诫其他村民加强防火意识。作为村寨的防火喊寨员，他们还有一个重要职责是负责管理村寨防火池塘的给水情况，检查每家每户是否备足沙子之类的防火之物。

历史上，侗族村寨一直有着较为系统的防范火灾的习惯法。清康熙十一年（1672年）七月初三立于今贵州从江县境内的《高增款碑》规定："议或失火烧屋，烧自身之物，惟推火神与洗汗（洗寨——驱除邪气出寨），须用猪二个，老监寨四十五家，拾余家，猪二个外，又罚铜钱三百三十文。"流传于广西三江侗族自治县的《约法款》也规定："放火烧物，防火烧山，图财害命，天地不容，这面罪厚，这条罪重。这面罪大道十，这条罪重蹈百。拉他进十三款坪，推他上十九土坪。有钱拿钱来抵罪，无钱拿命来偿还。"火灾造成严重后果的，就"赶他的父亲得三天路程以远，撵他的儿子到四天路程以外。父亲不得回家，母亲不得回寨。"

由于灾后重建需要很多木材，而木材又是侗族村民的主要经济来源，因此与之相关联的山林防火也极其重要，规约也极其完整，惩治也极其严酷，如道光年间侗族各地大款在黎平腊洞联款形成至今仍流传的《十二款约》规定："哪个用火不慎，烧毁杉山柴林，除了赔偿损失，还要杀猪打平。"清末形成的《公众禁约碑》也有规定："烧毁山林杉木，一经查实，除赔脏外，罚银五百豪，以充公用。"广西三江《马胖永定条规碑》规定："放火烧山，公罚钱一千二百文。"而这些习惯法在实施过程中，又形成了较为完整的惩罚体系，惩罚方式大体可分为下面几种：

罚款：这是惩罚性较轻的一种，适用于发生火警但未造成大损失的一种惩罚形式，这种惩罚方式一般是在火警被排除后，寨老就召集村民在鼓楼商议，罚火警户主杀一头猪来供村民吃，并罚户主喊寨防火10～30d不等，以警戒大家防火切莫大意。

洗寨：这是对失火户主的一种处罚。户主失火不管是否成灾，按款约规定出20元请法师，罚他备三牲（即狗、鸡、鸭各一只）来驱"火神"。同时，法师组织一帮人到失火主家，用便、阴沟水把失火主房屋淋一遍，再用棍棒石头敲打一遍，传说这样才能驱走"火神"。尔后，在全村每个角落敲打一遍，直到把"火神"赶过风雨桥。

驱除村寨：这是防火罚则中最重的一种。如果火灾造成损失重大的，寨上就把事主赶出村寨去外地居住，即让他们离开本乡本土，到外地去安家落户。

蹲水塘：不论火灾造成影响大小，发生火灾时或在救火过程中，酿成大灾的户主及其家人都须进水塘或河里下跪，任凭他人用桶或瓢舀水从身上淋下来。如有不从，或跑进山里躲避，就要受到谴责和打骂。

送串串肉：凡有损害公众利益行为的人，如放火烧山、失火烧屋而又有悔过之意者，则令其杀猪宰羊，煮熟成片，穿成串串，然后挨家挨户送去，并向各家各户当面承认自己的错误[1]。

2．防潮防热

傣、侗、壮、苗、瑶、土家族村落多采用干栏式建筑形式，依靠吊脚部分来适应地形的变化，充分满足了山地农耕生活所需要的使用空间需求。干栏式建筑大部分为木构，在南方湿润多雨的气候中，防潮成为木构建筑的重要防范内容之一。吊脚楼为适应山地地形，底层架空，并在转角欱子部位作一圈转廊，转廊出挑较大，均不落地，从底下仰视，如同吊在半空，故称吊脚楼。吊脚楼既是穿斗式结构的一种，又有别于普通穿斗建筑。建筑屋面出挑深远，也是为了不让雨水直接飘落在木结构上，且在山墙面也伸出屋檐，呈歇山顶形式，也有效地防止了风雨直接对外墙面的侵蚀。在建筑的外圈加设了阳台，使建筑形成良好的进退关系，这样建筑外墙面就不会直接暴露在空气中形成破坏，湿热空气在屋檐形成的阴影下结露，留在室外而不让潮湿空气直接进入室内。

同时，干栏式建筑的底层架空是对地势的一种适应，避免了贴地潮湿有利于楼面通风，最后，干栏式建筑构造的特点解决了通风散热的问题，其屋顶的大坡度做法既减少屋顶对

1　杨和能. 侗族村寨的防火习惯法[J]. 中国民族，2010，1：48-49.

室内空间的热辐射，也使室内的余热比较容易升至顶部，并从瓦沟的缝隙中排出，达到散热的效果。

彭家寨聚落有非常完整的吊脚楼起吊类型，其核心思想还是将建筑抬高，除了处于节地方面的考虑之外，主要还是希望通过这种方式，使潮湿空气通过，而非直接进入建筑内部，减少湿危害。

对于民居形式为非干栏式建筑的山地丘陵地区，如福建省，也有着其他的防潮经验。福建为全国多雨省份之一。全省大部分地区年降水量1100~2000mm，逐月相对湿度75%~85%。可见，该地区建筑物的防潮工作也相当重要。

福建聚落中建筑物的潮湿有三个主要的来源：一是空气中的水蒸气进入室内。特别是在春季，室外气候相对湿度很高，甚至达到饱和点，影响到室内，湿度高，气压大，人体很不舒适；二是建筑围护结构渗水漏水，造成室内潮湿；三是地下水的上升渗透，同样也会导致室内湿度的增加。福建省龙海市东园镇埭尾民居解决建筑物防潮的措施十分丰富，如在木柱下设石柱础的方法来防潮。由于夏季空气湿度大，尤其在梅雨季节相对湿度可达85%以上，物品容易发霉腐烂，梁柱接触地面，易蛀易朽，石头上面出现冷凝水，会影响房间的使用。而柱子上部分采用木料能减少冷凝水的形成，下方设置石柱础能有效地阻隔地下水的上升渗透。修筑房屋时，建筑外墙均采用实心厚墙，以减少墙面湿度的渗透，并采用石造基础和密实勒脚来隔绝地下水的上升与渗透。勒脚高度通常为0.5~0.8m，能有效地防潮。同时，室内木柱刷油漆或涂桐油，阻隔水汽的渗入，保护木柱。而至于房顶，房屋的坡顶坡度通常为30°，以利于排水，最大限度地减少潮湿来源，并在窗洞口上设有雨披，这能保障顺利排水和减少墙面受雨淋。[1]

5.2.4   地方性材料

山地丘陵地区丰富的木材和石材为传统民居的建造提供了基础条件。山地地区森林植被类型丰富，包含各种亚热带常绿阔叶林、山地暖性针叶林针阔混交林、落叶阔叶林以及竹林等，这些为构建木架结构的民居提供了丰富的资源。贵州、广西、湖南等地的传统民居结构中的柱、檩、梁、围壁和窗等几乎全部采用优质的木材。例如傣、侗、壮、苗、瑶、土家族村落多采用干栏式建筑形式，依靠吊脚部分来适应地形的变化，充分满足了山地农耕生活所需要的使用空间需求，而干栏式建筑大部分为木构。湖南省怀化市辰溪县上蒲溪瑶族乡五宝田村，修房子采用的都是当地自然生成的辰杉，材质坚硬耐用，防腐上除了防火防风外，还用桐油油漆。桐油细密，渗透性好，不溶于水，是上好的防腐材料。房主每年用桐油油上一次，多次积累，使房子风雨不蚀，外观油光发亮。同时，村内大量使用当

---

1   易芺. 闽南古村埭尾聚落研究[D]. 泉州：华侨大学，2014.

地特有的玉竹石，玉竹石石质清润如玉，可片成块状，打制加工成柱、板。打制后光滑平整，美观坚固，历经千年不变色，不蚀，是上乘的建筑材料。古村的巷道、走廊，院落的地坪、天井，宅子的门框、门槛、墙根、柱础，到处都能看见青色的玉竹石。

而贵州绝大多数地区具有喀斯特地貌，地质构造为优良的碳酸岩盐。这些碳酸岩盐容易采集为利于修建的薄片状结构，而且同时耐风化和风吹雨淋，成为天然建筑的绝佳材料。在贵州的许多喀斯特地区，传统民居因材大量由石头砌成，以石板房形式表现，同时，其他日常生活用具以及寨墙、古堡、寨内通道等都用石头构建。

例如安顺市黄果树风景名胜区黄果树镇石头寨村，或是贵州省安顺市西秀区大西桥镇鲍屯村都有着典型的石屋建筑。这里的石屋建筑极有特色：石屋沿着一座岩石嶙峋的山坡自上而下修建，层层叠叠，鳞次栉比，依山林立，布局井然有序。有的石屋房门朝向一致，一排排参差并列；有的组成一正两厢院落，一幢幢纵横交错；有的石屋是石砌围墙，由一石拱朝门进出的单独院落。村头寨边的竹林柳荫下，还安置了许多的石凳石椅。房屋为木石结构，不用一瓦一砖。用木料穿榫作屋架，屋架有7柱、9柱、11柱不等，无论是三间或五间一幢，中间多作堂屋，下为实地地面；左右两边多作卧室上铺地板，下为"地下室"关牲口。在建房时，首先用石头砌好两个较高的屋基，一般在2m以上，然后将木柱房架立在上边。正因为屋基较高，家家都得砌石阶进门。房架立好后，就砌石墙四面封山，用薄石板盖房，有的用石料间隔，石柱支撑。这些房屋的墙，有的用块石、垫石垒砌或浆砌，有的用锤针剔打平整的料石安砌，有的用乱石堆砌后再用石灰或混凝土在墙面勾缝成虎皮墙。砌石接缝紧密，线条层次匀称，工艺精湛，房屋造型美观大方。

图5-92
鲍家屯石屋建筑1
（资料来源：笔者自摄）

图5-93
鲍家屯石屋建筑2
（资料来源：笔者自摄）

5.3   山地丘陵地区传统村落基础设施问题

5.3.1   给水排水系统

山地丘陵地区大部分区域水资源较为丰富，河流纵横且降雨充沛。大部分传统村落已通自来水，部分村落内实行分阶段限时供水，一般每两天供水一次。此外部分农田缺水灌溉，极大影响了工农业生产和人民的生活。对于区位较为偏远的传统村落，基本没有建设相应的给水厂站，大部分依靠自家抽取地下水或接引山泉水作为主要水源，水质与村落周边自然环境的生态质量联系较为紧密，水资源的清洁质量和供应总量得不到保证和控制。为了取水方便，村落水井或山泉接水口多位于院落周边。若水源附近畜圈、厕所发生渗漏，或近年来农药、化肥的使用及渗漏，都将成为极大的污染源从而污染水质。

同时，由于大部分传统村落基本没有建设污水进行处理设施，污水通常都是结合道路旁明沟排水、水塘汇水等直接排放，对于周边生态环境产生一定破坏，甚至出现了村落中污水横流的现象，影响了村民的日常生活环境，而且也间接影响了日常用水的水源质量。

部分传统村落已进行给排水管网铺设，但大多数为村民私自加设，没有经过统一的设计和规划。且由于山地丘陵地区村落高差大，铺设给水排水管网存在一定困难，出现了部分村落不能引入给水排水管网的情况，无法满足村民的使用要求。另一方面，大部分给水排水管线存在直接裸露布置在室外的情况，严重影响和干扰了历史文化村落中的街巷传统风貌。同时，由于部分村落传统给水排水设施年代久远且有现代给水排水设施的引入，这些设施部分被荒废，甚至已经破败不堪，不再发挥作用，出现了现代设施无法引进，传统给水排水设施却不被重视的两难境地。部分村内排水沟渠被当作垃圾填充和污水排放场地，通常通过降雨时水量较大冲洗掉排出村外，但长久下来容易堵塞排水系统，或滋生蚊虫污染环境。

图5-94
安顺市黄果树风景名胜区黄果树镇石头寨村路面横流的污水
（资料来源：笔者自摄）

5.3.2 道路交通系统

1．对外交通

（1）路基不稳定，破损较为严重

由于山地丘陵地区传统村落分布于南方地形起伏较大的山地与丘陵地带，其道路设施通常与地形地貌存在较大关系，道路多沿着等高线布置。但因地形限制，且该地区湿润多雨，时常发生塌方等地质灾害，导致路基不稳定，村落进出道路年久失修，大多破损严重，影响车辆正常通行。

如湖北省利川市谋道镇鱼木村，地处鄂西与渝东分界的群山峻岭之间，村落仅有一个出入口，即寨门。村落对外道路及村内巷道宽度在2m以内，均仅满足人行和农具通行。且道路铺装多为碎石土路及石板路，部分道路损毁严重，不能满足村民日益增长的出行需求。

图5-95
湖北省利川市谋道镇鱼木村进村道路
（资料来源：http://hb.ifeng.com/travel/hlcsx/
detail_2013_04/11/705761_2.shtml）

图5-96
湖北省利川市谋道镇鱼木村村内石阶
（资料来源：http://www.mafengwo.cn/i/705866.html）

（2）新建道路尺度大，与传统风貌不相协调

随着乡村公路网的快速建设，甚至很多村落都出现了交通性干道穿越传统村落的现象。由于交通性干道设计宽度较大，设计车速较高，与村落的整体空间尺度相差较大，因此，交通性干道的穿越给村落的整体传统风貌和格局造成了巨大的影响和破坏。例如黔东南苗族侗族自治州从江县丙妹镇岜沙村，县道X883穿村而过，水泥双车道与两侧的木质吊脚楼风貌不相协调，严重破坏了村落的传统风貌。

图5-97
黔东南苗族侗族自治州从江县丙妹镇岜沙村穿村道路
（资料来源：笔者自摄）

2．村内街巷

传统街巷破损严重，新建道路破坏风貌。随着村民对于交通出行要求的提高，造成了原有道路不能满足村民使用需求的问题出现。部分传统村落高差太大，村内街巷多修建石阶，无法通行机动车，不能适应现代交通工具的通行要求。而且由于传统村落历史年代久远，原有的街巷使用时间较长，石板易碎，部分道路街巷出现了石板松动甚至严重的破损毁坏情况。特别是到下雨天气，石板道路易滑，影响了村民正常的交通使用。

其次，还有部分村落为了满足现代化交通工具的通行要求，对传统道路进行了拓宽、翻新等一系列改造，破坏了原有的街巷空间尺度与传统风貌。新建道路多浇筑水泥，渗水性差，村落又缺乏合理有效的排污措施，导致村内污水横流，卫生环境差。

3．交通设施

由于地形限制以及村落自身发展问题，除了少部分开发旅游的村落建设停车场外，大部分传统村落没有配置停车场或停车场面积不足，村民多选择路边停车，这都影响了村落的正常交通以及传统风貌。其次，村落大多缺乏公共交通，大部分村落村民进出依靠农村客运（中巴）、私家车或摩托车，出行不便。

图5-98
贵州省黔东南苗族侗族自治州从
江县往洞乡增冲村破损街巷
（资料来源：笔者自摄）

图5-99
贵州省黔南布依族苗族自治州三都水族自治县坝街乡坝辉村新建街巷与传统
风貌不协调
（资料来源：笔者自摄）

图5-100
贵州省黔东南苗族侗族自治州从江县往洞乡增冲村路边停车情景
（资料来源：笔者自摄）

5.3.3　综合防灾系统

1. 山地丘陵地区传统村落易受火患

山地丘陵地区传统村落建筑大部分为木结构或砖木结构。其为适应山地自然生态、气候特点以及地形地势等自然环境因素，历经"巢居"、"栅居"演变，最终形成稳定的、有着近千年历史的干栏木楼民居建筑形式。干栏木楼民居，由火塘、堂屋与卧室组成的生活起居空间，底部架空层、晒排与粮仓、厨房等生活辅助空间和楼梯、通廊等交通辅助空间构成。其建筑特点为纯杉木结构，木柱立架、木杭作梁、木板为壁，小青瓦或杉木树皮盖顶民居呈"团寨"式紧凑布局，木楼鳞次栉比、栋栋邻连。因此，村落天然伴生着建材耐火等级低、火势蔓延快、扑救难度大、损毁面积广的民居火险之特点。

亚热带山地湿润气候区多数村民家庭都储备一定的柴火、木炭，提供人们日常生活饮食、烘烤、取暖之需要。近年来村民物质生活水平逐步提升，照明用电普及，冰箱、电视、热水器、电暖器等现代家用电器开始成为家庭日常生活用具，但大部分村落未进行农村电网改造，荷载过小的家用电线与大功率电器使用不相匹配。木结构村落除"炭火"隐患之外，"电线路"引发电火的隐患更加显现。二者叠加，致使聚落民居的失火率偏高，脆弱的木楼防火面临严峻考验。

随着现代文明的强力渗透，文化理念与阶层利益分化加大，传统村落原生文化形态与传统社会秩序，经过近二三十年的社会与文化变迁，已处于严重失衡状态。现代消防理念、消防措施与传统村落文化传统，在现实生活中存在诸多冲突，现代消防体系与原有的村寨消防传统难以有机融合。传统村落大聚落、高密度、纯木屋的火灾隐患缺陷被放大，传统消防的积极功能正在现代生活的冲击下减弱。导致最近十多来年，中型和重、特大火灾持续不断发生，成为典型的农村火灾"重灾区"[1]。

1999年-2016年部分侗族村寨聚落火灾统计

表5-4

火灾时间	火灾规模及损失详情		
1999.2.27	贵州从江小黄村；居民取暖后余火处理不当引发；烧毁142户172间房屋，经济损失96万多元；一座有着数百年历史的鼓楼被烧毁		
1999.3.8	湖南通道侗族自治县地坪团寨；小孩玩爆竹引发火烧连营；死亡3人，烧毁120户544间房屋		
2003.3.6	贵州从江銮里村；居民取暖后余火处理不当引发；受灾89户405人，烧毁房屋56栋336间，直接经济损失45万元		
2005.7.19	广西三江独峒屯特大火灾；儿童用火不慎引发；烧毁房屋249座，鼓楼4座，风雨桥1座，破拆19户，受灾1270人，直接经济损失643万余元		
2005.9.10	贵州从江巨洞村；村民酒后吸烟引发；死亡3人，烧毁房屋79栋227间，直接经济损失68万元		

1　廖君湘. 侗族村寨火灾及防火保护的生态人类学思考[J]. 吉首大学学报（社会科学版），2012，6：110-116.

续表

火灾时间	火灾规模及损失详情
2006.4.3	广西融水鼓楼屯120年特大火灾；电气原因引发；烧毁房屋79栋227间，直接经济损失68万元
2006.4.14	贵州黎平地扪村；村民烤火不慎引发；死亡1人，烧毁房屋39栋，扑火拆除29栋，直接经济损失43万元
2007.2.13	贵州榕江晚寨特大火灾；小孩玩火引发；烧毁房屋140栋418间，直接损失97.2万元
2007.9.18	广西融水县滚贝侗族乡大云屯；吸烟不慎引发；烧毁房屋89户122间，破拆房屋23户43间，直接财产损失280万元
2007.11.2	广西三江县独峒干冲屯大火灾；村民酿酒不慎引发；烧毁民房190户，直接财产损失312.5万元
2007.12.1	贵州黎平堂安寨；电线短路引起，烧毁21栋48间房屋，2.7万公斤粮食
2007.12.20	广西融水滚贝乡加牙侗寨重大火灾；村民用火不慎引发；烧死2人，烧毁40户吊脚木楼，破拆4户，直接经济损失46.3万元
2008.12.5	贵州从江高传寨；用电引发；烧毁29栋79间房屋，烧死牛6头，马1匹，烧毁粮食163t
2009.3.19	贵州从江往洞乡朝利寨；死亡1人，烧毁房屋5栋，直接经济损失7.2万元
2009.4.8	贵州从江小黄村；取暖后余火处理不当；烧毁房屋8栋，破拆房屋6栋
2009.5.10	广西三江独峒乡知了屯；煤气罐爆炸引发火灾；烧毁68户房屋，破拆69户房屋，直接损失130.6万元
2009.10.7	贵州从江高增寨；电线老化引发；36户吊脚楼被烧毁、14户木房因救火被砸烂，损失达368万余元
2009.11.6	广西三江独峒乡林略屯特大寨火；电气故障引发；死亡5人，烧毁民房196座，受灾人数1121人
2011.12.10	贵州黎平雅蝉寨大火；村民烧木炭引发；37栋112间房屋被烧毁，直接经济损失500多万元
2012.1.10	湖南通道侗族自治县龙吉村；电线线路老化引发大火；16栋民房全部烧毁，受灾群众超过100人
2012.2.13	湖南通道侗族自治县独坡乡骆团村；电线线路老化引发大火；71栋吊脚楼被付之一炬、救火拆除22栋木楼，直接经济损失400余万元
2012.3.9	湖南通道侗族自治县播阳镇上湘村；电暖气引发大火；41户房屋被毁，经济损失150万元
2012.7.7	湖南通道侗族自治县更头村火灾，烧毁13栋民房
2013.8.6	湖南靖州苗侗聚居区特大火灾，58户村民房屋被烧毁
2013.12.23	贵州黎平县孟彦镇芒岭村发生火灾，20多栋木房被烧毁
2014.1.25	贵州镇远县报京乡报京侗寨发生寨火，100余栋房屋被烧毁
2014.7.6	贵州黎平县永从乡高贡村宰坑自然寨火灾，造成28栋房屋被毁
2015.1.2	广西融水县滚贝乡尧贝村下寨屯火灾，烧毁房屋21栋，致130多人受灾
2015.6.17	贵州黎平县龙额镇德俄上寨火灾，烧毁20多户房屋
2016.5.23	湖南会同县沙溪乡大路侗寨火灾，烧毁木质结构房屋2栋，经济损失达几十万元

资料来源：本研究整理。

2．山地丘陵地区传统村落火灾频发原因分析

（1）立足于现代消防学的阐释

由于独特的自然、历史、地理、经济条件和民族生活习俗等方面的原因，传统村落聚落存在诸多容易引发火灾、扩大火患的消防不利因素，必然会导致火灾频发。

图5-101
林略侗寨全景
（资料来源：http://blog.sina.com.cn/s/blog_544acc3d0100ffge.html）

图5-102
林略侗寨大火后全景
（资料来源：http://blog.sina.com.cn/s/blog_544acc3d0100ffge.html）

传统村落民居多为年代久远的纯木质结构木楼，按照集中式成片布置，聚族而居。建筑密度大，往往形成几十户、几百户的大村落、大团寨。木材长年风干枯朽，含水量少，燃点低，耐火性能差，里外易燃，火灾荷载大加之户与户之间建筑防火间距不够或缺失，寨内几无防火分区，容易由小火引发大面积火灾，且自救相当困难。木楼民居往往在底层堆放木柴、稻草等杂物，关养牲畜，第二层为生活空间，家庭成员习惯在二楼烹煮食物，就寝和取暖。火坑、火塘、火盆、火桶等用火器具皆集中在此，三楼一般存放生产、生活用具和粮食。生活当中多用柴、炭、草作取暖、烘烤、烹饪的燃料,用火方式落后，潜在的火灾隐患面广，整改难度大，整治任务艰繁。

此外，家用电器普及，诱发火灾的电火隐患日趋严重，电路故障引发火灾的比重上升。传统村落于20世纪60年代初开始享受现代电力文明带来的生活便利，输电电线延伸进千家万户。但一般民众所掌握的科学用电、线路规格与负荷匹配等电力知识，线路安全布设、漏电保护等电工技术，无法与"现代化"生活水平同步。一则乱搭乱接电线、电气线路陈旧老化，频繁触发短路、漏电现象，二则随着大功率家用电器、电气设备种类和数量的增加，用电负荷不断攀升，电网超负荷运转之下直接烧化线路，或由终端电路故障引起跳火。

同时，传统村落消防工作缺乏专项经费保障，消防投入不足、现代消防基础设施滞后、消防器材短缺。多数村落缺少专用消防水源、消防管网、消防车道和消防设施。少部分村落则消防设施不完善，消防装备器材量少质差，消防水池蓄水量不足。即使配置有消防栓、消防泵和水带，也因缺少有效管理和维护被毁坏，或缺乏系统消防训练而无人能熟练操作。一旦发生火灾，群众仍然只能靠脸盆、水桶等原始工具提水传递扑救。群众消防安全意识不强，缺失必要的现代消防安全知识。大部分火险由违章用火、用电、用油、用气等人为因素引起村落消防组织建设滞后，消防制度不健全，消防监督力量薄弱，火灾自防自救能力不足，不具备初起火灾扑救条件。多数山地丘陵传统村落在大山深处依山而建，交通闭塞，经济发展相对滞后，水利、交通基础设施差。与外界交通靠狭窄山路，其至极少数村落仍不通公路，致使公安消防队由于路途遥远、交通不畅，或大型消防车根本无法驶入而不能及时施救，外部的专业消防救援即便到达现场也毫无意义[1]。

（2）立足于生态人类学的阐释

从生态人类学的视角而言，高密度聚居的干栏木楼居住现实，在山地丘陵地区持续了千多年历史，居住文化的稳态延续，意味着这种聚落建筑文化同时适应于它周边的自然环境和所面临的社会背景。虽然历史上山地丘陵传统村落也曾经发生过火警、小型火灾，一般表现出频度低、损毁规模小的特点。直到最近年内，传统村落才不断发生毁灭性特大型、大型火灾。其根源在于20世纪中叶以来，在汉文化挤压和现代工业文明影响、冲击下，传统村落社会产生和发展的社会机制、文化价值观、生计模式等诸多层面均发生很大改变，

---

1 廖君湘. 侗族村寨火灾及防火保护的生态人类学思考[J]. 吉首大学学报（社会科学版），2012，6：110-116.

传统文化逐渐被全方位解构，面临严重流失困局。传统文化整体及其各个文化要素，它们的社会性适应和自然性适应的耦合关系被破坏。聚落建筑文化的社会性适应严重削弱了自然性适应的成效，必然会对所处的自然生态系统造成难以修复的损伤，频繁的火灾就是结果，最终损害到传统村落聚落文化的生存基础和可持续发展的前途。

进入20世纪中后期，山地丘陵地区青山环抱、森林密布、古木藏葵的自然生态，经过大炼钢铁、铁路枕木需要以及林地下户后的无序砍伐，遭到严重破坏。森林覆盖率、活木蓄积量逐年减少，土壤保水性能降低，水土流失加快，改变了当地自然水环境。气候逐渐干燥，降水分布过于集中，越来越多依山傍水的村落出现季节性缺水情况。村落重要的防火设施—水塘、溪河之水量不足。遇上干旱季节，不仅农业用水缺乏，消防水源干涸，甚至连人畜饮水都无法保障。水资源减少和枯竭，让火害扑救陷入无米之炊局面。

同时，村落内平时养鱼、洗衣、充当污水沉淀池，关键时刻用作消防水源和防火隔离带，现今多因被填平作宅基地或承包养鱼后淤塞而逐步减少。许多村落自制引流管道，将山泉水改造成低压流水的"山寨版"自来水，于是家庭生活和防火必备的"太平缸"、水缸、水井多被废弃。因此，火灾一旦发生，短时间内无法就近获取大量消防源水。2012年3月9日，湖南省通道侗族自治县播阳镇上湘村发生的火灾就是因为自来水水压过低"半天接不满一桶"，事主无奈而放弃扑救，终至41栋侗族民居被烧毁。

其次，大量传统村落"空心化"，消防主力缺位。改革开放三十年来中国工业化、城镇化快速推进，城镇对劳动力人口吸纳规模持续扩充。农业生产技术改进以及人口数量增加使得乡土聚落消化富余劳动力能力低诸因素，导致传统农业劳动力向非农产业转移的特征明显。通过"异地转移"的谋生方式，农村劳动力数量锐减。传统村落聚落生态系统中，大量年轻人改变农耕生计方式后外出打工，儿童和老年人留守家庭的现象十分普遍，聚落"空心化"趋势加速。青、壮劳动力缺失，聚落维护生态系统的能力减弱，生态失衡危险加大。大量青壮年外出谋生，留下"空巢"家庭和"空心化"的传统村落，减弱了聚落消防生态系统的能力。人手不足致使"喊寨"防火传统渐趋中断，传统的生态防火知识遭遇传承和创新的断层。留守老人和小孩在忙碌的日常生活之外，无暇掌握太多科学的用火、防火、灭火知识和逃生自救常识，增强了火灾的破坏等级。缺失了青壮年在第一时间充当灭火主力军，自我救援的有生力量不强，火情初起时无足够人力来控制局面。林略屯、骆团寨的火灾，都存在如果年轻人没有外出打工，则大火能够在第一时间被扑灭的可能性。

同时，传统社会基层组织结构瓦解、组织运转停滞，传统村落公共事务管理弱化，传统社会秩序失衡。传统社会由"补拉"、"合款"组织行使聚落公共事务管理权，约束个人的涉火行为。从鸣锣喊寨到火灾救援，民间约法都有详规，对肇事者惩罚严厉。现在，基层社会组织结构涣散，传统村落管理的民间约束衰落，而政府乡村政治管理的防火机制尚未建立，防火工作组织不力，即便投资了不少消防设施，也因管理漏洞而无法发挥设施的正常功能作用。传统社会村规民约约束力的消解，也反映在防火、救火过程中，部分村民

图5-103
林略侗寨大火后重建的传统村落
（资料来源：http://blog.sina.com.cn/s/blog_544acc3d0100ffge.html）

公德水平倒退、人心涣散、过度重视私利的行为，得不到有效纠正而有所曼延。齐心协力、有序自救的传统被伤害。如违章建筑侵占公共蓄水塘、防火带，忽略或漠视火警相关的预防性工作，因一己之利而拒绝接受火险警告以致酿出火灾，寨子着火后，集体一线救火、团结互助的精神散了，人们开始只顾抢救自家财物，甚至个别村民阻挠或不配合破拆房屋开辟防火隔离带[1]。

　　此外，大火后，许多村落的灾民都选择重建防火的砖房，传统侗寨、苗寨的壮观从此不再。饱受火灾之痛的村落，宁愿舍弃这个独一无二的传统风貌，也要先保自身平安。重建的房屋以砖混结构为主、木房为辅，许多砖混结构代替了传统木楼，传统村落的保护与传承面临着艰巨的挑战。[2]

5.4　小结

　　总体而言，本章节基于传统村落地域划分，总结阐述了山地丘陵地区传统村落的分布与特征，并从给水排水系统、道路交通系统、综合防灾系统、地方性材料等方面总结了该

1　廖君湘. 侗族村寨火灾及防火保护的生态人类学思考[J]. 吉首大学学报（社会科学版），2012，6：110－116.
2　广西三江大火连绵——哭泣的侗寨[EB/OL]. [2009－11－24]. http://blog.sina.com.cn/s/blog_544acc3d0100ffge.html.

地区传统村落基础设施的营建经验与核心问题。本章节小结主要包括：

（1）山地丘陵地区在我国分布广泛，包括南方湿润多雨的地形起伏较大的山地与丘陵地区，主要位于云贵高原、川渝地区、赣闽粤桂交接地带等地。该地区地形复杂，山谷纵横，气候以亚热带季风气候、南温带高原季风气候及北亚热带高原山地季风气候为主山地丘陵地区村落多选址于山水之间，用地多被山峦或溪河等分割，地势复杂，有一定高差起伏。村落沿等高线布置，巷道狭小曲折、大多与河流关系密切。根据地形、气候等多种因素，将山地丘陵地区划分为闽粤赣山地丘陵亚区、湘鄂粤多民族山地亚区、川渝及周边巴蜀山地丘陵亚区、云贵高原及桂西北山地亚区四个亚区。目前整个山地丘陵地区三批共1427个传统村落，分布带有明显的向山区靠近的趋势，大多数集中于云贵高原地区。

（2）山地丘陵地区具有极为特殊的地形地貌、自然条件与民族文化，在这三者的制约与影响之下，其传统村落的选址与布局、民居营建与基础设施建设通常与地形地貌存在较大关系，体现出较为明显的注重结合地形、防火防潮、地方性材料运用以及民族差异性等特征。部分传统基础设施如水利水系、梯田灌溉工程、风雨桥、侗寨喊更防火传统等流传至今并仍发挥积极的作用。

（3）虽然各类基础设施存在的问题不尽相同，但仍存在一些共性，如基础设施陈旧落后、供应总量不足、缺乏系统化设计、破坏整体传统风貌等。且由于山地丘陵地区地形限制，该地区传统村落基础设施相较于平原地区，更难以建设与维护。其中，由于山地丘陵地区传统村落建筑大部分为木结构或砖木结构，且民居呈"团寨"式紧凑布局，木楼鳞次栉比、栋栋邻连。村落天然伴生着建材耐火等级低、火势蔓延快、扑救难度大、损毁面积广的民居火险之特点。因此，山地丘陵地区传统村落的防火问题成为目前传统村落保护中最严峻的挑战之一。

06

其他地区传统村落基础设施特征与营建经验

- 东北湿润寒冷亚区传统村落基础设施特征与营建经验
- 青藏高原佛教文化亚区传统村落基础设施特征与营建经验
- 滨海及海岛亚区传统村落基础设施特征与营建经验
- 其他一般地区传统村落基础设施特征与营建经验

6.1　东北湿润寒冷亚区传统村落基础设施特征与营建经验

6.1.1　东北湿润寒冷地区传统村落的分布与基础设施特征概览

1. 传统村落总体分布与特征

东北湿润寒冷地区为其他地区中的亚区之一，其范围基本与中国传统的地理大区和经济大区——东北地区重合，包括了辽宁省、吉林省、黑龙江省以及内蒙古自治区东部五盟市（呼伦贝尔市、通辽市、赤峰市、兴安盟、锡林郭勒盟）。东北地区位于北纬40°至55°之间，是我国纬度位置最高的区域，地跨寒温带、中温带和暖温带，属于温带大陆性季风气候，其基本的气候特征为：具有寒冷而漫长的冬季，温暖、湿润而短促的夏季。东北地区北临北半球冬季的寒极——东西伯利亚，冬季强大的冷空气南下，带来寒冷干燥的西北风与降雪，使之成为同纬度各地中最寒冷的地区，与同纬度的其他地区相比温度一般低15℃左右；而同时东北地区是我国经度位置最偏东的地区，其南面近海，东南季风可以直接影响到东北地区，热带海洋气团经渤海、黄海补充湿气后进入东北地区，给其带来较多雨量和较长的雨季，同时又由于东北地区平均气温较低，蒸发微弱，降水量虽不十分丰富，但湿度仍较高，从而使东北地区在气候上具有冷湿的特征[1]。同时，与同纬度的其他国家相比，我国东北地区冬季的日照时间普遍较长，冬季需要供暖期间，太阳辐射热量较大，太阳能资源比较丰富，所以东北地区村落在冬季纳阳以抵御严寒的方面也做出了相应的措施[2]。

从自然条件上看，东北地区是以东北大平原北半部的松嫩平原为核心，地形特点大致为周围高中间低。西、北、东三面环山，西面和北面是大、小兴安岭，从黑龙江省北部做"人"字形，分别向西南和东南延伸，东面是长白山，整个东北地形呈马蹄形的地貌格局。东北地区幅员辽阔，地形地貌多样，包括了以松嫩平原为主的平原地形、以大、小兴安岭为代表的山地地形以及黑龙江、乌苏里江等水域带来的河谷地形等等。多样的地形地貌带来了丰富的自然资源，拥有诸如红松、樟子松、白桦树、榆树、杨树、柳树等树木资源以及谷草、羊草、乌拉草、芦苇、碱土、山石等其他自然资源，丰饶的自然资源使得当地村落的建设能够就地取材，节约花销，并反映出当地的自然环境特色。

东北地区是一个以汉族为主体的多民族地区，包括了以满族、蒙古族、朝鲜族为主等多种少数民族，多民族的融合造就了东北地区独特的地域文化，即由肃慎系民族、秽貊系民族、东胡系民族和汉民族四大族系文化所构成的多民族文化的聚合[3]。多民族的聚居在东北地区不同的地域空间内，使得该地区出现了明显的地理文化分异，各个地域均有着自身的文化特色，不同的民族文化、生活习俗，使得东北地区的传统村落在村落格局、建筑特

1　韩聪. 气候影响下的东北满族民居研究[D]. 哈尔滨：哈尔滨工业大学，2007.
2　周立军，于立波. 东北传统民居应对严寒气候技术措施的探讨[J]. 南方建筑，2010，（6）：12-15.
3　黄松筠. 东北地域文化的历史特征[J]. 社会科学战线，2005，（6）：164-168.

色以及基础设施营建上均有着不同程度
的体现，例如呼伦贝尔草原地区的蒙古
族村落，受游牧文化的影响，其建筑零
散的沿河分布，与汉族村落规整的空间
布局有着明显的区别，同时受到俄罗斯
文化的影响，其建筑形式多采用融合了
俄罗斯文化的"木刻楞"式建筑，具有
独特的文化特征。

图6-1
东北湿润寒冷地区传统村落分布图
（资料来源：本研究绘制）

　　受气候条件、历史人文等因素的影
响与制约，东北地区传统村落呈现出明
显的"地广村稀"的特征，目前整个东
北地区仅有三批共24个传统村落，其中第一批2个、第二批6个，第三批16个。从地域分布
来上，东北地区传统村落分布则带有明显的向山体靠近的趋势，多数集中于长白山脉与大
兴安岭附近，少部分村落由于农业种植的需要，分布于松嫩平原（图6-1）。东北地区具有
极为特殊的气候特征、自然条件与民族文化，在这三者的制约与影响之下，其传统村落的
选址与布局、民居营建与基础设施建设体现出较为明显的注重防寒抗冻、防雪防滑、地方
性材料运用以及民族差异性等特征。

2．村落选址与布局

（1）村落选址

　　东北地区的村落选址与中国大部分地区相似，都遵循着背山近水的基本原则。临近水
源，无论是生活用水、生产用水都有充足的来源，还能解决排水、排洪、防火以及防御等
方面的需要。此外，东北地区冬季气候寒冷，盛行寒冷的西北季风，村落选址尤其以南低
北高的向阳坡地为佳。由于向阳坡地与背阴坡地相比温度高10℃右，而且是西北风的背风
面，选择南面朝向的坡地既可以多争取日照，又能够抵御冬季寒冷的西北季风。平原村落
在选址时则往往在村落北、西两方向种植防风林带，以防从西伯利亚吹来的寒风袭击，使
整个村落在严寒的冬季处于温暖的小气候环境之中[1]（图6-2）。

　　此外，村落选址也往往离不开经济形态的制约。东北地区很早就已经形成渔猎、游牧
与农耕三种不同的生存方式，从事不同性质生产方式的村落各有特点。从事农耕生产的村
落通常选址于平原地区，聚居在耕地周边，以便于缩短从事农耕生产的交通距离（图6-3），
而从事游牧渔猎生产的村落一般具有较大的活动性，根据季节性的生产生活需要而选择建
造地点（图6-4）。

1　周巍. 东北地区传统民居营造技术研究[D]. 重庆：重庆大学，2006.

图6-2
吉林省抚松县锦江木屋村
（资料来源：http://www.
sz0429.com/news/2750.
html）

图6-3
吉林省图们市白龙村
（资料来源：http://dp.
pconline.com.cn/photo/
list_2117745.html）

图6-4
内蒙古自治区额尔古纳市奇
乾村
（资料来源：http://www.
nanbeiyou.com/travels/
detail/1191851）

（2）村落布局

东北地区的气候特征主要是寒冷、湿润以及冬季具有较好的日照条件，这三个核心特征深刻地影响了东北地区传统村落的空间布局。作为我国最寒冷的地区，东北地区具有漫长而寒冷的冬季，黑龙江省在最冷时气温可以低至-40℃，故而在东北地区防寒保暖成为村落布局的首要考虑问题。东北地区传统村落为了防寒，基于其冬季日照相对较为充足的特征，多数采取较为松散的布局形式，增加各民居之间的间距且其朝向通常坐北朝南，从而获取更多的日照。同时为了阻挡冬季的寒风，东北地区民居通常让正房的长轴方向垂直于冬季的主导季风方向，加强建筑之间的挡风作用，从而达到降低热损耗的作用（图6-5）。

图6-5
黑龙江省宁安市江西村影像图
（资料来源：Google地图）

在松散布局的原则下，东北地区传统村落的空间形态多呈行列式布局（图6-6），这同样是在东北严寒气候下充分考虑采光保暖的结果。以行列式布局的传统村落，其绝大多数的民居可以获得良好的南北朝向，从而有利于建筑争取良好的日照、采光和通风条件。同时有些东北传统民居群体在行列式布局的同时故意错开了一个角度，构成错列式布局，以改善夏季的通风效果[1]（图6-7）。

3. 给水排水系统

（1）给水

东北地区南面临近渤海、黄海，东南季风带来海上的湿气，造就了其相对湿润的气候特征，同时其境内还有辽河、黑龙江、乌苏里江等众多水系，相较于北方干旱地区，其水源充沛，但由于寒冷的气候，一年的结冰期可长达半年，地表水无法成为村落稳定的水源。

1　周立军，于立波. 东北传统民居应对严寒气候技术措施的探讨[J]. 南方建筑，2010，（6）：12-15.

图6-6
辽宁省新宾满族自治县腰站村影像图
（资料来源：Google地图）

图6-7
黑龙江省富裕县三家子村影像图
（资料来源：Google地图）

相对于地表水的难以取用，东北地区湿润的气候与相对充裕的降水量造就了其丰富的地下水源，泥土良好的隔热与保温效果使其避免了结冰的风险，因而东北地区的传统村落基本以地下水作为其主要的给水水源，而地表水则通常仅作为季节性的备用水源使用。

相较于其他地区的传统村落，东北地区的村落供水方式较为单一，自来水入户仅在少数村落得以实现，多数的村落仍采取传统的水井取水的方式。造成这种情况的主要原因仍是东北地区寒冷的气候，由于每年长达六个月的结冰期，给水管网对于保温措施、覆土深度都有着比其他地区更高的要求，高技术标准引起的超常费用支出，使得多数村落难以承受。同时，即使自来水实现了入户，其在室内仍然会出现冬季结冰的问题，对村民的取水用水带来相当多的不便。而井水即使在严冬也往往不会结冰，能够为村民提供稳定的生活水源，更为经济、实用，仍是多数村落所采取的取水方式。

作为我国重要的"粮仓"之一，东北地区有着大面积的水稻种植，多数传统村落也是以水稻耕种为其主要的生产方式。东北地区水资源充裕，众多的水系保障了水稻的水源供给，与其他几个地区类似，东北地区的水稻灌溉也是以开挖沟渠，通过地势高差，引河水或泉水入沟渠或接纳雨水进行自流灌溉，多余水量再排出进入河道或渗入地下，同时由于水稻灌溉的季节并不是东北地区的结冰期，故而无须考虑相关防冻问题。

（2）排水

东北地区传统村落通常规模较小，同时严寒地区基本无淋浴或水冲厕所排水，其用水量、排水量较少，加之在严寒的气候之下，地面排水很快就会结冰，因而东北地区传统村落通常不采取沟渠式排水，而多将生活用水直接排放至村居附近的土地之上，通过自然渗透解决村落的排水问题。

4. 道路交通系统

东北地区地处严寒地区，为了满足漫长冬季的日照采光需要，建筑朝向大多坐北朝南，并将主要出入口设在南面，主要道路大多沿东西向成带形分布，住宅于两侧紧密连接，较少有临街成对面布置的情况。南北向的道路较少，主要起辅助交通作用[1]。总之，东北地区的道路系统相对较为简单，适应于行列式布局，其道路系统通常仅由干道与支路两部分组成（图6-8）。干道为村落与对外联系的主要道路，承担村落主要的交通职能，道路方向通常与建筑朝向垂直，多数的民居建筑沿干道布局。支路即小道，是指村落中除干道外的不同宽度的道路，其功能主要是联系村落内的各个部分，通常垂直于干道。东北地区街道的高宽比同样体现出明显的气候适应性，由于其对日照的要求比较高，所以通常会加宽街道以获得更多的阳光照射，而相对温暖的地区则刚好相反，依赖街道两侧的建筑形成的阴影空间，来躲避日晒。

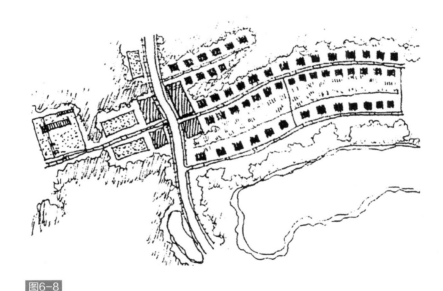

图6-8
东北地区传统村落道路示意
（资料来源：周巍. 东北地区传统民居营造技术研究[D]. 重庆：重庆大学，2006）

位于山地的传统村落的道路以顺应地形尽量平行等高线布置为主，以此节约用地、减少建筑基底开挖量，但是东北地区山地村落的建筑朝向大多向南，因而街道布局受建筑朝向影响，与其他地区的山地村落相比具有自己的特点。坡度较陡的山地村落一般选在向阳的南坡，主要街道也基本上平行等高线布置，另设垂直等高线的宅间小路作为辅助；而坡度较缓的山地村落的主要街道大多沿东西方向垂直等高线布置，建筑布置于街道两旁，垂直于等高线，立面形态呈阶梯状升高（图6-9）。

1　周巍. 东北地区传统民居营造技术研究[D]. 重庆：重庆大学，2006.

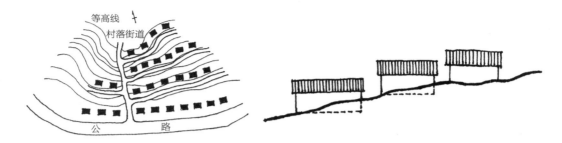

图6-9
东北地区山地传统村落道路示意
（资料来源：周巍. 东北地区传统民居营造技术研究[D]. 重庆：重庆大学，2006）

在上述几种道路形式之外，受不同民族文化的影响，部分传统村落的道路体系呈现出不同的特征。例如朝鲜族村落，其道路营建秉承朝鲜半岛传统的道路布置方法，以不规则性与整体性的有机结合为特点，使村落的布局更加自由化，贴近自然[1]。

5. 综合防灾系统

综合防灾系统是指为了抵御包括自然灾害、人工灾害在内的多种灾害而由各类防灾、减灾、救灾系统配合组成的大系统。出于气候的影响，东北地区的综合防灾系统主要体现在防寒、防雪、防风以及防火四个方面，并主要通过村落选址、布局、建筑构造与绿化种植这几类措施来进行防灾减灾。

东北地区的防寒、防雪、防风主要通过建筑构造来实现，不同的建筑结构、建筑材料的选用多是出于对极寒湿润气候的适应。综合考虑防寒与防雪的要求，东北的传统民居普遍采用了硬山顶的形式，坡度较缓，这样有利于冬季屋面积雪的适量保存，使雪本身作为一种有效的自然保温材料，加强屋面在寒冷冬季的防寒效果[1]。例如东北地区传统村落常见的木刻楞民居，木刻楞是一种"井干式"住宅形式。"井干式"是中国古代木结构建筑结构方式的一种类型，是将圆木或半圆木两端开榫后合成矩形木框，层层相叠成木构承重墙的构架方式。木刻楞民居极适合东北极寒地区，如果采用传统的砖砌房屋，会因为砖材的抗拉性能较差产生冻裂，影响房屋的保温性和稳定性，而采用松木结构，一可防止冻裂现象；二可防止房屋变形，能够达到防冻防雪的目的，同时因为松木之间采用榫卯连接，对房屋抗震也极为有利。木刻楞房冬暖夏凉，就地取材，建造简便，是寒地林区理想的建筑材料[2]（图6-10）。

1　周立军，陈伯超，张成龙，等. 东北民居[M]. 北京：中国建筑工业出版社，2009：156-157.
2　苗玉媚，李桂文. 三河回民乡木刻楞房解析[J]. 哈尔滨工业大学学报（社会科学版），2005，7（5）：41-45

6. 环境卫生系统

东北地区传统民居的做法是将卫生间配置于屋外，通常配置在住宅右侧或者紧邻牲圈，入口朝西，面对山墙，私密性较强（图6-11）。通常这种卫生间没有上下水，所以不需要净化槽，方便堆肥。大庭院民宅一般把卫生间配置在院子的一个角落，一般贴在外部围墙，同时配置了排气筒。这样不仅方便处理粪便，而且气味减轻了很多[1]。在卫生间的类型中，以无坑式、浅坑式、连茅圈式厕所为主，这些类型的厕所没有处理粪便的功能，储存粪便的功能也较差，在使用上造成了一定的不便。

图6-10
东北地区木刻楞民居
（资料来源：http://www.hhhtnews.com/2014/1110/1775826.shtml）

图6-11
吉林省图们市白龙村卫生间
（资料来源：http://itbbs.pconline.com.cn/dc/13377919.html）

7. 能源系统与通信系统

在寒冷地区的初冬和初春时节，由于空气湿度过高或连续降水，加之气温数月均在0℃以下，降水（降雨、降雪）将会附着在导线避雷线绝缘子上并凝结成冰，使得架空电力线路形成覆冰情况，覆冰厚度严重时甚至可达10mm以上。架空线路的覆冰会给电力的供给带来相当大的危害，甚至造成碰线短路、绝缘子闪络、断线倒杆等重大事故。同时，在发生冰雪灾害事故时，往往又是恶劣天气的高发期，通常伴随着通信中断、冰雪封山、道路阻塞等情况，使得线路的维护与抢修工作变得十分困难。因而东北地区的架空线路（电力、电信）均要进行相关的防雪防冻措施，提高线路铺设的技术标准，同时在选择线路路径时，尽可能地避开严重覆冰地带，在发生覆冰现象的地方采取用电流融冰的方法以减少破坏性冰害事故[2]。

在燃气方面，多数的传统村落并未铺设燃气管道，而是采取传统的以柴薪、秸秆、玉米棒为燃料供燃，部分经济条件较好的村落以煤渣、煤球供燃或使用液化石油罐。受极寒

1　周立军，陈伯超，张成龙，等. 东北民居[M]. 北京：中国建筑工业出版社，2009：156-157.
2　梁文政. 架空电力线路抗冰（雪）害的设计与对策[J]. 电力设备，2008，9（12）：19-22.

图6-12
东北地区火炕
（资料来源：何萍. 中国西北和东北地区农村住宅炕文化比较研究[D]. 长春：吉林建筑大学，2015）

天气影响，冬季的供热是东北地区较为突出的特征，居民往往通过火炕、火墙、地炕等设施来进行取暖供热，其中又以火炕最具代表性（图6-12）。"炕"是指"北方人用土坯或砖砌成的睡觉用的长方台，上面铺席，下面有孔道，跟烟囱相通，可以烧火取暖"，其具体采暖原理是燃料在加火口燃烧并产生热烟，当热烟在烟道里经过时，烟道上方的炕面吸收了热烟的热量，炕面再以热辐射原理使整个居室的温度升高，最终达到取暖的目的[1]。在民族文化的影响下，其具体建造形式又可分为"一字炕"、"万字炕"、"满铺炕"等多种形式，在东北地区的供暖、烘干等方面炕均起到了不可替代的作用。

6.1.2 东北湿润寒冷地区基础设施的营造经验

1. 给水系统

东北平原东北部为三江平原，是中国最大的沼泽分布区。三江平原的"三江"即黑龙江、乌苏里江和松花江，三条大江浩浩荡荡，汇流、冲积而成了这块低平的沃土。区内水资源丰富，总量187.64亿m³，人均耕地面积大致相当于全国平均水平的5倍，在低山丘陵地带还分布有252万hm²的针阔混交林。虽然具有充足的水资源与良好的用地条件，三江平原地区却受困于相对恶劣的气候条件，其年均气温仅为1~4℃，水稻适宜生长温度为（25~35℃）。因受气候条件影响三江平原地区井口出水温度普遍较低，为（4~7℃），达不到水稻适宜生长温度，严重影响水稻的质量和产量。为了防止利用冷水灌溉水稻，避免水稻冷水害的发生，该地区村民经常通过建设晒水池等水利措施来增温，尽量提高井水入田前的

---

1 何萍. 中国西北和东北地区农村住宅炕文化比较研究[D]. 长春：吉林建筑大学，2015.

水温。晒水池是东北地区传统村落常采取的一种灌溉用水增温设施[1]。

晒水池一般指深度小于1m的长方形或方形蓄水池。晒水池一昼夜可使井水水温升高9℃左右。晒水池面积一般为稻田面积的1%～2%，池内设隔水墙，交错排列，使池内水迂回流出，利于增温，在一头设出水口，装叠板式闸门，用挡板拦水，利于取表层温水灌溉[2]（图6-13、图6-14）。此外，晒水池还有一些其他的改进做法，以增强其增温能力。例如，部分村落采用的"回"形晒水池（图6-15）：先用白龙水管将井水提到3m多高的跌水平台上，利用三阶平台高低落差形成水花，使井水与空气充分接触以提高水温（图6-16）。再让井水流过回形晒水池，充分接受阳光照射。并在回形晒水池出口处修建跌水坝，使井水滚下跌水坝，进一步接受阳光照射。最后延长进水灌渠，使进入水田的水平均比出井口时提高8～10℃。

从太阳辐射—水—土壤的连续体中可以看出，晒水池的工作原理主要来自于太阳有效辐射、水及土壤之间的热交换，每天正午，天气晴朗，到达水面的辐射波中，太阳辐射有一部分短波被镜面反射回大气，其余大部分被水体吸收，所以水温上升，若水面的温度高于气温，热量向空气中散播，这一升温模式如图6-14所示[3]。

2．排水系统

东北湿润寒冷地区的传统村落，其瓦屋面一般采用小青瓦仰面铺砌，瓦面纵横整齐（图6-17）。它不同于北京地区的采用合瓦垄，其原因是东北地区气候寒冷，冬季落雪很厚，

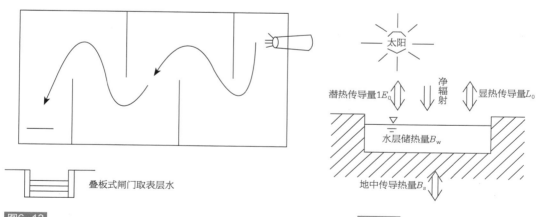

图6-13
晒水池隔墙回流增温模式

图6-14
晒水池增温原理

（资料来源：尹彦霞. 利用地下水灌溉防雨作物冷水害的增温机理研究[D]. 大连：大连理工大学，2002）

1　刘作慧，王勇. 晒水池和渠道结合增温技术在井灌水稻中的应用[J]. 黑龙江水利科技，2002，38（5）：132-132.
2　尹彦霞. 利用地下水灌溉防雨作物冷水害的增温机理研究[D]. 大连：大连理工大学，2002.
3　尹彦霞. 利用地下水灌溉防雨作物冷水害的增温机理研究[D]. 大连：大连理工大学，2002.

图6-15
回形晒水池
（资料来源：http://www.mdjnk.com/articleshow.
aspx?id=74379）

图6-16
晒水池跌水坝
（资料来源：http://www.mdjnk.com/articleshow.
aspx?id=74379）

图6-17
仰瓦屋面
（资料来源：http://bbs.8264.com/）

如果采用合瓦垄，雪满垄沟，雪经溶化时，积水侵蚀瓦拢旁的灰泥，屋瓦容易脱落。特别是经过冷冻的变化，更易发生这种现象。因此当地屋瓦全部用仰砌，屋顶成为两个规整的坡面以利雨水的流通。在坡的两端做两垄或三垄合瓦压边，在房檐边以双重滴水瓦结束，可加速屋面排水速度[1]。

3. 综合防灾系统

　　东北传统村落的传统民居，无论青砖瓦房还是土坯草房，都有一个显著的特征，即烟囱不是建在山墙上方的屋顶，也不是从房顶中间伸出来，而是像一座小塔一样立在房山之侧或南窗之前，民间称之为"跨海烟囱"、"落地烟囱"，满语谓之"呼兰"（图6-18、图6-19）。这种样式的烟囱来源于山林中满族人的住宅。满族原来生活在森林中，因利用容易取到的材料建造房屋，所以大部分屋顶由桦树皮或茅草做成，甚至连墙壁也用木材建造。因此，如果把烟囱直接设置在墙壁或房顶上会有发生火灾的危险，所以，远离房屋设置烟囱，有利于防止火灾的发生。烟囱安在山墙边，可以减小烟囱对房顶的压力。另外，如果在房顶上修烟囱，因烟囱底部容易漏水、渗水，春天化雪时水就从烟囱底下流入房里，造成房木腐烂。而烟囱安在山墙边，也可延长烟火的通过距离，让柴或草的热度均保留于炕内。

1　周巍. 东北地区传统民居营造技术研究[D]. 重庆：重庆大学，2006.

图6-18
满族跨海烟囱
（资料来源：周巍. 东北地区传统民居营造技术研究[D]. 重庆：重庆大学，2006）

图6-19
朝鲜族跨海烟囱
（资料来源：周巍. 东北地区传统民居营造技术研究[D]. 重庆：重庆大学，2006）

4．能源系统

东北地区村民为了过冬，使用各具民族特色的火炕。火炕建造方法很多，有用土坯垒成烟道，也有用砖和石头的，其砌筑原则时"通而不畅"，使烟能够充分的散发热量。火炕的宽度由人体的长度决定，在习惯上都用1.8m左右；高度以人的膝高为标准，一般为65～70cm。搭砌时首先在抱门柱之间砌置炕沿墙。在墙的内面砌成长方形炕洞数条，中间以炕垅分隔（图6-20）。炕垅的材料与炕面相同，炕面为石板，炕垅也用较规则的条石做成，炕面用砖，炕垅的做法为：在炕垅的位置立放砖，再顺置一皮砖，作为炕垅；上面横搭一皮砖，作为炕面，砌时

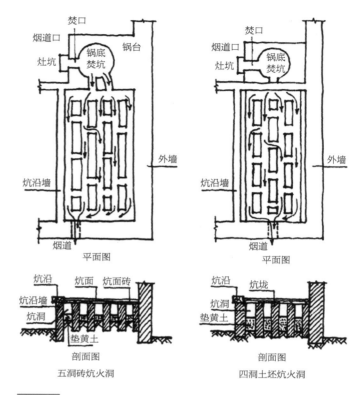

图6-20
火炕示意
（资料来源：周巍. 东北地区传统民居营造技术研究[D]. 重庆：重庆大学，2006）

砖要紧密搭接，这样炕面才能平整结实。用黄土、砂子取1∶2配合比的胶泥为粘结材料。炕洞的最下部垫黑土或黄土夯打坚固，比地面高300mm左右，以缩小炕洞的面积，节约薪材，但是烟量仍可充满炕洞使火炕温热。炕洞数量根据材料和面积大小的不同，一般从三洞至五洞不等。各种形式的炕洞在炕头和炕梢的下部都有落灰堂，也就是两端顶头的横洞，洞底深于炕洞底部。这种做法的用意是当烟量过大时，烟可以暂时存于落灰堂内，保持灶火的持续燃烧而不至于因烟量过大而熄灭。按照炕洞来区分，又可分为长洞式、横洞式、花洞式三种。长洞式是顺炕沿的方向砌置炕洞，和炕沿成平行。当入睡时，人体和炕洞成垂直交叉，自上至下热度很均，是最适于居住而又温度均匀的一种炕洞形式[1]。

受民族文化的影响，不同民族在火炕的营造中也有所不同。汉族火炕多是一字形，由于寒冷的气候条件，火炕一般设在房间的南侧（图6-21）。满族的火炕通常是环室三面布局，南北炕通过西炕相通，俗称"万字炕"（图6-22）。朝鲜族民居不论什么类型的房屋，均为满屋炕（又称大炕），这种满屋炕是朝鲜族独特的居住文化。

1　周巍. 东北地区传统民居营造技术研究[D]. 重庆：重庆大学，2006.

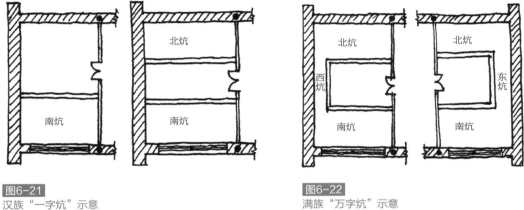

图6-21
汉族"一字炕"示意

图6-22
满族"万字炕"示意

（资料来源：图6-21、图6-22均引自周巍. 东北地区传统民居营造技术研究[D]. 重庆：重庆大学，2006）

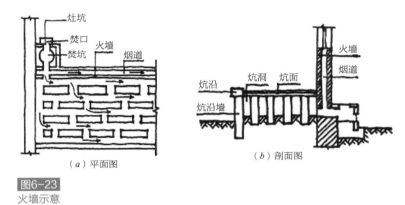

（a）平面图

（b）剖面图

图6-23
火墙示意

（资料来源：周巍. 东北地区传统民居营造技术研究[D]. 重庆：重庆大学，2006）

　　墙是用砖砌筑的墙壁，墙内留有许多空洞使烟火在内流通。一般在大型住宅中为了减少室内烟灰，都做火墙。火墙自两面散热，固热量较大。火墙是东北早期满族所沿用的采暖设施，后来渐渐地传播至东北地。火墙常设在炕面上，兼作炕上的空间隔（对室内空间并不起割断的作用），相当于一个"采暖箅子"，引火处在端部或在背面。在府第大宅中，火墙只用来采暖，所以墙下不设火炉，火门装在端部，如采暖与做饭兼用时，在墙的背面连设火炉，取暖做饭两用[1]（图6-23）。

　　火墙是很便利的采暖设施，构造也不复杂，又节省材料，同时和室内隔墙具有同样效果。火墙的最大优点是散热量大，散热面积在室内占较大部分，因而温度比较平均，灰土较少，并且火墙的建筑位置、大小较随意，有一定的灵活性。烧火完毕后关上闷火板，则火墙的保温时间较长。火墙的使用使居室、厨房温度普遍提高，弥补了单纯靠火炕供热的

1　周巍. 东北地区传统民居营造技术研究[D]. 重庆：重庆大学，2006.

缺陷，使室内大部分空间温度提高，火炕区形成更为舒适的活动空间，不仅使居民在火炕上活动感到舒适，而且白天室内地面上也达到了人活动的热舒适标准。但火墙也有一定的缺陷，使用时温度过高，燃烧耗材量大；同时，使用燃料的种类少，只能用煤、木材，其他燃料都不适用[1]。

火地也称暖地，又叫作地炕，是我国北方地区采暖方法的一种。火地是由主烟道、支烟道、烟室及排烟道等几部分构成。在主烟道之外还有炉膛和工作坑。炉膛与工作坑相连，位置比较灵活，以有利于火地采暖为前提而确定：有的是在前檐阶条石内，紧紧贴在槛墙下；有的是在走廊内，也是靠近槛墙的地方；有的是在后檐墙下，或后檐台基旁；还有的是在山墙外的台帮等处。炉膛的形状有长方形的，也有椭圆形的。在炉膛的上方往往铺设铸铁板，或在铸铁条上铺设铸铁板。炉膛的后部直通主烟道。出烟口多设在台帮处，在砖砌的台帮上或石雕须弥座的束腰中往往留有暖地的排烟口。火地的构造层是在室内地面下先砌一层砖，取其平整，在上面安放有规则等距离的砖垛，砖垛上方架设方砖，在这层方砖上再铺砌地面砖，这样就构成了火地[2]。

采暖季节，在炉膛内烧柴炭，其热流、烟气沿主烟道、支烟道分流到烟室的各个部位，使室内地面温度升高，从而满足了室内取暖的要求。火地的烧火炉膛、出烟口都在室外，这样不会因生火而污染室内空气；整个地面加热散热面积大，热量均匀、温和，是采暖的好办法[3]。

5. 地方性材料

地方性材料的运用，既是出于村落自身经济条件、资源条件而对于区域自然资源的合理利用，同时也是基于不同的材料特性与自身需求而对不同自然资源的合理筛选。东北寒冷地区的传统村落在村落营造中常常就地取材，这样不仅使施工阶段的造价有所降低，也可以减少使用中的维护费用，具有经济上优势的同时又有利于环境保护，而不同材料的选取同时也体现出东北地区村落对于极寒湿润气候条件的应对。例如，吉林省图们市月晴镇白龙村，常使用草料作为屋面铺料，利用其较好的保温性能实现防寒取暖的作用（图6-24）。其做法为：首先置檩木再挂椽子，多为三条椽子。椽子以上铺柳条或者高粱秆以及巴柴。在这些间隔物顶上再铺大泥，当地称作望泥（也叫巴泥），厚度约10cm。为防止寒气透入，再加草泥辫一层，这样既可以防寒又可延长使用。最顶部覆苫背草等，厚度大约有半尺左右，屋脊厚约1尺。苫草不用谷草、稗草，因其本身直径太粗，经日光晒后容易翘起，风吹易掉，6～7年就需要更换一次。一般用羊草，其体轻柔细致耐久，可以使用30年不必更换。

1　张驭寰. 吉林民居[M]. 北京：中国建筑工业出版社，1985.

2　周巍. 东北地区传统民居营造技术研究[D]. 重庆：重庆大学，2006.

3　张驭寰. 吉林民居[M]. 北京：中国建筑工业出版社，1985.

图6-24
吉林省图们市白龙村草房
（资料来源：http://slide.jl.sina.com.cn/travel/slide_51_34655_234745.html#p=10）

　　东北地区传统村落多依山而建，山区中缺乏砖瓦石材，但最得天独厚的就是木材，诸如红松、樟子松、胡桃揪、椴树、柞树、白桦树、水曲柳、榆树、杨树等均有所盛产，同时，由于木材良好的抗压、防震、不易变形的特性，出于东北地区防雪抗压的需要，常常作为主要建筑材料使用，一块块圆木头经过凿刻垒垛，上下咬合在一起，木墙上用泥巴加固，再将松木锯成段，晒干覆盖在房顶，如此经百年风霜而不朽（图6-25），部分村落还用其作为屋顶的瓦片（图6-26），并每年通过"串瓦"（即把向阳坡的瓦片和背阴坡的瓦片进行对换，增加木瓦的使用寿命）以对抗雨雪的侵蚀。此外，由于具有保温隔热的物理特性，

图6-25
吉林省抚松县锦江木屋村的木刻楞民居
（资料来源：http://mp.weixin.qq.com/s?src=3&timestamp=1469851242&）

图6-26
东北地区木制屋瓦
（资料来源：http://mp.weixin.qq.com/s?src=3&timestamp）

土常常用作墙体，其中的碱土还具有容易沥水的特性，雨水侵蚀后，碱土的表面越来越光滑，雨水经常侵蚀时碱土更加光滑而坚固，因而碱土常常用于防渗的补料。

6. 国外寒冷地区基础设施营造经验——以日本白川乡合掌村为例[1]

（1）村落概况

白川乡合掌村位于岐阜县西北部白山山麓，与日本北陆地区的富山县和石川县接壤，属日本中部东海地区，是一个四面环山、水田纵横、河川流经的安静山村。合掌村海拔351~2702m，气候为"寒冷多雨型"，年平均气温11.2℃，年降水量达到2075mm，属于典型的"特别豪雪地带"，与我国东北寒冷地区的气候特征十分类似，合掌村的相关基础设施营造经验在东北寒冷地区极具借鉴意义（图6-27、图6-28）。

合掌村最为出名的是名为"合掌造"的民居，"合掌造"房屋建造于约300年前的江户至昭和时期。为了抵御大自然的严冬和豪雪，村民创造出的适合大家族居住的建筑形式。

图6-27

日本合掌村鸟瞰

（资料来源：http://www.wtoutiao.com/p/la8P1s.html）

1　日本古村落消防保护：合掌村的启示[EB/OL]．[2015-4-27]．http://blog.zhulong.com/u161339/blogdetail 4825451.html．

图6-28
合掌村冬季鸟瞰
（资料来源：http://www.wtoutiao.com/p/la8P1s.html）

图6-29
合掌村造民居的壮观场面
（资料来源：http://www.wtoutiao.com/p/la8P1s.html）

　　合掌村民居建筑与山间的自然环境十分和谐，建筑构造形态完全符合当地的特殊气候，为应对冬天3m多厚的积雪，人字形屋顶的斜面防积雪角度为60°，呈人字形的屋顶如同双手合十，被称为"合掌"，村落也由此得名，同时"合掌造"的材料完全是自然生长的树木、茅草。直到现在，村里依然保留着古老的合作方式，谁家翻修房子，大家会一起帮忙，这种百人站在屋顶上劳作的场面壮观而温馨（图6-29）。

　　数百年的村庄，沿袭并创造出一系列独特的乡土文化保护措施，依然完好地传承着当地文化。1995年12月，联合国教科文组织第19届世界遗产委员会将合掌村列为世界文化遗产，其对合掌村的评价："这里是合掌造房屋及其背后的严酷自然环境与传统的生活文化，以及至今仍然支撑着村民们的互助组织'结'的完美结合"。

　　（2）基础设施营造经验

　　由于"合掌造"采用全木材的构架加之屋顶的干草等均是易燃的材质，合掌村在1965年也曾引发大火，烧毁了一半以上的茅草屋。至此之后，合掌村村民对于防范火灾极为重视，也在防灾与保护村落的进程中逐渐建立了完善的基础设施与防灾措施。

　　首先，在村落布局上，合掌村的建筑布局疏密有致（图6-30），民居建筑之间的空间有防火通道，如堆肥料的地方，专门堆柴火的地方等，甚至还有庄稼地等，这在防火上起到了很大的缓冲作用（图6-31、图6-32）。同时，合掌村对旅游景观开发中的改造建筑、新增建筑、新增设施等都做了具体的防护距离规定，这在一定程度上防止了建筑物过密造成的火灾隐患。

　　其次，合掌村的村落布局还十分重视与水的关系。合掌聚落拥有交错纵横的川沟渠道，流经住家屋舍四周。除了提供灌溉农田用水外，更便于取水消防。茅草屋通常临水而建或采取筑沟引水，时时防范火灾的发生（图6-33、图6-34）。

图6-30
疏密有致的村落布局
（资料来源：http://www.wtoutiao.
com/p/la8P1s.html）。

图6-31
建筑间留有防火通道
（资料来源：http://www.wtoutiao.
com/p/la8P1s.html）

图6-32
建筑间起防火作用的庄稼阻隔
（资料来源：http://www.wtoutiao.
com/p/la8P1s.html）

图6-33
路边遍布的水渠
（资料来源：http://www.360doc.com/content/14/0716/15/17132703_394807210.shtml）

图6-34
铺有管网的渠道
（资料来源：http://www.360doc.com/content/14/0716/15/17132703_394807210.shtml）

图6-35
筑有高台的消火栓
（资料来源：http://www.360doc.com/content/14/
0716/15/17132703_394807210.shtml）

为了能够对出现的火情进行有效的控制
以及扑灭火势，合掌村十分重视对于消防设
施的建造，全村共有59台的喷水枪以及34台
的露天消防栓、28台室内消防栓。有趣的是，
当地消防栓有别于装在地面的一般消防栓，
全都高坐水泥台上。这样可使其不被积雪掩
盖，以便随时发挥功用（图6-35）。

合掌村也开发了应对旅游的民宿。有的
对合掌房屋内进行改装，但建筑外形不变。
内部基本都是现代化家庭设施，配有电视、
冰箱、洗衣机等家用电器，还有漱洗间设
备、厨房煤气灶等，但燃气罐、管道、大箱
体、空调设备等都按照规定放在室外于街道的后背处（图6-36），并安装国际标准的电源接
地装置，以防雷、防火、防触电（图6-37）。

图6-36
严格按规定置放的相关设施
（资料来源：http://www.360doc.com/content/14/
0716/15/17132703_394807210.shtml）

图6-37
国际标准的电源接地装置
（资料来源：http://www.360doc.com/content/14/
0716/15/17132703_394807210.shtml）

位于村落中央宽敞的消防空地和储备间，以及没有门的敞开式开放工具间，摆放各种
工具（包括消防设施），供村民或发生紧急事件时使用（图6-38、图6-39）。

合掌村对防火的处理尤其独特。因为房屋结构梁柱全用木材，屋顶又是干草，因而必
须严防火灾。但同时荻町位处海拔约500m的谷地，四周是上千米的群山，加之其"寒冷湿
润"的气候，下雪期较长，冬日必须依靠生火进行取暖防寒，故而家家户户在客厅都设有
一方火炉。为防止火炉引起火灾，在火炉正上方总是悬吊着一大块隔板，以防止木炭燃烧
时产生的火星随着热空气往上飘至屋顶引起火灾。隔板采用桐木板拼组而成，主要因为一

图6-38
建筑间起防火作用的庄稼阻隔
（资料来源：http://www.360doc.com/content/14/
0716/15/17132703_394807210.shtml）

图6-39
建筑间起防火作用的庄稼阻隔
（资料来源：http://www.360doc.com/content/14/
0716/15/17132703_394807210.shtml）

图6-40
合掌村的消防演习
（资料来源：http://www.360doc.com/content/14/0716/15/17132703_394807210.shtml）

是桐木材质轻可减少横梁负重；二是桐木耐火性好，其表面无须涂任何防火涂料亦不会引起燃烧。此外，隔板除了阻隔火星外，也可以在其上置放花生等干货，利用热气熏烤保持干燥，是合掌村的村民将取暖与防灾巧妙结合的生态智慧之一。

合掌村室内外消火栓密布，在合掌房建筑周围设置了360°旋转消防水枪（图6-40），其外形采用与合掌造建筑相似外观的"小木屋"。同时配置有各种大、中、轻型消防、工作车。合掌村防灾社区灾害管理，通过村民自觉的防灾意识及行为，加上志愿者的活动及自组织的防灾管理策略。依据白川村消防条例，组织有定员165人的消防团，分为南部、中部、大乡三个消防分团。最小年龄19岁，平均35岁。此外，还有后备的白川村女子消防分团，白川村少年消防队、儿童消防队等，组成完整的培养梯队。

6.1.3　东北湿润寒冷地区基础设施问题

1. 给排水系统

东北地区气候湿润，水系众多，因而各个村落通常水源充沛，水源不是给水系统中的主要问题。然而由于其冬季寒冷，因此普遍存在着给排水系统的工程防冻问题。寒冷地区在冰冻季节和持续低温下，如果缺乏适当的保温措施，容易造成供水系统设备冻坏而出现管道内结冰、管道破裂或断裂等问题，而入户部分若保暖不善也易造成家用水表、阀门及水龙头等被冻，导致损坏或无法正常使用[1]。该地区的管网系统必须提高其对气温的防护等级，增加保温、防冻的措施，才能保证管网的正常使用。但这样却增加了大量的建造和维护费用，使得多数村落难以负担。因而目前东北寒冷地区多数的传统村落采取水井取水的方式，而无法享受到现代管网系统带来的生活便利性。

东北地区传统村落普遍规模较小，部分村落受到"空心化"的影响，常住人口更为稀少。稀少的人口使得其污水量并不大，类似北方干旱地区的传统村落，无法采取统一的污水处理设施进行污水的集中处理，污水常常采取直排的形式，对村落附近的生态环境造成了一定的破坏。

2. 道路交通系统

东北寒冷地区的传统村落在车行路的建设上普遍较为滞后，这是由于东北地区冬季常常出现的降雪而使得车行路难以正常使用而导致。目前对于车行道路的防雪的措施还有待研究，同时降雪天气村民出行较难也是其面临的主要问题之一。

3. 综合防灾系统

东北地区传统村落出于保温防寒的需要以及就地取材的经济性考量，常采用木材、草料作为建筑材料。同时又出于取暖需要，常常在屋内设有火炕、火盆等烧火取暖设施，为此，东北地区传统村落具有一定的火灾隐患。而由于管道防冻的需要，往往又缺乏完善的消防管网系统，一旦出现火灾，灭火消火能力严重不足，往往给村落带来较大的财产损失。此外东北地区寒冷的冬季，室外气温长时间在0℃以下，河流等地表水都已结冰难以取用，

1　丁昆仑，孙文海，贾燕南. 农村供水工程防冻保护措施[J]. 中国农村水利水电，2013，（12）：98–100.

消防水源难以保证，同时现代的消防设施，如消火栓、消防管道等也面临被冰雪覆盖难以识别、管道冻结无法出水等阻碍，具有针对性的东北地区传统村落的消火救灾系统有待构建。

其次，东北地区的防寒、防雪很大程度上是依靠传统的建筑工艺与地方性的建筑材料来实现，例如通过松木的抗压性来达到防雪防寒的目的，这些防灾设施的做法不仅效果显著，同时也具有相当的生态性与生态价值。然而，随着长白山、大兴安岭山区对于树木砍伐的限制，极大地抬升了这些材料获取的成本。当既有的地方性材料受到经年累月的雨雪侵蚀亟须进行替换时，却往往由于高昂的材料成本而被迫使用新的建筑材料。

4．能源系统

东北地区的架空电力线路在冬季常出现覆冰情况，覆冰厚度严重时甚至可达10mm以上。架空线路的覆冰会给电力的供给带来相当大的危害，甚至造成碰线短路、断线倒杆等重大事故。同时在发生冰雪灾害事故时，往往又是恶劣天气的高发期，通常伴随着通信中断、冰雪封山、道路阻塞等情况，对于传统村落供电、通信的稳定性造成了相当大的危害。

6.1.4 小结

本节针对传统村落基础设施特征的区划，阐述了东北湿润寒冷亚区传统村落的分布与特征，并对其各类基础设施以及地方性材料的运用的地区特征、营建经验与问题的剖析，主要内容包括：

（1）东北湿润寒冷地区其地域范围为我国传统地域划分中的东北地区，其气候相对湿润又极为严寒。该地区村落的从选址、布局、民居建造以及各个基础设施的营造，均受到该气候特征的强烈影响，表现出明显对于防寒、取暖、防雪等因素的考量。

（2）出于对极端寒冷和降水较多的气候的适应，东北湿润寒冷地区的传统村落在灌溉系统、排水系统、能源系统、防灾系统以及地方性材料的运用中均积累了大量的"生态智慧"，诸如晒水池、"仰面瓦"、"坐地烟囱"、取暖设施等众多巧妙而实用的营造经验，在方便村民生活和保持村落存续中发挥出了巨大的作用。

（3）东北湿润寒冷亚区的传统村落基础设施建设普遍较为滞后，一方面由于该地区相对落后的经济条件，而更为重要的则是由于防寒、防雪等要求带来的基础设施建设方面的困难。该地区基础设施问题也多数指向如何在基础设施的建设中充分考虑到地区防寒、防冻、防雪的特殊要求。

6.2　青藏高原佛教文化亚区传统村落基础设施特征与营建经验

6.2.1　青藏高原佛教文化亚区传统村落的分布与特征

1. 传统村落总体分布与特征

青藏高原佛教文化亚区地域范围包括青海省、西藏自治区全境，甘肃省的甘南藏族自治州、四川省西北部阿坝藏族羌族自治州及甘孜藏族自治州以及云南省的迪庆藏族自治州。从地理上看，青藏高原是全球海拔最高的地区，平均海拔达4000m以上且高原地理形态复杂，包括了河谷、山地、草原以及林区等。从气候上看，青藏高原作为一个巨大的屏障，不仅影响到了我国甚至其他地区的气候，也使其自身形成了一个独立的高原气候体系[1]。青藏高原属于高原大陆性气候，常年气压低，干旱少雨。平均温度偏低，气温日落差较大。同时，由于地处低纬度高海拔地区，空气稀薄，尘埃和水汽含量少，大气透明度很高，太阳辐射强度和直射比例大，日照时数长，一年四季阳光充足。高海拔、高寒冷和高辐射强度成为青藏高原显著的气候环境特点。在严酷的自然环境下，传统村落及民居不论是布局、取材建造还是维护方面都会受到极大的限制和制约[2]。

该地区差异显著的地形、地貌和气候特征使传统聚落的农业生产方式多样。农耕稻作的生产方式主要集中在西藏的藏南谷地、青海的河湟地区、川藏三江并流、高山峡谷等地，这些区域气温相对温和，年降水量较多，河网密集，土地肥沃，适宜水稻、小麦等作物生产。高原上一些寒冷无林的地区，如雅鲁藏布江以北地区则主要以牧业生产为主。林区主要分布在南部喜马拉雅山地和东南部横断山区。由于青藏高原具有"一山分四季，十里不同天"的气候特点，使传统聚落的农业生产也呈现垂直分布特点。

自然环境及生产方式对人们的衣食住行具有深刻影响，也成为传统聚落选址、布局、规模以及基础设施营建的基本和重要因素。不仅如此，青藏高原地区浓厚的宗教文化也对传统村落物质空间的形成和发展产生了重要影响。青藏高原是以藏族为主的少数民族聚居区，还包括羌、土、回、傈僳、纳西等少数民族，他们共同创造了多元民族文化融合的、具有高原风格的青藏文化[3]。在青藏文化中，宗教文化占据最为突出的位置。源自藏族自然宗教苯教的"山神"和藏传佛教中的寺庙对村落选址与布局的影响尤为显著。

青藏高原佛教文化亚区内的传统村落，前三批总计98个，第一批27个，第二批33个，第三批38个（图6-41），主要集中分布在青藏高原东部及南部，这些区域地包括河湟谷底、川藏三江并流、高山峡谷等区域，处于高寒、干燥的青藏高原核心地带的传统村落较少。这是由于青藏高原东南边缘区域地理气候相对温和，自然资源较丰富，更适合人类定居。

1　张樱子. 藏族传统居住建筑气候适宜性研究[D]. 西安：西安建筑科技大学，2008.

2　李静，刘加平. 高原地域因素对藏族民居室内空间影响探究[J]. 华中建筑，2009，29（10）：159-162.

3　张云. 青藏文化[M]. 沈阳：辽宁教育出版社，1986.

Ⅳ　其他地区
　Ⅳ2　青藏高原佛教文化亚区

图6-41
青藏高原佛教文化亚区范围及传统村落分布图
（资料来源：笔者自绘）

高原的自然资源、民族特色及宗教文化则对中微观层面村落的选址、布局、民居营建与基础设施建设的影响作用更为明显。

2. 传统村落选址与布局

青藏高原的河谷地区又常称作为河谷平原，主要位于青藏高原各大河流及湖泊沿岸，海拔较高（3000m以上），如拉萨、昌都等都属于这个地区。河谷地区虽然面积较小，但自然资源丰富，是藏族人口最集中的地区，也是农牧业相对发达的地区。由于气候干燥少雨，这个地区的建筑多为平屋顶建筑，且布置较为集中，多位于河流或湖泊两岸平地上，也有些村落坐落于山区里。青藏高原草原地区地势高峻，地域辽阔，主要是藏北的那曲、阿里地区大部，青海省西南部各藏族自治州的大部，甘肃省甘南藏族自治州的南部，四川阿坝藏族自治州北部等地。这些地区海拔都在3500m以上，气候是典型的高原大陆性气候，春秋天降雪，夏季很短，冬季风雪严寒，最冷时气温可到零下四五十摄氏度，人口稀少，水草肥美，是主要的牧区。草原上的藏族传统居住建筑为帐篷和冬居。而青藏高原的林区主要集中在雅鲁藏布江中下游的山南、工布、波密、林芝，青海的海北、玉树、果洛桑格藏族自治州，甘肃甘南藏族自治州的白龙江流域，四川甘孜、阿坝藏族自治州等地。林区海拔较低，雨水充沛且盛产木材，因此在这些地区的建筑多为以木材为主要建筑材料的坡屋顶建筑。

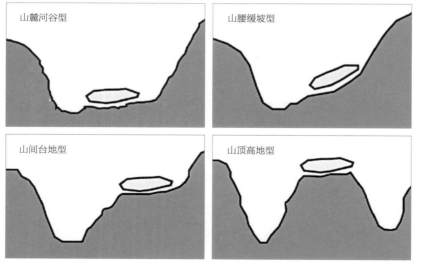

图6-42
藏族传统村落选址类型
（资料来源：刘祥. 川
西北嘉绒藏族传统民居
建筑形态及其生态性能
研究[D]. 西安：西安
建筑科技大学，2015）

（1）村落选址

无论是牧区还是农区的藏族传统村落，在房址的选择上都十分注重同环境的协调，在规避不利自然条件的同时充分利用有效的自然资源。总体而言，不同地区的藏族传统居住建筑在房址选择上具有以下特点：①位于河谷地区的传统村落通常选择建在临近河岸的平地上，多选择在北岸建房，又与河流保持较远的距离（因为河岸附近的土质由于水的侵蚀较为松软，不宜建房）。面朝河流，避免背对河水。②山地地区的传统村落基本顺应山势，在高地上修建寺庙，并将村落布置在向阳山坡。这样既能在冬季获得充足的阳光，也能避免冷风的侵袭。③除了固定建筑以外，牧区的活动帐房在搭建选址时也充分考虑到了自然因素的作用。通常情况下，帐篷多搭在背风、向阳同时地势有一定倾斜的地方，并在帐房的较高地势处及两侧挖出沟道。这样，在保证获得充足日照的同时也便于雨雪天时的排水。

青藏高原亚区传统村落的选址主要受自然地理环境、宗教文化双重因素影响。一方面，由于青藏高原地形复杂，山川、峡谷众多，村落的选址也产生较大差别。西藏、四川、青海藏族聚落大多建造在河谷山麓避风向阳处或交通便利、土地肥沃、水草丰茂之地，考虑日照充足，避开河风、西北风，便于生产生活。甘南聚落多依阳坡而建，节约耕地，争取日照。依据聚落与所处区域的地理位置与分布高度，可将传统村落选址分为四种基本类型[1]（图6-42）：①山麓河岸型。聚落坐落在山麓河谷地带，建筑朝东或朝南依山而建，以争取日照防寒避风。背山面河，这是河谷地区村落最主要的一种选址模式。②山腰缓坡型。村落选址通常位于地势较缓的向阳山坡上，背靠大山，交通较为闭塞。相对于山麓河岸型村

---

1   李军环. 嘉绒藏族传统聚落的整体空间与形态特征[J]. 城市建筑，2011，（10）：36-39.

落，山腰缓坡型村落距河较远，村寨里的用水主要是依靠村内或附近的山涧。③山间台地型。村落通常位于背靠大山的山间台地上，附近有山涧流经，台地多为肥沃的良田。这种类型村落一般距山脚、河流较远，村寨的用水一般靠山顶的积雪融水。④山顶高地型。部分传统村落位于崇山峻岭、汉藏交界之地，历史上多次发生战争，加之盗匪猖獗。因此，有部分藏族村寨选址于海拔较高的山顶高地，有利于安全防卫。

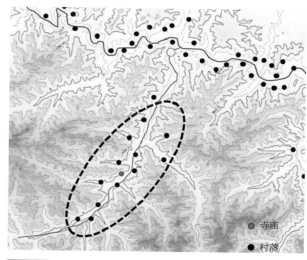

图6-43
以寺庙为核心的卓尼藏族聚落群的分布
（资料来源：段德罡，崔翔，王瑾. 甘南卓尼藏族聚落空间调查研究[J]. 建筑与文化，2014，（5）：47-53）

另一方面，青藏高原宗教文化中的"自然崇拜"思想和藏传佛教文化对聚落选址也产生重要影响。出于对高原严酷环境的敬畏，"自然崇拜"思想对人们选址村落选址起到了极大的心理约束作用。村落一般选址拥有山神庇护的"神山"脚下，还讲究顺应地势、因地制宜，尽量减少对地形的改变[1]。同时，在藏传佛教文化中，寺庙作为超凡的空间节点，为信徒奠立了秩序和"世界中心"，在传统聚落的发展演化中具有举足轻重的地位[2]。寺庙多建在聚落中显要的位置，是一切聚落活动的"中心"，由于寺庙通常与"世俗"有一定的隔离，这个"中心"不完全指地理位置上的中心，更多意义上是指各种公共活动、节庆甚至商业中心。出于宗教及公共活动需要，该地区的传统聚落一般靠近寺院选址和发展（图6-43）[3]。

（2）村落形态

青藏高原传统村落因不同地形、地貌、气候、资源、水文等自然条件，而呈现不同的布局形式。根据村落形态和布局差异大致分为簇团式、带状、沿河（湖）和分散型布局：

①簇团式布局的村落主要分布在河谷平地及山坡平缓向阳处，依耕地多少，集中成组成团布置大小不等的村寨，聚落密度相对较大。此种布局多见于农区或半农半牧区。房屋成簇成团而建，即有利于村民相互协作、节省耕地，又利于防风保温。

②带状布局的村落通常沿道路、公路呈现长条形线性布置。带状式布局通常有便利的交通，最早是围绕茶马互市、交通要冲建立起来的集镇。沿主要的交通干道和商业干道形成商业、手工业居住等功能空间。

1 郝晓宇. 宗教文化影响下的乡城藏族聚落与民居建筑研究[D]. 西安：西安建筑科技大学，2013.
2 张雪梅，陈昌文. 藏族传统聚落形态与藏传佛教的世界观[J]. 宗教学研究，2007，（2）：201-206.
3 段德罡，崔翔，王瑾. 甘南卓尼藏族聚落空间调查研究[J]. 建筑与文化，2014，（5）：47-53.

图6-44
散落在山坡中的米堆村
（资料来源：《传统村落》第九期）

③沿河（湖）布局的村落常沿河流、溪流以及湖泊的岸边分布。由于藏族人的生活、生产用水及牲畜用水均靠江河溪湖之水，因而聚落沿河分布多靠近水源，方便生产生活。

④分散型布局村落是指零星分散式布局的村落。有限的可使用土地决定村落不能呈现大规模的聚集，这类型村落的住宅一般布局自由，周边紧挨农田或林地，缺乏明确的中心。如林芝县波密县米堆村沿河谷两岸散落分布在农田中间、平坝草地之上，或在坡地上，均选在背山面水，冬季可挡风的地段（图6-44）。分散型布局形式由其生产方式决定。而牧区生产活动以家庭为单位，独立性强，为了方便看管、安置自家牛羊，帐房间距离较大，布局上自由、松散，临时性很强。

3. 给水排水系统

青藏高原素称"亚洲水塔"，是诸多大江大河的发源地，地区水资源总量较丰富，但分布不均匀。这使得当地人们在历史长河中逐水而居，众多传统聚落围绕湖泊分布或临河临水。对于距离地表水较近的村落一般通过对原有水系的改造或截流河水等形式将水引入村中，如阿坝州的色古尔村邻着山崖将远处的高山雪水引入村中，并形成流进每家每户的暗渠体系；有的受地形、水量等方面限制，难以直接将水从地面引入的村落，则用木条、竹片等作为管道，利用自然高差将山泉水接入村中。大多数的传统聚落仍依靠地下水作为主要的饮用水源，水资源缺乏或受季节性干旱影响的村落有的需要靠到远处挑水来解决用水问题。总体来说，高原聚落一般依山而建，有一定坡度，水资源难以组织利用，给水设施并不发达。但高低起伏的地势有助于雨水和污水随着重力沿山势排出村外。因此，村民一般将自家的用水倒到屋外的道路上，村道有时直接承担排水的功能，条件较好的村落则顺着山沟砌筑排水沟渠。村民的生活污水大多以浇灌蔬菜等生产方式再次利用且本身用水量小，因此外排的生活污水量较小。

4. 道路交通系统

青藏高原地形复杂多变，传统村落的道路交通体系往往呈不规则形态，其道路交通系统根据村落所处的地形和村落布局特征而不同。道路的铺装材料主要采用地方材料，如石板路、鹅卵石路、碎石路、土路等多种形态。

在丘陵、河谷较开阔地区，村落的街道布局多与水系、生产、生活相结合。道路沿水系布局，与水系同走向。在交通较为便利、商业较为发达的村镇，村落多沿道路两边建宅，形成前店后宅的格局，道路布局较为规整。村落中重要建筑和公共空间一般沿主要街道分布，巷道则通常依据山

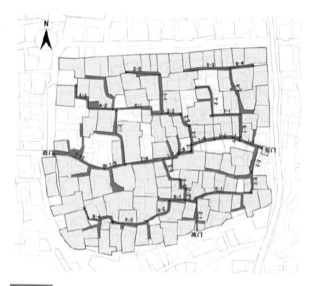

图6-45
青海省同仁县郭麻日村古寨街巷布局
（资料来源：王铮. 青海同仁河谷地区传统聚落与居住建筑气候适应性研究[D]. 西安：长安大学，2015）

势走向、川谷地形、聚落朝向、民居院落等布置，蜿蜒曲折并多数为尽端路，主要是为了防强风直入和降低热损失。例如，青海省同仁县郭麻日村古寨堡内（图6-45），道路主次较清晰，沟通东、南、西门的道路为村中主路，在堡内中心位置交汇，其他巷道空间则尺度紧凑、狭小，巷道结构形态总体上呈现横竖交错形态，支巷末尾均以尽端路、断头路结尾。狭窄的巷道一般由碉楼或院墙限定出来，院墙一般较矮，恰能遮挡人看向院内的视线。寨堡内建筑三五户组成团，密集的建筑间仅留出可供行走的巷道。这样是尽可能地利用四周院落来抵御严寒，同时，也可利用周围墙壁的热传导来使屋内升温[1]。

而在高山山地，分散型村落由于规模较小、建筑分布较分散，道路多与山地地形有机

---

1 王铮. 青海同仁河谷地区传统聚落与居住建筑气候适应性研究[D]. 西安：长安大学，2015.

结合，多依山而建，呈现出自由式布局的形式。巷道为主干道和干道相结合的树枝状道路形态。如素有"千碉之国"之称的四川省甘孜州丹巴县莫洛村，碉房依山势而建，一户或几户成团，碉房民居往往保持一定距离，互相联系较少，道路体系不明显[1]。此类聚落中重要的建筑物，通常处于巷道的主干道上，其周围较开阔，有利于大型佛事活动的开展[2]。此外，除一般的地面道路形式外，亦有部分依山而建的村落形成由路面道路、院落梯段以及屋顶构成的立体式道路体系，组成高低错落的立体交通系统。

5. 综合防灾系统

青藏高原海拔高，自然条件与同纬度其他地区差别很大，太阳辐射强，气温较低，气候变化剧烈，是我国自然灾害频发区，主要的灾害有：雪灾、干旱、大风、冰雹以及地震等。雪灾频发地区主要集中在西藏的山南地区和青海省南部和四川西北交界地区，这些地区同时也是地震的多发地段。干旱则主要集中在那曲南部、日喀则北部、拉萨周边地区，昌都东北部及青海、四川与西藏交界地带。此外大风、雷电、冰雹灾害在青藏高原发生范围较大，主要集中在夏季[3]。针对青藏高原地区的自然灾害特点，传统村落一般选择温度相对适宜、降雨较丰富、土地肥沃的谷底，一定程度上规避了雪灾、干旱、大风等自然灾害多发区。

在防风方面，青藏高原上，夏季以偏东北风为主，而冬季则以偏西向的风为主。建筑的布局既要充分考虑夏季的良好通风，又要有效地阻止冬季寒风对建筑的入侵。藏族村落的选址布局多未经过严格的统一规划，在防风上的手法较为简单，即是尽量在背风处建房，避免多风地带[4]。此外，在村落布局时可考虑在冬季主导风向上利用植被或常青树做挡风墙，村落街巷避免宽阔笔直，建筑布局应紧凑形成围隔空间，降低大风的穿行速度。

在防寒方面，主要体现在建筑形式及建筑材料的选择，如青海的庄廓民居，单体住宅建筑力求功能紧凑，以最小的表面积争取最大的空间体量，开窗小，实多虚少，以封闭的形式减少热量的散失。外墙和屋顶采用夯土墙，土的蓄热性能好，白天土墙吸收大量的辐射热，晚间再慢慢释放出来，减弱了寒冷的气候对室内温度的影响。

在抗震方面，藏族聚落的抗震措施主要围绕三个方面，即稳固的建筑场地、利于抗震的结构形式和构造措施[5]。

1　许月. 西藏林芝传统民居气候适应性研究[D]. 武汉：华中科技大学，2013.
2　安玉源. 传统聚落的演变·聚落传统的传承——甘南藏族聚落研究. 北京：清华大学，2004.
3　高懋芳，邱建军. 青藏高原主要自然灾害特点及分布规律研究[J]. 干旱区资源与环境，2011，（8）：101–106.
4　张樱子. 藏族传统居住建筑气候适宜性研究[D]. 西安：西安建筑科技大学，2008.
5　邹洪灿. 藏族传统建筑的防震意识与措施[J]. 古建园林技术，1993，（2）：38–42.

6.2.2 青藏高原佛教文化亚区传统村落基础设施营建经验

1. 给水系统——盐井

青藏高原地区传统村落的给水排水设施并不发达，但由于地区浓厚的宗教文化以及特殊的地形条件，使其在生产用水上积累了一定的独特经验。井盐是人类四大产盐方式（海盐、池盐、湖盐、井盐）之一，而中国是世界井盐生产最早的国家。在工业化高度发达的今天，大多数的古盐场都已蜕变为盐业遗迹，青藏高原盐井村的盐田仍然执拗地固守着千年不变的传统工艺，澜沧江边层层叠叠的盐田既代表着久远的历史，又是当地人的现实生活，表现出人们对自然环境适应能力以及因地制宜的生态智慧。西藏东南澜沧江畔的盐井地区地处川、滇、藏的交界地带，平均海拔2400m左右，是云南进入西藏的第一站，滇藏茶马古道上重要的贸易点，因产盐而得名。澜沧江在芒康县境内最为狭窄和陡峭，就在这样狭窄的空间里，人类利用洪水冲刷堆积的点滴土地，凿井架田，汲取大自然赐予的卤水，背卤晒盐。

古老盐井依偎在澜沧江边的谷地上，谷地呈扇形，谷地内的村子分为上盐井和下盐井，美丽的村寨和农田就建在"扇面"之上（图6-46）。澜沧江沿江两岸山体呈南北走向，绝大部分地段山高、坡陡、谷深，呈"V"形河谷地貌。有少量台地及泥石流冲积扇分布于高山峡谷间，上盐井村分布在一片绵延的台地与泥石流冲积扇形成的平缓坡地上。盐田的盐井架设于澜沧江边，层层叠叠，悬于崖壁（图6-47）。所谓"盐田"，实为沿江依崖搭建的土木结构的晒台（图6-48），这种崖、土台和支撑木三位一体的结构，由江岸边直上崖顶，错落有致[1]。之所以采用梯田般的垒砌办法搭建盐田，显然是受到峡谷狭窄空间的影响。只有这样，才能更大限度地在有限的空间搭建出最多的盐田，同时又保证每一块盐田都在阳光和风的作用下，结晶成盐。每个盐田的面积并不大，20m²左右，以矩形和方形为主。盐田选择临江依山而建，而不是选

图6-46
西藏自治区芒康县上盐井村的盐田
（资料来源：http://bbs.photofans.cn/thread-687763-1-1.html）

1　李忠东. 西藏盐井：日光与风的传奇. 资源与人居环境，2015，（7）：21-25.

图6-47
西藏自治区芒康县上盐井村的盐田
（资料来源：西藏自治区文物保护研究所、陕西省考古研究院、四川省考古研究院. 西藏自治区昌都地区芒康县盐井盐田调查报告[J]. 南方文物，2010，（1）：84-97）

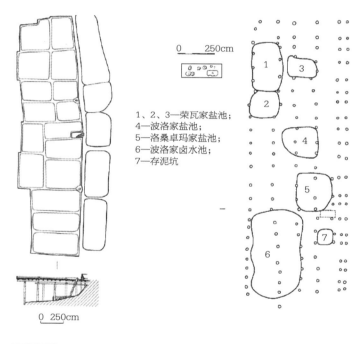

1、2、3—荣瓦家盐池；
4—波洛家盐池；
5—洛桑卓玛家盐池；
6—波洛家卤水池；
7—存泥坑

图6-48
西藏自治区芒康县上盐井村盐田的上层及下层平面
（资料来源：西藏自治区文物保护研究所、陕西省考古研究院、四川省考古研究院. 西藏自治区昌都地区芒康县盐井盐田调查报告[J]. 南方文物，2010，（1）：84-97）

择在地势相对平阔的地方，这实际是和盐卤出露的位置有关。盐井的盐卤为天热卤水，出露在江边，因此盐井也多沿江边钻凿，将盐田搭建在江边，是为了减少卤水与晒场之间的搬运距离。在土地资源稀缺以及地形严格限制的情况下，盐井村采用"凿井—架田—背卤"的晒盐模式，是世界上独一无二的古老制盐技术。盐田是先用粗大的原木搭建骨架，然后在上面横铺一层结实的木板，最后再铺上一层细细的沙土。这样卤水向上可以蒸发，向下可以渗透，简单却非常实用。而用水泥建成的盐田，则卤水很难干透，远远比不上传统的盐田。

上盐井村共有公共盐井2个。盐井上半部呈圆筒状，以不规则石块和水泥构筑，位于江边，冬季时江水回落，盐井全部出露；夏季则多半没入水中。井内要安装木梯以便背卤水者上下，现多用潜水泵抽取卤水（图6-49）；公共卤水池是用不规则石块垒砌而成，位于江岸边近盐井处，平面呈长方形或圆形；晒盐作业区由若干单组盐田组成，位于沿岸坡地或陡岸，依山势层层修建，最多12层，包括私有卤水池634个，盐田3801块[1]。

1　西藏自治区文物保护研究所、陕西省考古研究院、四川省考古研究院. 西藏自治区昌都地区芒康县盐井盐田调查报告[J]. 南方文物，2010，（1）：84-97.

西藏芒康县一直是我国较早生产盐的地区之一，地处连通川、滇、藏地区的"茶马古道"上，是世界上海拔最高、自然环境最恶劣的盐业生产地之一。盐井的盐田仍完整保留着世界独一无二的传统工艺（利用当地的阳光和山谷风通过盐田晒盐，每年的3月至5月是晒盐的黄金季节，不但阳光明媚，掠过河谷的风也非常强劲，很容易出盐），从择地凿井、搭建土木结构的盐田、晒盐、贩运均保留原有技术和形式，是目前世界上少有的盐业生产活化石之一[1]。

图6-49

西藏自治区芒康县上盐井村的公共盐井和公用卤水池
（资料来源：西藏自治区文物保护研究所、陕西省考古研究院、四川省考古研究院. 西藏自治区昌都地区芒康县盐井盐田调查报告[J]. 南方文物，2010，（1）：84-97）

2. 水利利用——水磨手工制香

水利利用与藏族佛教文化的结合主要体现在水磨制作手工藏香。尼木县吞巴乡吞达村位于拉萨市以西140km，是藏香发明者吞弥·桑布扎的故乡，生产藏香的历史悠久，也是藏区最大的手工藏香生产基地。水磨是农耕时代重要的生产工具，在尼木县吞达村，村民通过对自然水系的人工分流，使吞巴河贯通整个村落，为这里的藏香生产创造了得天独厚的自然条件：利用吞巴河的水力资源推动水磨，将村民精选的柏木磨碎，以制作藏香。1300多年前，吞达村的藏香制作由藏文鼻祖吞弥·桑布扎所发明：利用吞巴地区丰富的水资源和在印度所学的熏香技术再结合西藏地域特点，发明了水磨藏香制作工艺，并传授当地村民，使藏香工艺源远流长。

在藏香的制作流程中，水磨是将柏木磨碎的重要工具。木制的水车是纯木结构，不用一枚钉子。先修一道水渠，利用水从高处流下形成的动力带动木制叶轮，水磨的叶轮圆心是一根圆木，延伸到旁边的磨池。轮轴的一头装有一块垂直的长木块，被轮轴等分。其中一头连接着碗口粗的长木，长木另一头楔入待磨的柏木块，水流带动叶轮转动，同时带动轮轴，轮轴带动长木板，木板引发长木反复运动，将柏木在略带凸角的磨池中研磨成泥。在水渠与磨池上斜搭着一根细木棍，细木棍的中间系着一小根线，这样水滴沿着木棍到线上，线上蓄的水垂直向下不停顿地均匀滴到研磨过的石头上。这样不但磨出来的木粉不会因干燥而四处飞扬，木头本身也会一直保持着湿润状态，以利于研磨。当柏木磨到将完，用细木条插在叶轮间，止住水车，再换上一块新的柏木继续磨。或者在磨好的木泥里用手挑拣出未磨细的碎屑，再将已磨好的木泥制成泥砖作为尼木圣香的基础材料，加入各种香

1　西藏自治区文物保护研究所、陕西省考古研究院、四川省考古研究院. 西藏自治区昌都地区芒康县盐井盐田调查报告[J]. 南方文物，2010，（1）：84-97.

料、藏药后，用开孔牛角挤出一根根黄褐色的泥线，晾干后就是藏香。水磨虽然原始，却处处闪耀着智慧的光芒。

目前，吞达村是西藏传统水磨藏香制作生产地，其制作工艺已经被列为国家非物质文化遗产。在吞达村，藏香制作从采掘原材料、磨料、晒砖、配料到成品，整个过程都是传统手工制作。吞达村的水磨一般规模较小，但数量多，吞巴河沿岸目前近300部水车不停运转，形成了一道靓丽的水磨长廊。同样的原理，借助水动力推动石磨来研磨青稞，这样磨出来的青稞既细腻又均匀，并省时省力，是吞巴人磨制青稞的常见方法，与水磨藏香有异曲同工之妙。

3. 道路交通系统

由建筑"平屋顶—地面"组成的立体交通是青藏高原许多地区传统村落的特色。平屋顶建筑具有无阴面，白天可吸收更多的热量，为居民提供无遮挡、通风、采光俱佳的晾晒空间，且不占用基地面积等优势，在青藏高原地区分布较广。在一些用地紧张的寨堡内，往往将院落内平层房的屋顶连成一片，形成环形平台空间，或几家的屋顶跨越了围墙连接形成屋顶平台，这种屋顶人行交通空间，大大增加了使用面积，人们可通过楼梯或爬梯至屋顶进行日常生产活动。规模较大的"平屋顶—地面"立体交通的传统村落，如青海省同仁县郭麻日村古寨堡，堡内相邻住户的院墙在屋顶层相互联通，形成村落"第二平面"[1]。

4. 综合防灾

（1）抗震经验

青藏高原地带地质构造错综复杂，地震活动频度高、分布广、强度大，为该地区自古以来的主要自然灾害。地震的猝发性、难防备性、广泛性和毁灭性给藏族村民带来了巨大的灾难，避免或减轻各类建筑的震害历来就是藏族村民与地震做斗争的一项重要内容。藏族地区建筑防震措施可归纳为以下三个方面[2]：

1）稳固的建筑场地。青藏地区的高原地貌生成年代相对较晚，稳定性较弱，与强震相伴随的往往出现大规模的山崩、滑坡、泥石流、地面裂缝下沉及河流拥塞等一连串震后效应。因而，传统村落的场地选择力求稳固安全，以满足防震和减震的需要。高耸陡峭的山脊危岩及土质疏松、含水量大的近河地带均潜伏着震后发生崩塌、滑坡、泥石流、洪水、土体失稳等灾害的危险性，因而不宜选作建筑场地。建造在平坦开阔、稳固坚实场地上的村落，则往往受益于有利的环境，所以能免遭震后山崩、泥石流、洪水等灭顶之灾。不少

1　王铮. 青海同仁河谷地区传统聚落与居住建筑气候适应性研究[D]. 西安：长安大学，2015.
2　邹洪灿. 藏族传统建筑的防震意识与措施[J]. 古建园林技术，1993，（4）：38-42.

青藏地区传统村落选址于良好的地形地势中，故能完好保存至今。

2）有利的民居结构形式。首先，在建筑材料与结构上，青藏高原多数传统建筑多采用土木、石木混合结构，即以木构架承重，围护墙体则因地而异，或为土筑，或为石砌墙。常见的平顶系由墙体或梁上密铺细圆木，再覆以阿嘎土面构成。在森林资源丰富的林区，多采用井干式结构，顶上盖木瓦或薄木条板构成坡屋顶；其次，藏式传统建筑常采用小柱网（柱距约为2m）的方形或近方形的矩形平面，由于平面形状和柱网布置简单、规则，均衡对称，建筑物的重量与刚度分布均匀，因此在地震中建筑整体的振动趋于单纯，减少了受地震破坏的危险性；再次，藏式传统建筑的层高多取2.2~2.4m，楼房底层一般用作牲畜房或堆放粮食、杂物，极少开窗洞。墙面收分则较为明显，整体外观呈梯形。这种外形不仅构成藏式建筑的一种特殊风格，而且使整个建筑的重心下移，从而有助于建筑物在地震过程中减小振幅，保持良好的稳定状态。

3）有效的构造措施。在墙体构造上，藏式传统建筑大部分以土坯墙、土筑墙、块石墙、毛石墙为围护结构，墙体底部较厚，普通居民建筑的土坯墙底部厚40~50cm，石墙体厚50~80cm。墙体均有明显收分，断面呈梯形。石墙体的砌筑有的采用干砌法，即在比较规则的块石间不用砂浆粘结，而以碎石块填实，外观规整；有的则用未加工的不规则毛石堆砌而成，用泥土浆作为粘结材料。这类砌体内各块体间的有效粘结力很弱，地震时，随着块体间有限的相对滑移，可损耗一部分地震能量，由于墙体本身较厚，且下重上轻，重心低，所以这种块体间的松动对整体的稳定不致产生破坏性影响，而且还能起到一定的减震作用；同时，在土筑墙体中水平放置一些长短不等，直径约为10cm的圆木为筋，也有益于提高墙体的刚度和整体性。此外，藏式传统建筑木构架主要由柱、梁、枕、椽等组成，各构件间一般采用卯榫连接。柱根与地面通常成非刚性连接，即将柱子直接置于地面或用长度不足十公分的榫头嵌入柱础，当受到较大地震力作用时，可以通过柱根部分的位移来适应整个构架的变形，消耗振动能量，减轻震害。

（2）防寒保温经验

在高寒地区，保温要求是生活的基本要求。大到聚落、小到民居对保温的做法都积累了丰富的经验。在传统村落选址上，依避风向阳或风力较小的原则，聚落大都选在河谷平原或山腰台地日照较多的山麓、山凹边坡地带，并争取较长、充足的日照，避免建筑物的相互遮挡，聚落多依坡而建。在传统村落布局上，多采用簇团式，户户毗邻，共有山墙。房屋成簇成团而建，有利于黄土热效应的保持，保温、防风沙、抵御恶劣的自然环境。建筑力求布局紧凑，三面、四面围合，形成院落式或天井式的平面，以最小的表面积争取最大的空间体量。外墙采用夯土墙，土的蓄热性能好，白天土墙吸收大量的辐射热，晚间再慢慢释放出来，减弱了寒冷的气候对室内温度的影响。墙上尽量不开窗，实多虚少，以封闭的形式，减少热量的散失。屋顶采用覆土屋顶，并在传统木结构屋面上采用黏土和植物纤维相交接的构造处理。由于天然材料自身具备较好的温度应变能力，且植物纤维的微小空隙相当于空气间层的作用，有效地减少了热量散失，起到很好的保温蓄热的作用；此外，建筑空间多为框套空间，真正的主要用房布置于建筑中部，储藏等附属用房布置于建筑的四角。这些围绕主要用房的附属用房，起着空气间层的作用，有效防止室内热空气的损失。主要用房的主室中，多有火塘，火塘连通着炕，将锅炉与卧室中的炕通过设于二者隔墙上的烟道相连，这样日常的做饭煮茶，其烟气、热气穿炕而过，利用火塘的热能以增加炕的温度，提高了燃料的热效率，这种基于建筑物理性能出发的空间构成，有效地增加了室内的热稳定性。

同时，青藏高原的昼夜温差较大，夏季短暂，冬季漫长，多半年的晚间气温低于0℃。雨水残留在墙体的表面后，会渗透入墙里；而冬季太阳辐射热会将墙上的压顶、檐口上的积雪融化而流淌侵蚀墙体。夜晚，这些渗水会结冰，而白天气温升高，冰的体积膨胀会引起墙体的开裂。因此，为了防止冰水相变，在佛教建筑中，多采用称为"边玛草"的树枝防止雨水、雪水渗透。边玛草多砌筑于墙体的顶端，枝干倾斜向下，以利于水沿草秆的空腔和彼此之间的缝隙流出。同时，密集的枝干构成了毛细管式的空气间层，增强了其保温隔热的性能。在民居中多用树枝束搁置于墙头，以木板支撑，其与边玛草的作用十分相似，保护土墙不受雨雪的侵蚀[1]。

5．地方性材料的应用

材料的选择和使用是形成地域特征的根本和源泉。青藏高原地区基础设施相对薄弱，地方性材料的使用经验主要集中在建筑物的构造方法和形式方面，反映了传统聚落对自然的适应性特征。高原地区气候条件和生态环境独特，可用于聚落营建的地方性材料多种多样，包括：土、木、竹、石、砖、草等天然材料，其中以土、石、木材为主：

（1）夯土良好的储热和传热性能、承载力以及中和室内湿气的能力使其成为寒冷地区砌筑院落外墙、主体建筑外墙以及屋面的重要材料。但由于夯土维护结构具有基础不均匀沉降引起的开裂、潮湿及干缩裂纹、耐久性不足、夯土脆性大、地震中容易坍塌等问题，便出现以黄泥夯土墙为主，柱距较小的木柱作为承重结构，少量部分夹杂石块砌筑的混合材料用法。以夯土为主要材料建造的村落一般位于降水较少、相对干燥的地区，如青海东部及川西北地区使用夯土建筑较多。

（2）石材是碉楼的主要材料，石材在藏族及其他少数聚落中使用都非常普遍。西藏盛产石材，建筑材料以石材为主，毛石、碎石、片石以及被风化了的岩石——阿嘎土（西藏特有）是重要的建筑材料。石材可用来砌筑碉楼、院墙以及室外地面。人们千百年来不断地探索和实践，积累了宝贵的石材使用经验，如每砌一石都片石垫平,上下两层之间、转角处错缝和"咬茬"，碉楼建筑外墙收分等。石材虽保温性能较差，但碉楼厚重的墙体与较少

1　安玉源. 甘南藏族乡土聚落的气候适应性[D]. 甘肃科技纵横，2008，37（2）：52.

的开窗充分表现出对高原寒冷、风大的自然条件的适应性，碉楼的坚固性和稳定性也使其具有良好的抗震及防御作用。

（3）以木材为主要材料建造的村落多分布在青藏高原林区。木材主要用作民居建筑结构中承重的梁、柱、檩、椽或围护结构的屋面、地板、墙壁等。木构建筑在干燥的情况下保温性能较好，也具有较强的抗震能力。云南迪庆州香格里拉县的"闪片房"就是典型的木构屋顶建筑。香格里拉县为高寒坝区，气候寒冷，雨雪较多。"闪片房"厚达1m的夯土外墙，少而且小的窗洞，很大的进深，这些都是出于保温抗寒的目的；特别是用冷杉木制成的"闪片"坡屋顶便于排雨除雪，且具有较好的抗冻性[1]。冷杉是亚高山针叶林中分布最高、最广、最耐寒的树种。冷杉组织疏松、木纹顺直；用楔劈法手工劈成一片片

图6-50
云南迪庆州香格里拉县的"闪片房"屋顶
（资料来源：翟辉，张欣雁. 香格里拉"闪片房"的再造之路[J]. 南方建筑，2015，（5）：28-32）

厚2~3cm，宽约20cm，长90~120cm的木片，即"闪片"，劈后的"闪片"板面有一条条自然的细长小沟，有利排水。"闪片"直接覆盖在木檩之上，交错搭接，似今日之百叶，利于通风而不致漏雨（图6-50）。"闪片"具有重量轻、抗冻性能好、翻修方便、使用周期长的优点。"闪片"屋顶，具有较好的抗寒、排雨能力，同时还有一定的防火功能，"闪片"屋顶靠"木马扎"与下部平顶土掌住屋呈"松散"联系，失火时可以将其拆弃，以防止火势蔓延[2]。

6.2.3　青藏高原佛教文化亚区传统村落基础设施问题

1. 经济结构的变迁对传统聚落的冲击

青藏高原地区传统聚落的就地取材、因地制宜、朴素的建筑技术，是传统经济模式下不得已而为之的合理选择。在早期的藏族现代建筑中，仍然保持着原有的聚落及民居建筑特色。而今，区域经济条件的改善，为传统聚落的更新改造提供了可能性。房屋渐渐成为藏区村民身份、财富的象征，多数村民认为土房代表着贫穷落后，富裕起来的

1　翟辉，从传统民居中找寻地区主义建筑的"根"——以迪庆藏族民居为例[D]. 建筑学报，2000，11：26-28.
2　翟辉，张欣雁.香格里拉"闪片房"的再造之路[J]. 南方建筑，2015，5：28-32.

村民开始抛弃原先因地制宜的地方性特征，各类拆旧建新得使原本宁静祥和的传统村落失去了简单质朴的气息。受外来文化与现代建筑模式的影响，村民对现代化生活的追求使得不少新出现的现代建筑脱离既有的地域特色，甚至是反地理、反气候的"病建筑"[1]。

2. 旅游带来污水与环境卫生的隐忧

青藏高原地区的传统村落大多位于远离城市的山区或者牧区，地处偏僻。部分传统村落水资源相对匮乏、取水条件差，持续的供水及饮水安全难以得到保障。排水方面，该地区的传统村落基本没有排水设施，生活污水和雨水随意排放。近年来，随着藏区传统村落旅游开发如火如荼，过多的游客带来较大的污染挑战，如云南藏区旅游活动与生产生活污水的排放导致主要检测河段（金沙江贺龙桥、澜沧江布存桥）与核心景区水质恶化[2]。部分传统村落在改建或新建过程中出现了布局无序杂乱、垃圾污染等问题，正逐渐破坏着传统村落的原有格局和生态环境。

3. 自然生态恶化使传统村落的周边环境面临挑战

藏族传统聚落选址历来对水源极其重视，在传统农牧社会里，水对藏人来说有着不同寻常的意义。但近年来，黄河长江上游森林资源的大量砍伐，致使上游水土流失日益严重。一些地方，昔日森林茂盛，水源充沛，而今水源枯竭，饮水困难。一些地区由于原来的湖泊、河流干涸，人们不得不放弃家园。随着部分牧区的过度放牧，牲畜数量不断增长使得藏区草场退化严重，传统村落周边生态环境日益恶化，致使传统村落赖以生存的生态基础设施的正常利用面临较大的挑战。

4. 防震、防漏问题

就抗震而言，传统的藏式民居建筑的承重构架的接合部位往往处理过于简单粗糙，如直接将梁搁置在柱头或墙体上，接触面小，又无卯榫固定，稳定性差，一遇地震则遭遇"柱倒梁倾"。由于采用传统夯土屋面，其防水性能不好，易渗漏。建成较晚的民居在雨季都不同程度地出现渗漏，对藏民生活造成极大影响。而对于阿嘎土平屋顶，因防水需要几乎每年都要维修加厚，致使屋面的自重逐年增加，于抗震较为不利[3]。另外，木板墙厚度最小，且在干燥情况下的保温性能较好，但是一旦出现内部蒸汽冷凝，其保温性能便会大大降低，因此要注重墙体的防潮。

1 张樱子. 藏族传统居住建筑气候适宜性研究[D]. 西安：西安建筑科技大学，2008.
2 赵翠娥，丁荣文. 云南藏区旅游生态安全及其防控研究[J]. 环境科学导刊，2013，32（5）：17-20.
3 邹洪灿. 藏族传统建筑的防震意识与措施[J]. 古建园林技术，1993，（4）：38-42.

5.防风、通风问题

在冬季,当冷风作用于建筑上时,冷风渗透大。同时增加了围护结构的对流散热,因此需要解决冬季防风问题。同时,青藏高原上空气稀薄、氧气含量少,这又需要有足够的通风换气。而藏族传统居住建筑的院落较为封闭,牲畜和人居住在同一院落内,再加上建筑低矮,使得牲畜产生的异味难以排除,从而影响到人居住空间的空气质量。

6.2.4 小结

青藏高原地区是人类居住条件最严酷的地区之一,生态极其脆弱,环境承载力较小,该地区的传统村落规模一般较小。但在空气稀薄,平均温度偏低,干旱少雨的高海拔地区,也涌现了不少与地理、气候及环境相适应的特色传统村落。本节重点阐述了青藏高原佛教文化亚区传统村落的分布与特征,并对其各类基础设施以及地方性材料运用的地区特征、营建经验与问题进行了剖析,主要内容包括:

(1)青藏高原佛教文化亚区传统村落的选址、布局、民居建造以及各个基础设施的营造,均受到该气候特征的强烈影响,表现出对于防震减震、保暖防寒、防雨防潮等因素的考量。

(2)青藏高原佛教文化亚区传统村落在盐井、水利利用、综合防灾、道路交通以及地方性材料的运用中积累了一定的"生态智慧",诸如古盐井、水磨、"闪片房"等。

(3)受制于较为落后的经济条件,青藏高原佛教文化亚区传统村落基础设施建设较为落后,亟待更新改造原有设施以及增设新的现代化设施,并注重与佛教地域文化和高原生态环境的协调,寻求藏区传统村落可持续发展的道路。

6.3 滨海及海岛亚区传统村落基础设施特征与营建经验

6.3.1 滨海及海岛亚区传统村落的分布与基础设施特征概览

1.传统村落总体分布与特征

滨海及海岛亚区传统村落主要分布于自胶东半岛往南经浙江、福建、广东沿海并延伸至广西北部湾的滨海一线地区,包含舟山群岛、海南岛等沿海岛屿。共分布传统村落124个,以山东(22个)、浙江(33个)、福建(24个)、广东(20个)、海南(19个)等省分布较为密集(图6-51)。本亚区从北向南跨越多个纬度,气候类型分别为温带季风气候、亚热带季风气候和热带季风气候。这几种气候类型冬季气温差异较大,温带季风气候1月均温0°以下,亚热带季风气候1月均温0°以上,热带季风气候1月均温15°以上。但都表现出冬季少雨、夏季高温多雨的特点。且季风气候的海洋性特征明显,受海风及海汽的影响,气

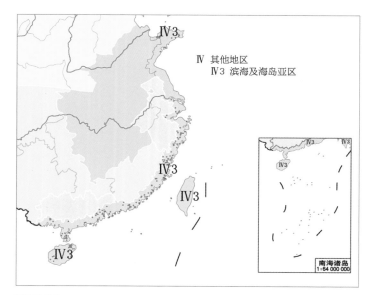

图6-51
滨海及海岛亚区传统村落分布
（资料来源：笔者自绘）

候常年比较潮湿。台风是东南沿海地区最大的自然灾害之一，其中海南岛素有"台风之廊"之称，台风来时常带有暴雨，对农业生产、传统建筑和人畜的危害性极大。[1]

海洋文化是本亚区最重要的文化背景，海洋的波涛汹涌、变幻莫测造就了沿海民众勇于拼搏的大无畏精神，也形成了其文化开放性的特点，这些都成为沿海传统村落重要的文化基底。沿海传统村落居民既享受着海洋给予的交通、生产等方面的便利，又要同其带来的台风、洪涝等自然灾害不断做斗争，因而对海洋充满敬畏之情，形成以"少祠堂、多天后宫"为主要特征的滨海村落特征。一方面，中国海岸线众多，在中国几千年的渔业发展历程中，"靠海吃海"的渔业传统已深入人心，形成了独特的滨海传统渔村、渔港文化：除了与内陆风格截然不同的龙王庙、天后宫等有形物质文化外，还有祈求渔业丰收等祭祀仪式和内容丰富的海洋传说等非物质文化[2]。另一方面，自明代起在滨海地区设立的"海防卫所"集历史文化、军事文化、滨海文化于一体。自清朝中叶始，海防卫所逐渐民化，多数昔日的卫所古城已成为传统聚落的重要组成部分，既保有民间传统村落的特征，也因其军事特性而著称[3]。除传统渔村与军事防御聚落以外，还有在各地方文化孕育下的其他滨海及海岛型传统村落，如山东半岛的海草房传统村落、海南岛的船型屋黎族聚落等。

（1）渔村渔港型传统村落

滨海传统聚落的居民通常兼有农业和渔业共同的生活方式，具有农耕文化和海洋文化的混合，即以二十四节气为主的农业生活方式和以潮汛为主的渔业生活方式的相互融合。滨海聚落在择址时一般根据自然地形，依山就势，以防风、方便观察潮汛为首要考虑因素，大大异于中国内陆其他地区传统民居建筑的朝向选择方式。而民居的朝向多数为西南南向，这样可避开每年大部分时间东北、北向季风，同时迎接夏季西南、南向季风。处于平原地

1　陆元鼎. 岭南人文·性格·建筑[M]. 北京：中国建筑工业出版社，2005.
2　王婷荣. 青岛传统渔村文化研究——以青山渔村为案例[D]. 中国海洋大学硕士学位论文，2013.
3　段希莹. 明代海防卫所型古村落保护与开发模式研究[D]. 长安大学硕士学位论文，2011

带的民居通常都选择在东北向，且有小山坡或者树林遮挡。如果没有遮挡物，则要通过人为种植防护林或做防风坡来实现。

滨海渔港型村落基本沿着海岸线和澳口零散分布，"渔民择居以澳口为第一选择要素，基本上是每个村至少有一个澳口"。例如，青岛市崂山区的青山渔村背依"黄山头"，南临"三亩顶"，两山之间形成了一个天然港湾，面积约1km²，湾南建有防浪坝。港湾内有一个颇具规模的码头，长200余米，百余条渔船停靠在内。青山、村落、渔港、海湾、海岛相互映衬，共同形成了一道错落有致的优美渔村风景（图6-52）。

又如，位于胶东半岛最东端的荣成市东楮岛村是由内陆深入海中的海岛渔村，整个岛屿地势表现为北高南低，东高西低。村落建筑选址在西南侧地势较低的位置，此处地形平缓，背山面海，建筑坐北朝南，于向阳坡面背倚青山。这种布局保证了房屋的光照、通风和防潮，可以更好地调节村落内的温度和湿度。冬天北侧的山体挡住了海上寒风，使村落获得充足的光照，可提升室内温度；夏天的偏南风掠过海面，蒸发降温，为村落带来清新凉爽的空气，在村落内形成舒适的小气候条件。形成了富有层次感的、独特的山、海、村并融的乡土景观格局[1]（图6-53）。

再如，位于山东半岛荣成市的烟墩角是一个滨海的传统村落，村东一座崮山遮挡住黄海，形成一个半封闭的圆形小海湾。山顶上有明朝修建的一座烟墩，故名烟墩角。海湾的东西各有一条清澈的小溪，溪水源源不断地汇入大海（图6-54）。

图6-52
山东青岛市崂山区王哥庄街道青山渔村
（资料来源：http://qingdao.qlwb.com.cn/html/2015/minsheng_0604/14015.html）

1　张剑. 从东楮岛村看传统聚落建筑本土化设计的低碳思维[J]. 装饰，2015，（03）：132-133.

图6-53
山东荣成市东楮岛
渔村卫星图
（资料来源：Google
地图）

图6-54
山东威海市俚岛镇
烟墩角村
（资料来源：Google
地图）

（2）军事防御型传统村落

海防卫所等军事防御型古村落是我国传统村落的一种特殊类型，集历史文化、军事文化、滨海文化于一体。滨海防御型的传统村落其选址除从战略角度考虑外，还会充分利用地形特点，适应当地气候条件，通过人工努力以增强抵御自然灾害的能力。如位于山东省即墨市丰城镇东北部的雄崖所城是明代传承至今的"九卫十八所"之一，是我国北方地区唯一一处保存完整的海防所城。雄崖所城选址上"城枕西山，俯瞰东海"，处于丰城镇海滨丁子湾内部，可有效避开海上强风对雄崖所城的冲击，使进入到丁子湾内部的风力减弱，成为天然的屏障。同时，雄崖所城西临周瞳河，具备充沛的水源供给[1]（图6-55）。

而深圳市大鹏所城设于易守难攻的近海咽喉部位，选择枕山面海的坡地建城池，由北向东、西、南三面倾斜，遇台风可迅速将水排出。城外三面设水濠，形成"高墙+水濠+城门楼+瓮城"的防御模式[2]（图6-56）。据康熙《新安县志·地理志》对大鹏所城的记载："内

1　孔德静. 印迹与希冀：明清山东海防建筑遗存研究[D]. 青岛：青岛理工大学，2012.
2　林怡琳，李伟. 试析岭南海防所城形态的空间表达[J]. 山西建筑，2007，33（30）：46-47.

图6-55
山东省即墨市雄崖所城
（资料来源：http://blog.
sina.com.cn/s/blog_
59b7078f0100gloj.
html）

图6-56
深圳市大鹏所城
（资料来源：杜白操. 要
加强建筑历史文化遗产
的"外延式"保护与利
用——兼谈深圳市大鹏
所城整体保护与利用工
作的深化与拓展[J]. 小
城镇建设. 2010,（4）:
72）

外砌以砖石，周围三百二十五丈六尺，高一丈八尺，面广六尺，址广一丈四尺，门楼四，敌楼如之，敬铺一十六，雉堞六百五十四，东西南三面环水濠，周三百九十八丈，阔一丈五尺，深一丈"[1]。

（3）其他滨海传统村落

　　其他具有地域文化代表性的滨海型传统村落，例如，海南省昌江黎族自治县王下乡洪水村是具有黎族少数民族文化的传统村落。洪水村背山面水，坐落在霸王岭山脚下一小片平坦的山间盆地当中，昌化江支流从村旁蜿蜒流过，贯穿整个村落。洪水村近百间保存完好的船形茅草屋疏密有致地掩映在一片翠绿的山林当中，景色别致[2]（图6-57）。海南黎族的船形屋建筑蕴含着深厚的历史文化积淀，闪耀着黎族人民的创造力和智慧力，是一笔极为宝贵的非物质文化遗产。

1　康熙《新安县志》卷三地理志，第28-34页。
2　陈小慈. 黎族传统村落形态与住居形式研究[D]. 南京：南京农业大学，2011.

图6-57
海南省昌江黎族自治县洪水村
（资料来源：http://news.hainan.net/hainan/minsheng/2008/11/01/706607.shtml）

2．给水排水系统

滨海及海岛亚区降水多集中在夏季，雨量丰富。本亚区传统村落水源多为井水和山泉水。滨海及海岛亚区传统村落的排水系统有路面排水、明沟暗渠排水和地下管道排水等形式，其中以路面加明沟排水为主。例如，山东省烟台市高家庄子村村内的主要道路两边高、中间低，采取路面排水的形式。为让台风雷暴雨带来的急降雨迅速排走，位于滨海地区的传统村落往往将村落选址于台地之上。例如，深圳市大鹏所城选择枕山面海的坡地建城池，由北向东、西、南三面倾斜，遇台风可迅速将水排出。而坐落于海南省文昌市会文镇的十八行村则建在地势较高的台地上。十八行村由十八行多进式院落呈扇形地行列布置在南高北低的台地上，房屋顺坡而建，沿纵向轴线梳式布局排列成行[1]。

在防御型传统村落中，也常用护村河作为村落防御体系的一部分。如深圳市大鹏所村就在城池城外三面设有水濠；广东省雷州市东林古村则修建护村河，村落巷道内的排水沟渠与外围护村河以及水塘相连，起了防御、蓄洪、排涝、灌溉及预防火灾的作用。东林古村外围由天然或人工挖掘的大小水塘9个，又称九龙塘，分布于村落四周，并由护村河连缀形成体系完整的蓄水、排水系统（图6-58）。环村水系至村庄西侧的村口形成巨大的半月形水塘。护村河及水塘具有更重要的防御作用，水系内则种植了兼具装饰和防御功能的刺竹林（图6-59），起到很好的隐蔽效果[2]。

1　李超. 文昌十八行"梳式"聚落的成因及形态特征研究[D]. 武汉：华中科技大学，2010.
2　林琳，陆琦. 东林村水系的低碳传统营造智慧研究[J]. 小城镇建设，2015，（11）：94-99.

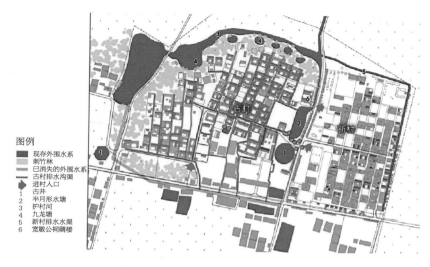

图例
■ 现存外围水系
■ 刺竹林
■ 已消失的外围水系
— 古村排水沟渠
➔ 进村入口
1 古井
2 半月形水塘
3 护村河
4 九龙塘
5 新村排水水渠
6 宽敬公祠碉楼

图6-58
广东省雷州市东林村护村河与水系平面图
（资料来源：林琳，陆琦. 东林村水系的低碳传统营造智慧研究[J]. 小城镇建设，2015，（11）：94-99）

图6-59
广东省雷州市东林村护村河
（资料来源：林琳，陆琦. 东林村水系的低碳传统营造智慧研究[J]. 小城镇建设，2015，（11）：94-99）

3. 道路交通系统

（1）村落巷道格局

村落巷道格局是村落形态的骨架，是村落聚落逐步生长演化的结果。滨海地区传统村落的规模及所处位置与村落巷道格局有较明显的相关性。滨海村落的巷道一般以垂直于海岸线的纵向巷道为主，村落沿岸线呈带状发展。本亚区村落巷道格局主要分为规整格局与自由格局两种，其中规整格局又可分为梳式格局和棋盘式格局。

1）梳式巷道格局

梳式巷道格局是滨海地区尤其是华南滨海地区传统村落中最为常见的一种布局形式，其特点是：在村落布局系统中，民居占到90%。所有民居整齐划一，像梳子一样南北向排列成行。每两行建筑之间有一小巷，俗称"里巷"。"里巷"平行于夏季主导风向，与民居

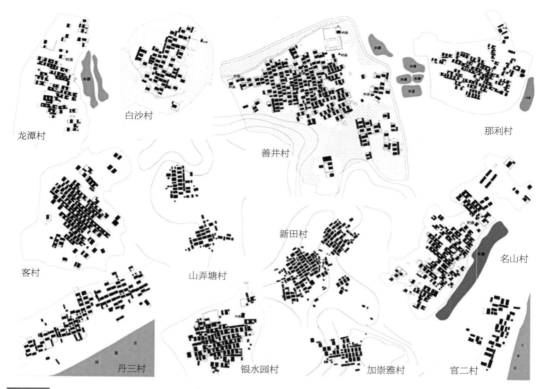

图6-60
海南岛平原地区传统村落的梳式村巷格局
（资料来源：杨定海. 海南岛传统聚落与建筑空间形态研究[D]. 广州：华南理工大学，2013）

内天井形成空气对流，便于夏季凉风能顺利地吹入巷道和室内，达到良好的降温作用。此类村巷格局主要存在于沿海平原地带，地形平展开阔，村落布局受限较少（图6-60）。

2）棋盘式巷道格局

棋盘式格局，指两组互相垂直的平行道路组成的方格网状道路系统，一定意义上是古代里坊制形态在村落规划中的延续。农业、渔业为主生产方式的村落中，街道的商业功能不重要，故往往每户均设围墙，但每家均是封闭的个体，多见于滨海平原村落。[1]如山东省即墨市雄崖所村，雄崖所村的南门、西门洞口正对村落主路，呈十字交叉形式，其中另外分布多条与之平行的小路，道路网类似棋盘式布局，纵横交错，划分规则，中心突出，层次分明。外部向村落四角辐射多条曲折道路，活跃村落道路组织，形成曲直相容的道路体系。所城主干道路明确，节点形式以"十"字形为主，同时存在"T"形路、"L"形折线路、"Y"形岔路及其他形态的曲线路[2]（图6-61、图6-62）。

1　赵映. 基于文化地理学的雷州地区传统村落及民居研究[D]. 广州：华南理工大学，2015.
2　孔德静. 印迹与希冀：明清山东海防建筑遗存研究[D]. 青岛：青岛理工大学，2012.

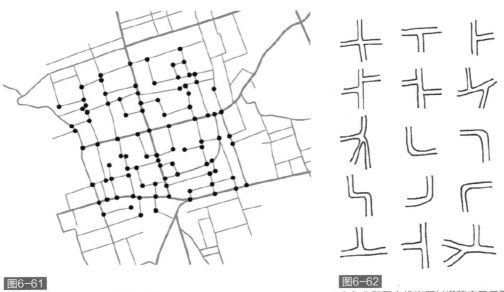

图6-61
山东省即墨市雄崖所村路网与节点
（资料来源：孔德静. 印迹与希冀：明清山东海防建筑遗存研究[D]. 青岛：青岛理工大学，2012）

图6-62
山东省即墨市雄崖所村道路交叉口形态图

3）自由巷道格局

自由格局的村落多分布于滨海山地丘陵，也有部分存在于平原地带。分布于山地丘陵的自由格局的村落主要分为两类情况：一类为受地形影响较大，巷道因地就势建设造成；另一类为村落居民较少，村民建设所选用地宽裕而造成随意建设，这在海南已经汉化的黎族村落最为明显[1]。

（2）巷道铺装

本亚区道路铺地呈现出明

图6-63
山东即墨雄崖所村的条石
（资料来源：http://www.sd.xinhuanet.com/whsd/whsd/2015-04/09/c_1114919704.htm）

显的地域性。如山东省即墨市雄崖所村和威海市东楮岛村的石板路、深圳市大鹏所村等大多就地取材用条石作为路面铺砌的材料；海南省海口市文山村、三卿村等传统村落巷道均为就近的火山石铺就（图6-63、图6-64）。

1　杨定海. 海南岛传统聚落与建筑空间形态研究[D]. 广州：华南理工大学，2013.

图6-64

海南省海口市三卿村火山石路面

（资料来源：http://nanhai.hinews.cn/forum.
php?mod=viewthread&tid=6408766）

6.3.2　滨海及海岛亚区传统村落基础设施营建经验

滨海地区台风不仅风力大、影响范围广，而且常带来强降雨，同时极易引发暴风雨和山体滑坡等灾害，给村民生命财产安全造成严重影响。同时，由于滨海地区降水量大，海水盐分明显，特别是南方地区气候潮湿，滨海村落在营建中主要注意应对防雨、防潮、防腐等方面的问题，特别是我国南方地区滨海村落易受日照、区位、气流等因素的影响，具有"高温、高湿、高盐、高辐射、强台风"的气候特征。

1. 综合防灾系统

（1）力求趋利避害，抗台风特点明显

自古以来，滨海地区常出现台风、暴雨、洪涝等灾害性天气，故传统村落选址与聚落营建力求趋利避害，在抗风防灾等方面积累了丰富的经验。特别是台风是滨海地区传统村落之大敌，该地区传统民居营建模式受台风影响非常明显。为了应对这一特殊的气候灾害，本地域的传统村落及民居营建注重宏观环境的藏风、微观手段的避风、具体措施的抗风等措施。从而造就传统民居"常遇风速不坏，偶遇风速可修，罕遇风速不倒"的优良表现。其独特的营建技艺体现了地域性传统建筑高超的营建智慧[1]。

1）选址及环境藏风

台风的基本特征为来势汹汹，风力大，风速快。在风力的正面袭击下，任何建筑都难以保全，因此，藏风就成了浙东南传统民居在基址、周边环境选择上的首要原则。一般来说，传统村落会优先选择风力相对较小的海湾位置；当条件有限时，则会利用茂密植被、地势变化等条件减缓风速，如岭南以及海南地区独特的村落防风林能够起到良好的防风作用。滨海传统村落的整体布局，多采取坐实向虚、顺应地形的策略，往往在避风的山坳开阔处选址。如浙江省苍南县桥墩镇瓦窑村位于山坳之间的山坡上，房屋分布错落有致。除西南面开敞外，村落其余几面均被山体围绕，尤其是东南向的山体，成了阻挡东南向台风的屏障。除了基址的大环境避风外，传统村落也往往考虑小环境的藏风条件。沿海地区的村落，通常在村落与海岸带之间存在着天然或人工种植的护风林，这些护风林既能避免台

1　王海松，周伊利，莫弘之. 台风影响下的浙东南传统民居营建技艺解析[J]. 新建筑，2012，（1）：144-147.

风的侵袭，也能涵养水土，防止山体滑坡等地质灾害的发生[1]。在台风来袭的主导方向，以枝叶较密、树形高大的常绿乔木作为防风屏障，既能有效改善住宅周边的微气候，夏季遮挡烈日，冬季阻挡寒风；又能在台风来袭时有效地降低风速，起到防风的作用[2]。

2）形体与布局避风

除了合理的选址，滨海传统村落在营建过程中，还充分考虑院落布局、屋顶形式，以减轻台风及强降雨对建筑的破坏，达到避风减灾的目的[2]。首先，滨海传统村落居民为抵御自然灾害，在建造房屋时一般紧邻布局。并通常将建筑的短边（通常是山墙面）正对主导风向，用以减小强风对建筑的破坏。其次，滨海地区传统民居的屋顶是抗风最薄弱的部分之一，在遭受强风暴雨时，屋顶承受双重压力，最容易遭到破坏。坡度较陡的屋顶，有利于迅速排水，但在台风中承受很大的风压，对防风很不利。缓坡在台风中受力较小，对防风较为有利。风洞试验表明，采用双坡屋面时，坡度为25°～30°的双坡屋面整体的风吸力最小。浙东南地区传统民居的屋面坡度遵循"四分或者四分二"的规律，即高跨比1：4～1：4.2，也就是说坡度为25°～27°，具体依材料尺寸而定。屋面在解决大量排水的情况下，其迎风面承受较小的压力，与背风面的压差绝对值达到最小。就现存民居的屋顶来看，坡度大多为25°～27°，一层腰檐（即下举折）由于排水更远的需要，往往选择较缓的坡度[2]。

3）结构与构造抗风

除了藏风与避风手段，部分滨海地区的传统民居还有一些应对台风的特殊营建技术，即着眼于加强民居的结构强度和构造可靠性，以提升民居的抗风能力。如在浙东南地区的传统民居多采用疏朗穿斗结构。这种结构当中为抬梁式，周围为穿斗式，综合了抬梁和穿斗的优点。当中的抬梁式，能使建筑获得较大空间。周围的穿斗式增加了构架的适应性，其构架在伸缩、展延、重叠、悬挑、衔接和毗邻等方面具有灵活性，便于民居适应不同的地形和造型。这种"上刚下柔"的构架，能以自身的微量形变抵消台风的部分能量，台风过后，只需稍作矫正，即能恢复到正常状态。其次，力学分析证明，在常见的屋顶坡度范围内，决定屋顶安全的不是水平推力和屋面的正压，而是屋面向上吸力（负压）的大小。负压对由瓦片等小块材料铺砌的屋面危害最大，屋顶乃至整个房屋的破坏过程一般是从负压揭瓦开始的。因此，滨海传统民居往往通过在瓦屋面（尤其是背风屋面）上压重物，或采用双层瓦片铺盖屋面来增加屋面重量，以保证屋面的稳定。另外，采用小出檐或不出檐也是一种行之有效的台风适应性营造方式。传统建筑的坡屋顶不会设置过深的挑檐，一般会设计成无檐或短檐形式，这是由于过深的挑檐会使屋顶在台风作用下被掀翻、摧毁；且屋檐与建筑主体直接相连，防止在风力作用下，屋顶与建筑主体之间发生错位移动或碰撞。

1 李萃玲，宋希强. 海南风水林的空间形态与分布[J]. 中国园林，2014，02：87-91.
2 王海松，周伊利，莫弘之. 台风影响下的浙东南传统民居营建技艺解析[J]. 新建筑，2012，（1）：144-147.

（2）通风散热的营造策略

南方的滨海及海岛地区传统村落迫切要求改善闷热潮湿的物理环境，这就对村落和建筑的自然通风提出了要求。该地区绝大多数房屋朝东南或正南，与夏季主导风向平行，通过巷道、院落与天井组成完整体系来解决通风和防潮问题。通风方式主要有热压通风、风压通风两种形式。其中，热压通风多应用于建筑布局较为紧凑的传统村落，这类村落始终处于低风速环境下，有效避免了海风对建筑的直接影响。在相对潮湿的环境下，建筑常利用天井作为热压通风的出入口。紧凑的布局方式使得天井及巷道处于建筑的阴影范围内，地面周边区域内的温度相对较低，而建筑的屋顶位置，由于受到太阳长时间的照射，温度则相对较高。所以天井位置易形成自下而上的气流，以带走建筑底层的潮气。部分民居在建筑山墙位置开小窗，辅助室内的通风。风压通风多见于海岛渔村，渔村聚落常位于自然植被的包围中，或将自然植被置于建筑的主导风向上。村落建筑之间距离较大，整体布局走向垂直由于海岛的主导风向，有利于组织自然通风。居民可根据一天日照的变化，适时地打开门窗或墙体，来组织穿堂风。有些传统建筑仿照干栏式的建筑形式，底层架空，在加强自然通风的同时，也能避免湿气侵入室内。此外，南方滨海及海岛传统建筑的开窗面积较小，主要是基于两点考虑。一是海岛处于高辐射的气候环境下，开窗面积小能够减少阳光对室内的照射；二是门窗作为建筑构造上的受力薄弱点，易于受到台风的侵害，过大的门窗面积难以承受水平风荷载的作用[1]。

（3）因地制宜的选材，以应对滨海"高湿、高盐"环境

建造材料对于海岛传统建筑的设计具有重要意义。在面对"高湿、高盐"环境时，材料影响到建筑的耐久性和稳定性，同时也会关系到建筑的通风、散热等多方面性能。首先，滨海海岛传统建筑很少使用金属材料，其主体结构材料一般分为两种：砖石和木材。砖石的抗腐蚀性较好，能有效延长建筑的使用寿命。木材则易受到潮湿空气和高盐环境的腐蚀，但木构建筑的建造工艺相对成熟，木材也易于获取，即使年久受损也能够得到及时修复；除主体结构外，滨海传统建筑在细节方面也十分注重防潮防腐设计。例如，传统建筑的窗框或栏杆多采用木质材料，在滨海气候条件下极易腐烂。往往多数滨海传统民居建筑采用琉璃制品或石质材料进行替代。部分传统民居建筑还会使用防腐能力较强的陶制品，用以应对滨海不良气候的考验。其次，滨海传统村落营造多采用热惰性材料。热惰性材料吸热慢、散热慢，能有效减少室内的温度波动。采用热惰性材料作为墙体有利于加强建筑的热压通风作用。白天时，屋顶温度高而墙体温度低，有利于热压通风作用的形成；晚上时，热惰性材料修筑的墙体又能起到一定的保温作用。由于海边湿度大，因此对于防潮的要求高，滨海民居用坚硬的花岗石作为主要材料，石材作为墙体营建材料耐水性好，能满足海边的防潮要求。滨海村落民居尽量建在石材台基上，可选用当地不透水毛石用来阻隔地潮；多数滨

---

1 高广华，曹中，何韵，等. 我国南方海岛传统建筑气候适应性应对策略探析[J]. 南方建筑，2016，1：60-64.

图6-65
胶州半岛的海草房
（资料来源：http://bbs.photofans.cn/thread-831132-1-1.html）

海民居常采用花岗石等热惰性材料作为墙体材料[1]，民居外墙在窗台以下砌筑石勒脚，以进一步加强防潮作用。

此外，胶东半岛地区滨海传统民居常采用海草房作为遮盖屋顶的主体材料。海草是一种浅海中的野生藻类植物，含有大量的卤和胶质，是胶东沿海地区特有的植物资源，具有防虫、防腐、防漏、吸潮、不易燃烧、隔热保温等特点，是一种理想的生态建筑材料。为充分发挥海草的隔热保温作用，海草房屋顶往往铺得较厚，最厚的地方能达到一两米，因此，海草房屋顶坡度很陡，接近于等边三角形（图6-65）。这一设计不仅有利于屋面排水，达到防腐防潮的目的，而且可以在室内的顶棚与屋面之间形成通风隔热层，有效地减缓夏季的烈日透晒和冬日的寒风侵入，减少室内外温差，起到调节室内温度的作用。

2. 给水排水系统

滨海及海岛地区的夏季降雨较多，特别是南方滨海地区雨水多，夏季常伴有台风雷暴天气，一般会伴随超常规的降雨，如何快速排水是多数滨海地区传统村落需要应对的重要议题。为让台风雷暴雨带来的急降雨迅速排走，位于滨海地区的传统村落往往将村落选址于台地之上。例如，深圳市大鹏所城选择枕山面海的坡地建城池，由北向东、西、南三面倾斜，遇台风可迅速将水排出；而坐落于海南省文昌市会文镇的十八行村则建在地势较高、南高北低的台地上，也使得大量的雨水得以在短时间内疏导到村外。另外，为了防暴雨洪水，多数民居的家门口都设有挡墙。

3. 道路交通系统

滨海与海岛地区传统村落的道路交通设施的营建经验，除了在道路设施材料上普遍采用耐腐蚀性的条石外，其余的道路交通系统方面与村落类型以及地理气候方面具有一定的联系。军事防御型的传统村落普遍采用棋盘式方格网形，这在山东省即墨市雄崖所城、深圳市大鹏所城等体现得较为明显。例如，深圳市大鹏所城内有东西南北向的街道各4条，街

1　高广华，曹中，何韵，等. 我国南方海岛传统建筑气候适应性应对策略探析[J]. 南方建筑，2016，（1）：60-64.

道地面均用长条石板铺筑。

而在华南及热带海岛地区的传统村落巷道格局常采用梳式布局，以适应南方地区的炎热气候环境，形成通风较好的村落布局形式。例如，海南省文昌市会文镇"十八行"的巷道采用梳式布局，既能借助十八条主要街巷的通直分布引导风向，避免了东南方向近海强风的直接吹袭，又强化了南北风向的通达，在处理气候因素上经验丰富。[1]

6.3.3　滨海及海岛亚区传统村落基础设施问题

本亚区地处沿海，大部分村落都受到潮湿、台风、雷暴等极端气候的影响。但沿海及海岛地区由于地理条件所限，其传统村落的营建受到建造材料的较大约束。例如，目前滨海地区传统民居的保护利用过程中，墙体、屋面、道路铺装营造等所需传统材料的短缺，已成为限制传统村落发展的障碍。例如，海草房曾是胶东沿海渔村民居形式的典型代表，由于海草房墙厚顶软，冬暖夏凉，使用寿命长，是沿海渔民所喜用的建筑形式。但近年来河流入海的水量减少，不少入海河口完全干涸，失去了海草生长繁殖的合适条件，导致海草产量日渐降低，海草价格的日益上涨给胶东沿海地区海草房的传承与发展带来了较大的挑战。另外，随着年轻人口的逐步外迁，滨海地区不少传统村落在历经"空心化"以及自然灾害后已受到较大的保护挑战，部分村落的传统边界空间已遭破坏，如护风林的日益消失给传统村落的防护所带来的威胁。而如何在保护与发展过程中充分利用可再生资源，发挥地方的能动性与主动性，成为滨海地区传统村落发展的新方向。

6.3.4　小结

本节主要阐述了滨海及海岛亚区传统村落的分布与特征，并从综合防灾、给水排水系统、道路交通系统等几方面概括总结了本亚区传统村落基础设施的特征、营建经验及问题。滨海及海岛亚区包括自胶东半岛往南延伸至广西北部湾的滨海一线，以及海南岛、台湾岛等岛屿。均表现为冬季少雨、夏季高温多雨的季风气候。又因近海，受台风影响较大，夏季降水量大，气候常年比较潮湿，海水盐份明显，滨海村落在营建中对防风、防潮、防雨、防腐等方面具有鲜明的地域性特征。故本亚区传统村落在综合防灾方面表现出强烈的地域性特征。

6.4　其他一般地区传统村落基础设施特征与营建经验

传统村落的基础设施特征主要受地域文化和地理气候影响。除了一些地域文化鲜明、

1　李超. 文昌十八行"梳式"聚落的成因及形态特征研究[D]. 武汉：华中科技大学，2010.

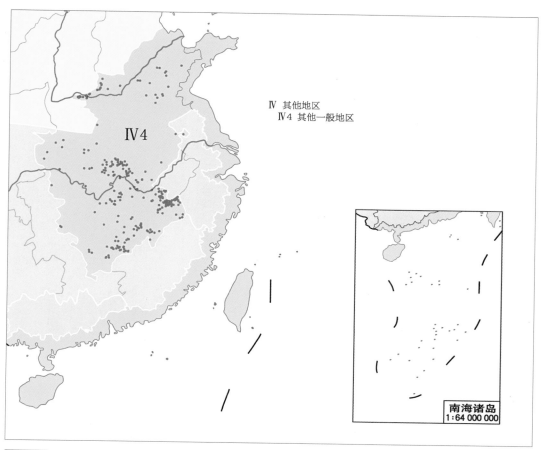

Ⅳ　其他地区
Ⅳ4　其他一般地区

图6-66
其他一般地区范围及传统村落分布图
（资料来源：笔者自绘）

地理气候特征鲜明的地域和易于分出具有基础设施共性的亚区，还存在一些地区地域文化
不鲜明，地理气候特征的差异化不突出，村落基础设施特征"可识别"性不强。因此，将
这些地域划入其他一般地区（图6-66），包括安徽中北部、江苏北部、江西中部，以及山
东、河南、湖北、湖南部分地区。该亚区以季风气候为主，地形以平原和低山丘陵为主。
主要为汉族聚落，地域文化不显著，村落文化与中国广大内陆农村文化同质性较高。绝大
多数的传统村落基础设施特征较为一般，缺失独特的基础设施营建经验。尽管如此，该亚
区仍有极少数传统村落在基础设施方面具有杰出的营建经验，如郴州市永兴县高亭乡板梁
村的"分区分时"井水供给体系、济南市章丘市官庄镇朱家峪村"立体交通—行洪体系"
等，由于属极少数的个案，此节不再详述。

07

传统村落基础设施综合评价体系研究

- 传统村落基础设施评价研究意义与相关文献综述
- 传统村落基础设施综合评价体系构建的思路
- 传统村落基础设施综合评价体系构建
- 传统村落基础设施综合评价的实证研究——以珠三角地区为例
- 小结

7.1 传统村落基础设施评价研究意义与相关文献综述

7.1.1 传统村落基础设施评价的背景与意义

传统村落是我国传统农耕文明的见证,不仅维系着中华民族最为浓郁的"乡愁",更是宝贵的历史文化遗产。基础设施作为传统村落村民生产和生活的物质性载体,其完善与协调与否是衡量传统村落保护成效的重要标志。然而近年来,城镇化的推力、居民对现代生活追求的拉力,使得传统村落正处于濒临消亡的境地,人走屋塌的"空心化"与乱搭乱建的"建设性破坏"更为村落存续带来了前所未有的挑战。为更好地发现和抢救这些古村落,住房和城乡建设部与文物局等七部委开展了传统村落普查与认定工作,2012~2014年间认定并公布了三批共计2555个传统村落。但囿于资金与技术的匮乏,传统村落基础设施普遍面临着基础薄弱、建设不当等现实困境。随之而来的生态环境恶化、人居质量下降等问题已使其成为村落保护与发展的制约因素,基础设施的改善迫在眉睫。因此,通过建立科学合理的评价体系对传统村落基础设施的现状做出准确的评价,以此作为基础设施改善的方向与依据,对于提高传统村落的承载能力,提升村落居民生产生活条件至关重要。

7.1.2 传统村落基础设施评价的相关研究

目前学术界对于基础设施现状评价的相关研究主要集中在城市领域:刘剑锋(2007)从评价理论和方法层面对城市基础设施水平的评价做出了研究[1];邢海峰(2007)[2]、刘芬等(2004)[3]、黄金川等(2011)[4]以及严盛虎等(2014)[5]搭建了城市基础设施建设水平的评价体系,并分别从市、省、全国三个不同的尺度对其进行了实证研究,最终得出了影响城市基础设施水平的主要因素。而在乡村领域,只有为数不多的几篇文献针对农村基础设施建设水平评价进行了研究:谭啸等(2010)以文献调查法选取能够反映农村基础设施现状的指标,搭建了由给水排水系统、交通系统等七大系统组成的评价体系,对我国农村基础设施现状做出了评价[6]。马昕等(2011)则以农村基础设施可持续建设水平评价为目标,建立了基于环境、资源和经济等多目标的综合评价体系[7]。

1 刘剑锋. 城市基础设施水平综合评价的理论和方法研究[D]. 北京:清华大学,2007.
2 邢海峰,李倩,张晓军,等. 城市基础设施综合绩效评价指标体系构建研究——以青岛市为例[J]. 城市发展研究,2007,14(4):42-46.
3 刘芬,汤富平. 河南城市基础设施现代化水平综合评价[J]. 经济研究导刊,2007,(4):128-130.
4 黄金川,黄武强,张煜. 中国地级以上城市基础设施评价研究[J]. 经济地理,2011,31(1):47-54.
5 严盛虎,李宇,董锁成,等. 中国城市市政基础设施水平综合评价[J]. 城市规划,2014,36(4):23-27.
6 谭啸,李慧民. 农村基础设施现状评价研究[J]. 陕西建筑,2010,(5):1-3.
7 马昕,李慧民,李潘武,等. 农村基础设施可持续建设评价研究[J]. 西安建筑科技大学学报(自然科学版),2011,43(2):277-280

上述文献对城市与乡村的基础设施评价做出了大量的研究，然而从研究对象来看，传统村落既不同于城市，也有别于一般农村聚落，而是属于历史文化遗产的范畴。已有相关文献探讨了历史文化村镇的评价：赵勇等（2006，2008）立足于价值特色和保护措施相结合，探索并建立了历史文化村镇评价指标体系[1,2]；周铁军等（2011）在对既有的历史文化名村名镇评价体系分析的基础上，针对西南地区的地方特色，搭建了西南地区历史文化村镇评价体系[3]，等等。然而目前历史文化村镇基础设施评价的文献仍屈指可数，林祖锐等（2015）[4]通过层次分析法以基础设施的建设与社会、经济、历史及生态协调度为框架构建了传统村落基础设施的协调发展评价体系，并以太行山地区的八个传统村落为例进行了实证研究，为传统村落的基础设施改善提供了一定的理论依据，但该评价体系适用性不强，部分指标诸如"给水管网入户率、人均公共绿地面积"等并不适合针对传统村落的评判。

基于上文所述，为更加合理地判断传统村落基础设施的现状，提升传统村落人居环境，推动传统村落的保护与发展，本书立足于传统村落基础设施的"适用性"、"地域性"与"活态性"，突出直接测度、综合指标和可操作性，综合评价其使用现状、历史文化价值与存续条件，探索并构建了传统村落基础设施综合评价体系，以期能为传统村落基础设施的改善提供参考与依据。

7.2 传统村落基础设施综合评价体系构建的思路

传统村落基础设施指传统村落中为村民生产、生活提供服务的各类设施，主要由道路交通、给水排水、综合防灾、环卫、能源和通信等基础性工程设施系统组成，是保障村民生活与维持村落延续的物质性支撑体系。乡土聚落是指在特定地域文化的影响下，适应当地气候地质条件并受本土资源限制，长期发展而成的相对稳定的聚落总称[5]，传统村落是具有历史文化遗产属性的乡土聚落，其基础设施孕育于乡土环境，承载着地域文化，贯穿于聚落生活，因而带有明显的"乡土性"、"地域性"与"活态性"，尤其是传统村落中的道路交通、给水排水与综合防灾等设施呈现出与这些特征较为紧密的关联性。对传统村落基础设施的综合评价，应从其核心特征与功能出发，以强调适用乡土的"适用性"、地域文化的"地域性"以及活态传承的"活态性"作为评判的价值标准，以是否满足村民需求，是否具有历史文化价值以及能否满足持续利用为主要评价内容。

1 赵勇，张捷，章锦河. 我国历史文化村镇保护的内容与方法研究[J]. 人文地理，2005，1：68-74.
2 赵勇，张捷，李娜，等. 历史文化村镇保护评价体系及方法研究——以中国首批历史文化名镇（村）为例[J]. 地理科学，2006，26（4）：497-504.
3 周铁军，黄一涛. 西南地区历史文化村镇保护评价体系研究[J]. 城市规划学刊，2011，（6）：109-116.
4 林祖锐，马涛，常江，等. 传统村落基础设施协调发展评价研究[J]. 工业建筑，2015，45（10）：53-60.
5 岳邦瑞，李玥宏，王军. 水资源约束下的绿洲乡土聚落形态特征研究——以吐鲁番麻扎村为例[J]. 干旱区资源与环境，2011，25（10）：80-85.

7.2.1   基于基础设施供给效果的"适用性"考量

传统村落属于乡土聚落,村民的乡土生活与村落的乡土环境造就了其基础设施"源于乡土,用于乡土"的"乡土适用性",基础设施的产生源于村民生产与生活的需要,保障村民的生产活动与提升村民的生活质量是其首要功能,因而对传统村落基础设施的评价首先应以"乡土适用性"为价值标准,客观判断其供给能力与建设情况是否适用于乡土居民的实际需求以及乡土聚落的生态环境。首先,对于传统村落基础设施供给效果的评价,应以尊重村民由农耕社会传承至今的传统生活方式以及由此衍生出的实际需求为价值标准,制定适用于乡土居民生活需求的评价内容,避免方枘圆凿,以城镇的评价理念审视乡村现状,造成与现实相去甚远的评价结果。例如对于传统村落给水设施的现状评价,绝不能用"城镇本位"的先入为主的观念,单纯以给水管网的入户率进行优劣评判,事实上在普遍缺乏净水设施、经济不佳等乡村现实条件的约束下,反而是以分布合理、取水便利又符合当地人习惯的供水方式为评价标准更为贴切。其次,传统村落是农耕文明的产物,农耕文明带来的农耕生活,造就了先人以"以山水为血脉,以草木为毛发,以烟云为神采"的生态营建理念[1]。在这种自然观的作用下,传统村落的基础设施营建通常与自然环境和谐共生,带有低负面冲击、成本低廉、简单易行等"生态适用性"效果。因而,对于其基础设施的供给效果评价,应在适用于乡土生活的基础上融入"生态适用性"的价值理念,例如安徽省黄山市的昌溪村,村民利用溪流与村落之前的高差,在溪流上游开挖面积不等的水塘26口,村中一旦发生火灾,先就近取用水井和村内蓄水池的水,再视火情逐步放出上游水塘的蓄水,上游水塘的高势能使水流迅速可抵达火场附近,提供源源不断的消防用水,从而有效地防治了火灾的发生[2]。昌溪村以这种简单易行的营造技术,在实用的基础上融于自然,极具地方生态智慧,在评价结果中应予以高度肯定。总体而言,传统村落基础设施的供给效果能否满足村民使用、是否适用于乡土生活以及是否适用于生态环境,决定了其现状的优劣,是综合评价的基础性内容。

7.2.2   基于基础设施历史文化价值的"地域性"考量

传统村落是中华民族的宝贵遗产,是当地的历史文化、地域特色和营建技艺等的集中体现,具有鲜明的地域文化属性。聚落内的乡土建筑、生活习俗、村规民约以及传统设施,都蕴含着丰富的历史文化价值,也印证着农耕社会的发展与人类文明的进步。传统村落具有多种价值类别,包括作为村落变迁见证物的历史价值、凝聚本土文化和民族特色的特色价值、沉淀着历史沧桑感和田园风光的景观价值、因借自然和融于自然的生态环境价值、

1   刘沛林. 古村落——独特的人居文化空间[J]. 人文地理,1998,13(1):34-37.
2   贺为才. 徽州城市村镇水系营建与管理研究[D]. 广州:华南理工大学,2006.

表现为特定技艺和营建智慧的营造价值，此外还有旅游价值、教育价值和情感价值等等[1]。作为传统村落的生活载体，传统村落基础设施在物质性功能之外，也被赋予了极高的历史价值、特色价值与营造价值等历史文化价值，并且随着人们生活方式的变化，其物质上的实用功能逐减弱，精神上的内在价值却得到了提升[2]，成为传统村落基础设施系统中不可忽视的重要组成部分。

对传统村落基础设施的综合评价，必须正视其历史遗产属性，突出对历史文化价值的综合考量。传统村落应一方水土而生，当地的自然环境、历史环境和人文环境造就了其基础设施独特的内在价值，因而，通过价值评价认知其固有特点，了解资源的独特性，阐明其在历史、科学、情感、社会等方面的意义[3]，对于传统村落基础设施的现状认知具有重要的意义。例如新疆维吾尔自治区哈密市的博斯坦村的"坎儿井"，仅从供给角度评价，其与普通水井相差甚微，然而以内在价值视之，"坎儿井"巧妙地通过"竖井、暗渠、明渠和涝坝"四部分设施引来地下潜流灌溉农田，有效地解决了该地区"降雨少、蒸发快"的用水难题，不仅极富地域特色和地方营建智慧，更寄托了博斯坦村村民祖祖辈辈的情感记忆，与普通水井在价值上有着"天壤之别"。因此，对于传统村落基础设施的综合评价，必须要加入对其历史文化价值的"地域性"考量，通过价值评价充分把握基础设施地域的差异性和类型的多样性，为其进行分级分类改善提供重要的参考依据。

7.2.3　基于基础设施发展存续的"活态性"考量

传统村落的核心价值，是对文化信息的传递和历史文脉的延续，然而文化是动态演变的，乡土聚落本就是不断发展生长的，而非某一短时间内生造出来就凝固不变的[4]，正如冯骥才先生所说：传统村落不是静态的"文物保护单位"，而是生产和生活的基地[5]，"既要传承，又要发展"才是传统村落活态存续的关键。传统村落是人们现实的居住空间，其基础设施与人们的生活息息相关、密不可分，同时村民对于生活的需求也随时代而演变，与现实需求脱节的基础设施难免遭受"冷落"，离开了村民的日常使用与维护，基础设施就会失去生机与活力，最终难逃自然损毁的结局。因此有必要对关乎传统村落基础设施存亡的"活态性"进行考量，审视其使用、维护、修缮、改造的实际情况，对其"传承与发展"的客观条件做出评价。

1　乔迅翔. 乡土建筑文化价值的探索——以深圳大鹏半岛传统村落为例[J]. 建筑学报，2011，（4）：16-18

2　孙海龙. 基于遗产保护的历史文化名村基础设施更新策略研究——以太行山区历史文化名村为例[D]. 徐州：中国矿业大学，2014.

3　邵甬，付娟娟. 历史文化村镇价值评价的意义与方法[J]. 西安建筑科技大学学报（自然科学版），2012，44（5）：644-656.

4　单德启. 历史文化名镇名村保护与利用三议[J]. 小城镇建设，2010，（4）：66-69

5　冯骥才. 传统村落的困境与出路——兼谈传统村落是另一类文化遗产[J]. 民间文化论坛，2013，（1）：7-12.

传统村落往往历经了千百年的风雨，由世世代代的传承与发展而来，是活着的历史遗产，其"活态性"有着独有的内涵。不同于城镇基础设施的"一劳永逸"与"错综复杂"，传统村落的基础设施带有较多的"乡土性"与"生态性"，通常其工艺简洁而容易老化，需要经常性的使用与维护，以保持其活力，因此有必要对其使用与维护情况做出客观评价，这是基础设施能够存续与否的先决条件。其次，传统村落也有别于普通的农村聚落，其固有的历史文化遗产属性对其存续与修缮情况的评价必须加入"原真性"与"完整性"的要求，然而"原真性"不是要求既有设施"原封不动"，"完整性"也绝非禁止对其"小修小补"，对于传统村落的基础设施，能否保持原态存续，利用原有技术、原有材料或相似的替代性材料对其进行修缮、改造，使其保有"历史过程的原真性"与"动态发展的整体性"[1]，才是对其存续状况应以考量的内容。最后，基础设施是适应现实需要的产物，其建设随当代人的生活需求而变动，这种"时代性"的特征使其处于不断发展的动态过程之中，然而为满足新生活而引入的新技术与新设施是否会对原有的历史要素造成干扰，能否达成"传承与发展"的协调，也需对基础设施的发展与协调情况进行考量。

7.3 传统村落基础设施综合评价体系构建

中国传统村落量大面广，相较于传统村落庞大的数量，政府财政中可投入的专项资金往往"捉襟见肘"，基础设施作为财政资金的重要投入领域之一，急需通过一套行之有效的评价体系对其自身的价值、供给的情况、保存的现状等现实状态做出判断，对改善的急迫程度分出"轻重缓急"以便于"对症下药"。因此，有必要在借鉴以往研究的基础上，以传统村落基础设施的"适用性"、"地域性"以及"活态性"特征为切入点，以综合评价为主要目标，通过"明确构建的原则—形成层次体系—选取评价指标"的步骤来搭建传统村落的基础设施综合评价体系。

7.3.1 传统村落基础设施综合评价体系构建的原则

传统村落基础设施综合评价体系构建的目标在于要能够全面、客观、直接地反映传统村落基础设施的现状，为此要从以下方面考虑本次指标体系的构建：（1）评价指标的综合性，指标的选取必须全面，既能够反映局部的、当前的特征，又能反映全局的、长远的特征，尽可能覆盖传统村落基础设施的各个方面；（2）评价方法的实用性，客观的评价必须结合对村落的实地调研，不能对所有指标进行量化，而是定量和定性分析相结合[2]；（3）评

1 邵甬，付娟娟. 历史文化村镇价值评价的意义与方法[J]. 西安建筑科技大学学报（自然科学版），2012，44（5）：644-656.
2 黄家平，肖大威，贺大东，等. 历史文化村镇保护规划基础数据指标体系研究[J]. 城市规划学刊，2011，（6）：104-108.

价体系的开放性，评估指标体系的建构要在尊重科学性与真实性的同时，尽量兼顾可操作性和参与性，既要便于高效操作，又要鼓励多方人士的积极参与[1]；（4）评价标准的乡土性，评价标准的制定必须充分结合传统村落的"乡土性"特征，以乡村的价值观评价乡村的内容，不能带有"城市主义"倾向；（5）评价内容的系统性，综合评价体系的构建要兼顾基础设施的整体评价与各个子系统的分项评价。

7.3.2　传统村落基础设施综合评价体系层次的形成

基于对已有研究成果的梳理，结合对传统村落的大量实地调研，本书按照"目标层—子目标层—因素层—指标层"，四层来构建传统村落基础设施综合评价体系，其中目标层即为评价的最终目标——传统村落基础设施综合评价。传统村落基础设施由道路交通设施、综合防灾设施等子系统组成，不同的子系统之间差异较大，不能以相同的评价内容与评价标准对其一概而论，因而将各个子系统作为评价体系的子目标层，并通过差异化的因素层与指标层，实现各个子系统的分项评价。传统村落的基础设施往往包含了显性物质构成要素和隐性的非物质构成要素两类[2]，在各子系统中，道路交通设施、给水设施、排水设施以及综合防灾设施表与历史文化、地域特色等隐性的非物质要素关系紧密，而环卫设施、通信设施与能源设施以现代技术、现代材料的运用为主，其特征主要体现在显性的物质构成要素之上，而与历史文化、地域特色等关联性不强。基于上述分析，对道路交通设施等四个子设施系统从村民的使用情况与设施的生态效果构成的"适用性"角度进行工程技术条件的评价，从历史文化、地域特色构成的"地域性"视角进行历史文化价值的评价以及从传统设施活态传承与基础设施动态发展的"活态性"视角进行发展存续条件的评价，而对环卫设施等三个与历史文化价值关联性不强的设施系统，则从工程技术条件和发展存续条件两方面内容进行评价，构成综合评价体系的因素层，至此综合评价体系的基本构架就已形成（图7-1）。

7.3.3　传统村落基础设施综合评价体系指标的选取

2012年国家住房和城乡建设部等部门颁布的《传统村落评价认定指标体系（试行）》，采用"目标层—准则层—因素层"的层次结构，从村落的传统建筑、选址和格局以及非物质文化遗产三个层面，对其久远度、丰富度、稀缺度、工艺美学价值、传统营造工艺传承等20项内容进行了定性、定量相结合的评价，在对村落价值综合评价的基础上充分强调了

1　吴晓，陈薇，王承慧，等. 历史文化资源评估的总体思路与案例借鉴[J]. 城市规划，2012，36（2）：89-96
2　邵甬，付娟娟. 以价值为基础的历史文化村镇综合评价研究[J]. 城市规划，2012，36（2）：82-88.

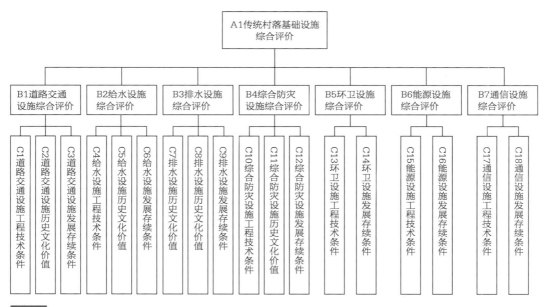

传统村落基础设施综合评价体系示意图
（资料来源：笔者自绘）

其活态性的评价，开阔了传统村落评价的思路。本书在充分借鉴该评价体系指标构成的基础上，结合传统村落基础设施的特征以及笔者对村落的大量实地调研，从工程技术条件、历史文化价值以及发展存续条件三大方面出发，对传统村落基础设施的51项内容进行评价（表7-1）。

传统村落综合评价指标 表7-1

目标层	一级指标（子目标层）	二级指标（因素层）	三级指标（指标层）
A1传统村落基础设施综合评价	B1道路交通设施综合评价	C1道路交通设施工程技术条件评价	D1对外交通情况评价
			D2内部交通情况评价
			D3道路设施情况评价
		C2道路交通设施历史文化价值评价	D4道路交通设施的历史价值
			D5道路交通设施原真性与艺术价值评价
			D6道路交通设施特色与营造价值评价
		C3道路交通设施发展存续条件评价	D7道路交通设施维护管理情况评价
			D8传统设施使用与营造技艺传承评价
	B2给水设施综合评价	C4给水设施工程技术条件评价	D9水源情况评价
			D10水处理设施情况评价
			D11给水管网情况评价

续表

目标层	一级指标（子目标层）	二级指标（因素层）	三级指标（指标层）
A1传统村落基础设施综合评价	B2给水设施综合评价	C5给水设施历史文化价值评价	D12给水设施的历史久远度评价
			D13给水设施原真性与艺术价值评价
			D14给水设施特色与营造价值评价
		C6给水设施发展存续条件评价	D15给水设施维护管理情况评价
			D16传统设施使用与营造技艺传承情况评价
	B3排水设施综合评价	C7排水设施工程技术条件评价	D17排水设施情况评价
			D18排污设施情况评价
			D19污水处理设施情况评价
		C8排水设施历史文化价值评价	D20排水设施历史久远度评价
			D21排水设施原真性与艺术价值评价
			D22排水设施特色与营造价值评价
		C9排水设施发展存续条件评价	D23排水设施管维护理情况评价
			D24传统设施使用与营造技艺传承评价
	B4综合防灾设施综合评价	C10综合防灾设施工程技术条件评价	D25消防隐患情况评价
			D26消防设施情况评价
			D27防洪情况评价
			D28防震设施情况评价
			D29地质灾害隐患情况评价
		C11综合防灾设施历史文化价值评价	D30防灾设施历史久远度评价
			D31防灾设施的原真性与艺术价值
			D32防灾设施特色与营造价值评价
		C12综合防灾设施发展存续条件评价	D33综合防灾设施维护管理情况评价
			D34传统设施使用与营造技艺传承评价
	B5环卫设施综合评价	C13环卫设施工程技术条件评价	D35垃圾收集情况评价
			D36垃圾转运及处理情况评价
			D37牲畜粪便处理情况评价
			D38公共厕所情况评价
		C14环卫设施发展存续条件评价	D39环卫设施风貌与艺术价值评价
			D40环卫设施维护管理情况评价
	B6能源设施综合评价	C15能源设施工程技术条件评价	D41供电设施情况评价
			D42燃气设施情况评价
		C16能源设施发展存续条件评价	D43能源设施风貌与艺术价值评价
			D44能源设施维护管理情况评价
	B7通信设施综合评价	C17通信设施工程技术条件评价	D45电信设施情况评价
			D46邮政设施情况评价
		C18通信设施发展存续条件评价	D47通信设施风貌与艺术价值评价
			D48通信设施维护管理情况评价

1. 传统村落基础设施的工程技术条件评价

工程技术条件评价主要针对传统村落基础设施的系统构成部分工程技术特点，以"适用性"为评判标准，对其现状的承载能力与供给效果进行评价。不同系统的构成部分有所不同，其相应的评价指标选取内容也不一致，例如对于给水设施的工程技术条件评价，主要针对给水设施的水源、灌溉设施以及供水情况三项内容进行评价，而对于综合防灾设施则从其消防隐患、消防设施、防洪情况、防震情况以及地质灾害隐患情况五个方面做出评价，各指标的选取深入至各系统的具体环节，避免出现"交通便利性评价"此类含糊不清，让人无从下手的指标，提升评价系统的可行性与操作性。工程技术条件的评价标准以"适用性"为主要价值观，进而将其解构为适用于乡土生活与适用于生态环境，例如对传统村落污水处理情况的评价，要考虑到不同村落的现实条件差距较大，不能以污水处理量、污水处理率等刚性指标一概而论，而应审视污水排放的结果是否造成环境污染，影响村民的日常生活，通过"强调结果，淡化过程"的方式增强评价指标的适用性，以得出符合传统村落特征的现状评价。最终，本书以贴合乡村实际的基础设施运行的各个环节为主要评价内容，以"适用性"为主要评价标准，以诸如灌溉设施情况、消防隐患情况等21项评价指标构成了传统村落基础设施的工程技术条件评价。

2. 传统村落基础设施的历史文化价值评价

历史文化价值评价主要针对与历史文化、地域特色等关系紧密的道路交通设施、给水设施、排水设施与综合防灾设施，以"地域性"为主要评价标准，对其蕴含的历史价值、文化价值、地域价值、营造价值等多元价值进行综合评价。传统村落是"活着的"历史文化遗产，基础设施作为传统村落的物质载体，蕴含着丰富的历史文化价值。因此本书从其历史影响、年代久远度与文化特色三方面，综合评价其历史文化价值。其中历史影响通过基础设施与重大人物、事件的关联体现；年代久远度则以基础设施的建成年代为依据；而文化特色则以与设施相关联的传统文化进行评价。传统村落分布广泛，由地域空间的"大跨度"带来的自然环境与社会环境的分异，造就了其鲜明的"地域性"特征，也衍生了其别具一格的地域特色价值。基础设施的地域特色价值评价主要包括两方面内容：其一为对其本土性、地方性材料的运用的评价，例如，山东省威海市东楮岛村由海草与海石搭建而成的"海草房"，有效地解决了防火、防风、防潮的"三防"问题；又如南方部分村落以竹木搭建的简易"给水管道"，二者均是取材于本土，具有较高的地方价值；其二则为对设施地方特色、民族特色的评价，例如少数民族地区传统村落独具特色的风雨桥、徽州地区传统村落的"水口"营建等，都是具有较高特色价值的体现。部分传统村落的基础设施形成于特定的生态环境与历史时期，在保障民众生命财产安全、保护和改善生活环境等方面有过显著效益且沿用至今[1]，这些设施简易、实用，由

1　单霁翔. 乡土建筑遗产保护理念与方法研究（下）[J]. 城市规划，2009，39（1）：57-79.

民众自主创造，形成了独特的营造技艺价值，在对其评价中必须对这些富有特色的精湛技艺给出高度的肯定。综上所述，基础设施的历史文化价值评价即由针对道路交通设施等四项设施系统的历史文化价值、地域特色价值以及营造技艺价值三个方面，共12项评价指标构成。

3. 传统村落基础设施的发展存续条件评价

发展存续条件评价主要针对传统村落基础设施的传承与发展情况，以"活态性"为主要评价标准，对传统设施的传承情况、既有设施的维护以及管理情况及设施的发展与协调情况做出评价。首先从传统设施的传承情况出发，对其保存状况和修缮技艺的传承情况做出评价，对于设施的保存状况，主要考察其原真性与完整性。在评价标准中原真性并非"纹丝不动"，而是强调过程原真性与动态完整性，而对于技艺传承情况则主要以有无传承人作为评价标准。其次则对既有设施的使用与维护情况做出评价，传统村落的基础设施具有明显的"乡土性"特征，在易受自然环境的影响而老化与失效的同时又通常工艺简便易于维护，传统村落基础设施的"存活"往往离不开村民的日常使用与持续的简单维护，因此对既有设施的使用与维护管理情况的评价，必须围绕村民对设施的使用率以及是否有专门的管理维护人员进行考量。最后则从发展的角度，对设施的发展与协调情况做出评价，传统村落是动态延续的，村民日益增长的生活需求也决定了其基础设施必须处于动态的发展更新之中以适应村落发展的要求，基础设施的建设能否采用符合村落实际、适应村落特征的技术来提升其承载能力是主要的评价内容，即对新设施的引入是否具有简便易于维护的技术特征以及是否能够解决"新技术、新材料"的引入而可能带来的风貌混乱、整体性破坏的问题，达到发展与协调的平衡。基于上述内容，最终形成如下评价体系见表7-1与表7-2。

评价指标及释义表

表7-2

评价指标	解释及评分标准	评价指标	解释及评分标准
D1对外交通情况评价	☐ 与外部公路连通，附近有公共交通站点或大巴可到达（8~10） ☐ 与外部公路连通，附近无公共交通站点，无大巴可到达（4~7） ☐ 无外部公路连通（0~3）	D2内部交通情况评价	☐ 便于村民使用，满足日常出行需求，道路结合地形、自然景观布置，出行、排水便利（8~10） ☐ 基本满足村民日常出行需求，道路基本结合地形布置，有部分道路未结合地形布置，造成排水、出行不便，与农田水利结合一般（5~7） ☐ 基本满足村民日常出行需求，道路与地形结合较差，造成居民出行不便，道路积水等问题（2~4） ☐ 不满足日常出行需求（0~1）

续表

评价指标	解释及评分标准	评价指标	解释及评分标准	
D3道路设施情况评价	☐ 有数量充足的广场、停车场（8~10） ☐ 有少量的广场、停车场（4~7） ☐ 无广场或停车场（0~3）	D4道路交通设施的历史价值	☐ 明代及以前（8~10） ☐ 清代（5~7） ☐ 民国时期（2~4） ☐ 新中国成立至现在（0~1） ☐ 若有相关历史事件可加两分，满分共为十分。	
D5道路交通设施原真性与艺术价值评价	☐ 80%以上保持原有格局、肌理、线型、尺度，为原材质（8~10） ☐ 50%以上保持原有格局、肌理、线型、尺度，材质以尺度近似的材质替换（5~7） ☐ 改变了原有的街巷尺度，如拓宽街道、拆毁两侧房屋等，与传统街巷格局严重不符，或材质以现代工业材料如水泥、混凝土、柏油沥青等材质替换；或者部分地段道路拓宽（0~4） ☐ 若街巷格局具有一定的美观感受则加两分，满分为10分	D6道路交通设施特色与营造价值评价	☐ 有古码头、古驿站、古桥或其他特色设施，一项得2分 ☐ 有独特的营造经验，如朱家峪立交桥等，一项5分 ☐ 该项总分为10分	
D7道路交通设施维护管理情况评价	☐ 有专门人员维护检修，检修维护情况较好（8~10） ☐ 有专门人员维护检修，检修维护情况一般（5~7） ☐ 无专门人员维护检修，检修维护情况一般（2~4） ☐ 无专门人员维护检修，检修维护情况差（0~1）	D8传统设施使用与营造技艺传承情况评价	☐ 设施使用情况较好，且相关营造技艺有传承人（8~10） ☐ 设施使用情况一般，无相关营造技艺传承人（5~7） ☐ 设施已经废弃，有相关营造技术传承人（1~4） ☐ 设施已废弃或无相关设施，无相关营造技艺传承人（0）	
D9水源及水处理设施情况评价	☐ 水质达到饮用水标准，水源常年满足用水量，水源附近有防护标志和保护措施（8~10） ☐ 水质达到饮用水标准，枯水期不满足用水或水源附近无防护标志和保护措施（5~7） ☐ 水质达到饮用水标准，水源不满足供应或水源附近有污染源或潜在污染源（2~4） ☐ 水质未达到饮用水标准（0~1）	D10灌溉设施情况评价	☐ 有灌溉水渠，重力自流，水质良好（8~10） ☐ 有灌溉水渠，有泵站加或水质较差（6~8） ☐ 无灌溉水渠（0） ☐ 北方地区或其他无需灌溉设施的地区按5分记	
D11给水管网情况评价	☐ 管网覆盖率90%以上，水压正常稳定性高（8~10） ☐ 管网覆盖率50%~90%，水压正常稳定性高（5~7） ☐ 管网覆盖率50%以下或水压不够，可靠性差（2~4） ☐ 无管网覆盖（0~1）	D12给水设施的历史价值	☐ 明代及以前（8~10） ☐ 清代（5~7） ☐ 民国时期（2~4） ☐ 建国至现在（0~1） ☐ 若有相关历史事件可加两分，满分共为十分。	

续表

评价指标	解释及评分标准	评价指标	解释及评分标准
D13给水设施原真性与艺术价值评价	□ 设施与传统风貌协调，采用原有材质（8~10） □ 设施与传统风貌基本协调，采用近似材质（5~7） □ 设施与传统风貌不协调，采用现代材质（0~4） □ 设施具有一定美观感受则加两分，若影响传统风貌或杂乱破坏风貌则减两分，该项总分为十分	D14给水设施特色与营造价值评价	□ 古井、水圳、水口景观、溢流井、水窖、水循环利用系统或其他特色给水设施均可加分。一项两分 □ 有特殊的营造经验，如吐鲁番坎儿井、云南哈尼梯田等，进行加分，一项五分，该项总分为十分
D15给水设施管理情况评价	□ 有专门人员维护检修，检修维护情况较好（8~10） □ 有专门人员维护检修，检修维护情况一般（5~7） □ 无专门人员维护检修，检修维护情况一般（2~4） □ 无专门人员维护检修，检修维护情况差（0~1）	D16传统设施使用与营造技艺传承情况评价	□ 设施使用情况较好且相关营造技艺有传承人（8~10） □ 设施使用情况一般，无相关营造技艺传承人（5~7） □ 设施已废弃，有相关营造技术传承人（1~4） □ 设施已废弃或无相关设施，无相关营造技艺传承人（0）
D17排水设施情况评价	□ 有完整雨水沟渠或地下暗沟，或其他形式的排涝设施。排水通畅（8~10） □ 有部分排水沟渠，排水能力一般（5~7） □ 有排水沟渠但年久失修或堵塞等，排水能力有限（2~4） □ 无专门排涝设施，唯有农户自开土沟等简单排涝设施或简单的路面排水。排水能力较差（0~1）	D18排污设施情况评价	□ 管网覆盖率达到90%以上（8~10） □ 管网覆盖率50%~90%（5~7） □ 管网覆盖率50%以下（1~4） □ 无入户管网（0）
D19污水处理设施情况评价	□ 有生态污水处理站（9~10） □ 城镇集中污水处理厂（7~8） □ 无污水处理设施（0）	D20排水设施历史价值评价	□ 明代及以前（8~10） □ 清代（5~7） □ 民国时期（2~4） □ 建国至现在（0~1） □ 若有相关历史事件可加两分，满分共为10分
D21排水设施原真性与艺术价值评价	□ 设施与传统风貌协调，采用原有材质（8~10） □ 设施与传统风貌基本协调，采用近似材质（5~7） □ 设施与传统风貌不协调，采用现代材质（0~4） □ 设施具有一定美观感受则加两分，该项总分为十分	D22排水设施特色与营造价值评价	□ 涝池、溢流井、雨水收集设施、涵洞、生态污水处理技术或其他特色排水、污水处理设施均可加分，一项2分。 □ 有特殊的营造经验，如、陕西杨家村立体排水系统等，进行加分，一项5分，该项总分为10分

评价指标	解释及评分标准	评价指标	解释及评分标准	
D23排水设施管理情况评价	☐ 有专门人员维护检修，检修维护情况较好（8~10） ☐ 有专门人员维护检修，检修维护情况一般（5~7） ☐ 无专门人员维护检修，检修维护情况一般（2~4） ☐ 无专门人员维护检修，检修维护情况差（0~1）	D24传统设施使用与营造技艺传承情况评价	☐ 设施使用情况较好且相关营造技艺有传承人（8~10） ☐ 设施使用情况一般，无相关营造技艺传承人（5~7） ☐ 设施已经废弃，有相关营造技术传承人（1~4） ☐ 设施已废弃或无相关设施，无相关营造技艺传承人（0）	
D25消防隐患情况评价	☐ 建筑大多为非木质结构，无乱堆乱放的火灾隐患物，有足够适应村落消防特点的通道，火灾隐患很小（8~10） ☐ 建筑大多为非木质结构，有乱堆乱放的火灾隐患物，有部分适应村落消防特点的通道，存在一定的火灾隐患（5~7） ☐ 建筑大多为木质结构，无乱堆乱放的火灾隐患物，有部分适应村落消防特点的通道，火灾隐患可以得到一定的控制（2~4） ☐ 建筑大多为木质结构，有乱堆乱放的火灾隐患物，无适应村落消防特点的通道，火灾隐患极大（0~1）	D26消防设施情况评价	☐ 有消防设施且运行和维护良好，对火灾可有效应对（8~10） ☐ 位于城镇标准消防站服务范围内，对火警能够有及时有效的反馈，有消防设施且运行维护良好，消防水源充足稳定（5~7） ☐ 无消防设施或运行和维护较差，有水塘，能对火灾进行一定的应对（2~4） ☐ 无任何消防设施，对火灾只能以人力灭火应对（0~1）	
D27防洪情况评价	☐ 村落选址地势高，有良好的防洪设施，无洪水淹没隐患（8~19） ☐ 村落选址地势低洼，有良好的防洪设施，存在一定洪水淹没隐患（5~7） ☐ 村落选址地势低洼，有防洪设施但维护情况一般，存在较大洪水淹没隐患（2~4） ☐ 村落选址地势低洼，无防洪设施，存在极大的洪水淹没隐患（0~1） ☐ 近十年有洪水淹没记载减2分，0分为该项最低分	D28防震设施情况评价	☐ 建筑多为木质及框架结构（8~10） ☐ 建筑多为砖混（木）结构（5~7） ☐ 建筑多为片石、条石结构（2~4） ☐ 建筑多为土坯结构（0~1） ☐ 若有完善的防灾疏散通道则加两分，不完善的疏散通道加1分，有布局合适，数量充足的疏散场地加2分，不充足的疏散场地加1分，该项总分为10分	
D29地质灾害隐患情况评价	☐ 暂未出现地质灾害，周边生态、地质情况良好，未进行对生态与地质情况产生破坏的生产活动，地质灾害隐患小（8~10） ☐ 暂未出现地质灾害，周边生态、地质情况一般，或有小规模进行对生态与地质情况产生破坏的生产活动，存在一定的地质灾害隐患（5~7） ☐ 暂未出现地质灾害，周边生态、地质情况差，或有大规模进行对生态与地质情况产生破坏的生产活动，存在较大的地质灾害隐患（2~4） ☐ 已出现一定的地质灾害，如滑坡、崩塌、泥石流、地裂缝等(0~1)	D30防灾设施历史价值评价	☐ 明代及以前（8~10） ☐ 清代（5~7） ☐ 民国时期（2~4） ☐ 建国至现在（0~1） ☐ 若有相关历史事件可加2分，满分共为10分	

评价指标	解释及评分标准	评价指标	解释及评分标准
D31 防灾设施的原真性与艺术价值	□ 设施与传统风貌协调，且具有一定的美观感受（8~10） □ 设施与传统风貌协调，不具有美观感受但排列整体不杂乱，不影响风貌（5~7） □ 设施与传统风貌协调性一般，但排列整齐不杂乱，不对风貌影响较不明显（2~4） □ 设施与传统风貌严重冲突或整体杂乱明显，严重影响风貌（0~1）	D32 防灾设施特色与营造价值评价	□ 封火墙、防火涂料、古防洪堤坝或其他特色防火、防震、防风、防潮、防洪设施等，一项2分 □ 有特殊的营造经验，如封火门等，进行加分，一项5分，该项总分为10分
D33 综合防灾设施管理情况评价	□ 有专门人员维护检修，检修维护情况较好，防灾知识普及较好（8~10） □ 有专门人员维护检修，检修维护情况一般，防灾知识普及一般（5~7） □ 无专门人员维护检修，检修维护情况一般，无防灾知识普及学习（2~4） □ 无专门人员维护检修，检修维护情况差，无防灾知识普及学习（0~1）	D34 传统设施使用与营造技艺传承情况评价	□ 设施使用情况好且相关营造技艺有传承人（8~10） □ 设施使用情况一般，无相关营造技艺传承人（5~7） □ 设施已经废弃，有相关营造技术传承人（1~4） □ 设施已废弃或无相关设施，无相关营造技艺传承人（0）
D35 垃圾收集情况评价	□ 有垃圾收集点，布点合理，成功实施垃圾分类（8~10） □ 有垃圾收集点，布点合理，无垃圾分类或实施不成功（5~7） □ 有垃圾收集点，布点不合理或数量不足，无垃圾分类或实施不成功（1~4） □ 无垃圾收集点（0）	D36 垃圾转运及处理情况评价	□ 有低成本、低污染或能循环利用的处理设施（8~10） □ 垃圾统一收集，并有规律转运至镇、县统一处理（5~7） □ 垃圾收集后就地填埋（3~4） □ 无垃圾处理设施或转运不及时，垃圾随意堆放（0~2）
D37 牲畜粪便处理情况评价	□ 人畜分离，粪便制成沼气，卫生环境好，无异味（8~10） □ 人畜分离，粪便定时清理用于堆肥，卫生环境一般，异味较小（5~7） □ 未进行人畜分离，粪便定时清理，卫生环境一般，异味较小（2~4） □ 未进行人畜分离，粪便不定时清理，卫生环境差，异味较大（0~1）	D38 公共厕所情况评价	□ 公共厕所覆盖度高，环境良好，自带化粪池（8~10） □ 公共厕所覆盖度高，环境一般（5~7） □ 公共厕所覆盖度一般，或环境差（2~4） □ 无公共厕所或只有数量严重不足环境差的公共厕所（0~1）
D39 环卫设施风貌与艺术价值评价	□ 垃圾收集、垃圾处理、公厕等环卫设施与传统风貌相符，具有一定美观价值（8~10） □ 垃圾收集、垃圾处理、公厕等环卫设施与传统风貌无冲突，不具有美观价值（3~7） □ 垃圾收集、垃圾处理、公厕等环卫设施与传统风貌严重不符，影响整体风貌（0~2）	D40 环卫设施管理情况评价	□ 有专门人员进行卫生打扫，村落环境卫生好（8~10） □ 有专门人员进行卫生打扫，村落环境卫生一般（5~7） □ 无专门人员进行卫生打扫，村落环境卫生一般（2~4） □ 无专门人员进行卫生打扫，村落环境卫生差（0~1）

续表

评价指标	解释及评分标准	评价指标	解释及评分标准	
D41供电设施情况评价	□ 供电可靠，无断电现象发生，电力线路质量与安装良好，无火灾或安全隐患（8~10） □ 供电总体可靠，但偶有断电且影响生活或，供电线路质量老化或者安装不规范，存在较大安全隐患（5~7） □ 供电不可靠，比较严重的影响生活，电力线路乱搭乱建且质量低劣，有极大安全隐患或者已经发生过安全事故（2~4） □ 未有供电，仍使用古老的方式比如油灯进行照明（0~1）	D42燃气设施情况评价	□ 采用入户天然气、沼气等清洁能源（8~10） □ 采用入户煤气（5~7） □ 采用液化气罐（2~4） □ 采用煤炭、柴火（0~1）	
D43能源设施风貌与艺术价值评价	□ 设施与传统风貌相符，具有一定美观价值（8~10） □ 设施与传统风貌无冲突，不具有美观价值（3~7） □ 设施与传统风貌严重不符，影响整体风貌（0~2）	D44能源设施管理情况评价	□ 有专门人员维护检修，检修维护情况较好（8~10） □ 有专门人员维护检修，检修维护情况一般（5~7） □ 无专门人员维护检修，检修维护情况一般（2~4） □ 无专门人员维护检修，检修维护情况差（0~1）	
D45电信设施情况评价	□ 电话、有线电视、宽带覆盖率90%以上（8~10） □ 电话、有线电视、宽带覆盖率50%~90%（5~7） □ 电话、有线电视、宽带覆盖率50%以下（2~4） □ 无电话、有线电视、宽带覆盖（0~1）	D46邮政设施情况评价	□ 村落500m范围内有邮政设施，可以收、发快递信件（8~10） □ 村落500m~3km范围内有邮政设施，可以收、发快递信件（5~7） □ 村落3~5km范围内有邮政设施，可以收、发快递信件（2~4） □ 村落5km之内没有邮政设施（0~1）	
D47通信设施风貌与艺术价值评价	□ 设施与传统风貌相符，具有一定美观价值（8~10） □ 设施与传统风貌无冲突，不具有美观价值（3~7） □ 设施与传统风貌严重不符，影响整体风貌（0~2）	D48通信设施管理情况评价	□ 有专门人员维护检修，检修维护情况较好（8~10） □ 有专门人员维护检修，检修维护情况一般（5~7） □ 无专门人员维护检修，检修维护情况一般（2~4） □ 无专门人员维护检修，检修维护情况差（0~1）	

7.4 传统村落基础设施综合评价的实证研究——以珠三角地区为例

7.4.1 珠江三角洲地区概况

珠江三角洲位于广东省中南部，毗邻港澳，与东南亚地区隔海相望，包括广州、深圳、佛山、东莞、中山、珠海、江门、肇庆、惠州共9个城市，地区范围内有传统村落共计45个。珠江三角洲地区属于南方水乡地区中的岭南广府水乡平原亚区，作为中国南亚热带地区最大的冲积平原，珠江三角洲地区水网遍布、河道密集，造就了该地区"村落临水而建，村民以水为生"的水乡特征，同时受广府文化的影响，村落又往往形成以"祠堂结合池塘"为核心的空间形态，总体来讲水系的营建以及与之相关的给水、排水、防灾设施在珠三角地区的传统村落中占据着举足轻重的地位。

同时，珠三角地区作为我国三大城市群之一，较高的经济发展与城市化水平，也给该地区传统村落基础设施的存续与发展带来了特有的影响，快速城镇化地区的城市蔓延使得城市与传统村落的"相对位置"发生了改变，很多城市边缘村落在城市化浪潮冲击下形成"城不像城、村不像村、城又像村、村又像城"的村居形态，其基础设施也不可避免地被城市所"同化"而带有大量城市基础设施的特征。基于城镇化对传统村落基础设施的巨大影响，本文根据文献资料及地理影像，按1992年村落与城市建成区的相对位置关系将45个村落分为城中村、城市边缘型村落和远郊村落三种类型（表7-3）。其中，城中村是指城市建成区或发展用地范围内处于城乡转型中的农民社区；城市边缘村落是指位于城乡结合地带，功能结构复杂的村落；远郊村落则指与城市建成区存在一定的距离，依然保留着传统聚落面貌的村落。通过这种基于"距离衰减"规律的城乡相对位置关系的划分，以期能对后文中珠三角地区传统村落基础设施的评价结果进行一些推断与印证。

珠三角地区传统村落城乡相对位置一览表   表7-3

城中村	城边村	远郊村
中山市南朗镇翠亨村	肇庆市广宁县北市镇大屋村	东莞市茶山镇超朗村
		佛山市南海区西樵镇松塘村
东莞市石排镇塘尾村	惠州市惠东县多祝镇皇思扬村	东莞市塘厦镇龙背岭村
		惠州市龙门县龙华镇绳武围
广州市荔湾区冲口街道聚龙村	深圳市龙岗区大鹏镇鹏城村	东莞市茶山镇南社村
		广州市增城区新塘镇瓜岭村
佛山市南海区桂城街道茶基村	肇庆市端州区黄岗街道白石村	惠州市惠城区横沥镇墨园村
		东莞市企石镇江边村
广州市海珠区小洲村	广州市番禺区石楼镇大岭村	惠州市惠东县稔山镇范和村
		肇庆市怀集县中洲镇邓屋村
	中山市三乡镇古鹤村	佛山市三水区乐平镇大旗头村
		广州市花都区花东镇港头村

续表

城中村	城边村	远郊村	
	惠州市惠阳区秋长街道茶园村	惠州市博罗县龙华镇旭日村	
		广州市花都区炭步镇塱头村	
	东莞市茶山镇南社村	惠州市惠阳区秋长街道周田村	
		肇庆市怀集县大岗镇扶溪村	
	广州市番禺区沙湾镇沙湾北村	肇庆市德庆县悦城镇罗洪村	
		江门市蓬江区棠下镇良溪村	
	东莞市寮步镇西溪村	广州市萝岗区九龙镇莲塘村	
		江门市开平市塘口镇自力村	
	佛山市顺德区北滘镇碧江村	肇庆市怀集县凤岗镇孔洞村	
		肇庆市德庆县官圩镇金林村	
		广州市从化区太平镇钱岗村	
		江门市台山市斗山镇浮石村	
		肇庆市德庆县永丰镇古蓬村	
		江门市恩平市圣堂镇歇马村	
		肇庆市封开县罗董镇杨池古村	
		广州市增城市正果镇新围村	
		广州市从化市太平镇钟楼村	

7.4.2　基于珠江三角洲地区传统村落基础设施特征的指标权重的确定

根据上文搭建的传统村落基础设施综合评价指标体系层次结构模型，在充分认知岭南广府水乡平原亚区传统村落基础设施特征的基础上，向有关传统村落研究领域的专家学者发放评价权重调查问卷40份，经回收并审核，得到有效问卷37份。本书采用AHP层次分析法的度量表，根据标度理论，构造两两比较判断矩阵A：

$$A=(a_{ij})n \times n\ (i, j=1, 2, \cdots, n)（式中，a_{ij}=1, a_{ij}=1/a_{ji}）$$

将判断矩阵A的各列作归一化处理：

$$\bar{a}_{ij} = a_{ij} / \sum_{k=1}^{n} a_{kj} \quad (i, j=1, 2, \cdots, n)$$

此后，求判断矩阵A各行元素之和$\bar{w}_i$：

$$\bar{w}_i = \sum_{j=1}^{n} \bar{a}_{kj} \quad (i=1, 2, \cdots, n)$$

对$\overline{w}_i$进行归一化处理得到w_i：

$$w_i = \overline{w}_i / \sum_{i=1}^{n} \overline{w}_i \quad (i = 1, 2, \cdots, n)$$

根据$A_w = \lambda_{\max}w$求出最大特征根和其特征向量，取平均值后确定各层级指标的综合权重（表7-4）。

评价指标及权重 表7-4

目标层	一级指标（子目标层）	权重	二级指标（因素层）	权重	三级指标（指标层）	权重
A1 传统村落基础设施综合评价	B1道路交通设施综合评价	0.1525	C1道路交通设施工程技术条件评价	0.0693	D1对外交通情况评价	0.0063
					D2内部交通情况评价	0.0315
					D3道路设施情况评价	0.0315
			C2道路交通设施历史文化价值评价	0.0693	D4道路交通设施的历史价值	0.0099
					D5道路交通设施原真性与艺术价值评价	0.0297
					D6道路交通设施特色与营造价值评价	0.0297
			C3道路交通设施发展存续条件评价	0.0139	D7道路交通设施维护管理情况评价	0.0046
					D8传统设施使用与营造技艺传承情况评价	0.0092
	B2给水设施综合评价	0.1525	C4给水设施工程技术条件评价	0.0868	D9水源情况评价	0.0469
					D10水处理设施情况评价	0.0142
					D11给水管网情况评价	0.0258
			C5给水设施历史文化价值评价	0.0508	D12给水设施的历史久远度评价	0.0218
					D13给水设施原真性与艺术价值评价	0.0073
					D14给水设施特色与营造价值评价	0.0218
			C6给水设施发展存续条件评价	0.0148	D15给水设施维护管理情况评价	0.0099
					D16传统设施使用与营造技艺传承情况评价	0.0049
	B3排水	0.2889	C7排水设施工	0.0962	D17排水设施情况评价	0.0192
					D18排污设施情况评价	0.0192
					D19污水处理设施情况评价	0.0577
			C8排水设施历史文化价值评价	0.1645	D20排水设施历史久远度评价	0.0235
					D21排水设施原真性与艺术价值评价	0.0705
					D22排水设施特色与营造价值评价	0.0705
			C9排水设施发展存续条件评价	0.0281	D23排水设施管维护理情况评价	0.0094
					D24传统设施使用与营造技艺传承情况评价	0.0188

目标层	一级指标 （子目标层）	权重	二级指标 （因素层）	权重	三级指标（指标层）	权重
A1 传统 村落 基础 设施 综合 评价	B4综合防灾 设施综合评价	0.3029	C10综合防灾设 施工程技术条件 评价	0.1009	D25消防隐患情况评价	0.0091
					D26消防设施情况评价	0.0263
					D27防洪情况评价	0.0472
					D28防震设施情况评价	0.0091
					D29地质灾害隐患情况评价	0.0091
			C11综合防灾设 施历史文化价值 评价	0.1725	D30防灾设施历史久远度评价	0.021
					D31防灾设施的原真性与艺术价值	0.0551
					D32防灾设施特色与营造价值评价	0.0963
			C12综合防灾设 施发展存续条件 评价	0.0295	D33综合防灾设施维护管理情况评价	0.0098
					D34传统设施使用与营造技艺传承情况评价	0.0197
	B5环卫设施 综合评价	0.0512	C13环卫设施工 程技术条件评价	0.0085	D35垃圾收集情况评价	0.012
					D36垃圾转运及处理情况评价	0.012
					D37牲畜粪便处理情况评价	0.01
					D38公共厕所情况评价	0.0086
			C14环卫设施发 展存续条件评价	0.0426	D39环卫设施风貌与艺术价值评价	0.0043
					D40环卫设施维护管理情况评价	0.0043
	B6能源设施 综合评价	0.0261	C15能源设施工 程技术条件评价	0.0217	D41供电设施情况评价	0.0163
					D42燃气设施情况评价	0.0054
			C16能源设施发 展存续条件评价	0.0043	D43能源设施风貌与艺术价值评价	0.0022
					D44能源设施维护管理情况评价	0.0022
	B7通信设施 综合评价	0.0261	C17通信设施工 程技术条件评价	0.0217	D45电信设施情况评价	0.0163
					D46邮政设施情况评价	0.0054
			C18通信设施发 展存续条件评价	0.0043	D47通信设施风貌与艺术价值评价	0.0022
					D48通信设施维护管理情况评价	0.0022

7.4.3　珠江三角洲地区传统村落基础设施水平测度

　　通过对珠三角地区传统村落基础设施的建设发展现状进行调研，结合网络文献以及相关资料对该地区45个传统村落进行评价体系的实证研究。通过对各个村落的评价数据的汇总整理以及分析得出各个传统村落的基础设施特征向量，进而运用本评价体系相关模型对这些传统村落的基础设施进行评价，限于篇幅，仅列出目标层与子目标层的最终得分情况（表7-5）。

珠三角地区传统村落基础设施得分情况   表7-5

序号	传统村落名称	道路交通设施	给水设施	排水设施	综合防灾设施	环卫设施	能源设施	通信设施	总得分
1	广州市番禺区沙湾镇沙湾北村	5.31	5.47	5.61	4.87	6.83	7.92	9.58	5.55
2	广州市海珠区琶洲街道黄埔村	4.48	4.70	4.25	3.13	4.84	3.87	6.42	4.09
3	广州市番禺区石楼镇大岭村	3.49	4.43	4.53	2.70	4.43	3.34	4.97	3.78
4	广州市荔湾区冲口街道聚龙村	6.17	2.60	3.78	3.03	5.00	5.75	6.46	3.92
5	广州市海珠区小洲村	5.52	6.34	4.27	4.44	4.75	6.41	9.24	4.96
6	广州市增城区新塘镇瓜岭村	4.91	6.51	3.21	4.57	5.38	6.08	2.50	4.56
7	广州市花都区花东镇港头村	6.09	4.45	4.17	3.58	3.63	5.30	4.04	4.33
8	广州市花都区炭步镇塱头村	4.56	5.09	3.43	3.78	7.36	2.97	4.33	4.17
9	广州市萝岗区九龙镇莲塘村	3.10	5.13	5.21	4.51	4.16	8.07	2.87	4.62
10	广州市从化区太平镇钱岗村	5.51	4.95	3.21	3.98	5.50	7.16	3.33	4.28
11	广州市从化市太平镇钟楼村	5.19	7.08	2.93	4.96	4.03	6.25	6.03	4.75
12	广州市增城市正果镇新围村	4.21	3.89	4.43	3.28	6.66	3.96	7.16	3.94
13	佛山市顺德区北滘镇碧江村	4.01	6.22	2.37	5.30	5.59	6.79	9.07	4.55
14	佛山市南海区桂城街道茶基村	4.56	5.44	4.06	3.60	4.36	6.34	4.59	4.30
15	佛山市南海区西樵镇松塘村	4.55	4.46	4.40	3.97	3.67	4.00	4.00	4.24
16	佛山市三水区乐平镇大旗头村	7.44	5.99	6.77	6.09	6.14	6.66	7.00	6.52
17	深圳市龙岗区大鹏镇鹏城村	4.80	3.86	4.02	4.28	6.71	6.80	7.00	4.48
18	东莞市寮步镇西溪村	4.27	4.06	4.85	4.71	5.75	7.58	4.70	4.71
19	东莞市石排镇塘尾村	6.39	7.29	4.24	4.42	7.28	7.71	9.58	5.47
20	东莞市茶山镇超朗村	3.64	4.69	4.09	4.09	5.49	7.79	6.91	4.36
21	东莞市塘厦镇龙背岭村	6.04	5.80	5.86	3.91	5.10	8.41	3.38	5.25
22	东莞市茶山镇南社村	7.68	13.44	6.39	5.25	7.28	7.71	9.58	7.48
23	东莞市企石镇江边村	4.39	3.48	3.44	4.49	8.23	5.88	6.79	4.31
24	中山市南朗镇翠亨村	3.22	4.75	3.43	3.08	4.99	6.33	8.82	3.79
25	中山市三乡镇古鹤村	4.98	4.77	3.72	4.09	6.48	7.84	4.05	4.44
26	惠州市惠阳区秋长街道茶园村	4.59	4.86	4.63	4.88	5.20	4.08	3.41	4.72
27	惠州市龙门县龙华镇绳武围	4.07	4.95	2.72	5.08	5.14	6.66	6.13	4.30
28	惠州市惠城区横沥镇墨园村	5.56	4.48	4.38	3.80	5.01	6.08	6.08	4.52

续表

序号	传统村落名称	道路交通设施	给水设施	排水设施	综合防灾设施	环卫设施	能源设施	通信设施	总得分
29	惠州市惠东县稔山镇范和村	4.13	5.90	2.94	3.38	6.57	2.88	7.66	4.01
30	惠州市惠东县多祝镇皇思扬村	3.83	5.09	5.47	2.50	4.70	6.91	5.75	4.27
31	惠州市博罗县龙华镇旭日村	2.51	6.64	3.67	3.21	4.18	7.25	4.42	3.95
32	惠州市惠阳区秋长街道周田村	6.01	6.52	4.87	5.13	5.52	3.92	5.58	5.40
33	肇庆市端州区黄冈街道白石村	4.34	4.99	5.37	2.76	4.95	8.21	2.71	4.35
34	肇庆市怀集县中洲镇邓屋村	4.82	4.38	4.89	4.28	5.23	3.84	6.74	4.66
35	肇庆市广宁县北市镇大屋村	3.91	6.19	3.11	4.99	3.23	6.30	5.29	4.42
36	肇庆市怀集县大岗镇扶溪村	4.87	3.58	5.32	3.61	5.52	4.80	6.21	4.49
37	肇庆市德庆县悦城镇罗洪村	3.72	3.73	2.93	2.86	5.14	4.62	7.78	3.44
38	肇庆市怀集县凤岗镇孔洞村	2.53	5.67	3.99	3.20	4.61	3.41	4.58	3.82
39	肇庆市德庆县官圩镇金林村	5.51	4.82	4.28	4.67	5.41	4.59	7.25	4.81
40	肇庆市德庆县永丰镇古蓬村	4.95	3.33	4.89	2.71	4.04	3.24	5.54	3.93
41	肇庆市封开县罗董镇杨池古村	5.61	4.11	3.76	2.29	4.52	5.66	3.42	3.73
42	江门市蓬江区棠下镇良溪村	4.85	3.68	4.08	4.35	6.46	5.50	4.16	4.38
43	江门市开平市塘口镇自力村	7.34	2.98	5.51	3.11	5.95	6.41	5.92	4.73
44	江门市台山市斗山镇浮石村	4.00	4.77	3.57	4.81	5.58	7.13	3.96	4.40
45	江门市恩平市圣堂镇歇马村	3.93	5.09	4.04	2.95	5.56	4.91	5.50	3.99
	平均得分	4.79	5.13	4.27	3.97	5.38	5.85	5.79	4.53

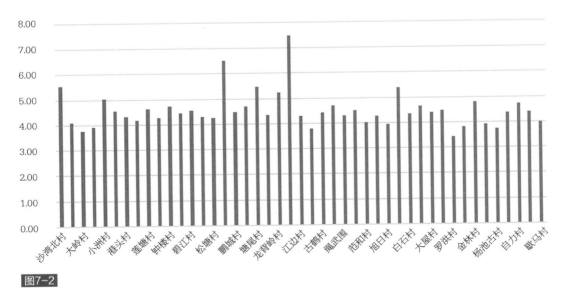

图7-2

珠三角地区传统村落基础设施评价结果

（资料来源：笔者自绘）

通过实例研究可知，珠三角地区传统村落基础设施情况呈现出如下的特征：（1）按照较好（>5分）、一般（4～5分）、较差（<4分）的标准衡量传统村落基础设施的得分情况，珠三角地区传统村落基础设施的现状情况呈现出明显的非均衡特征，得分最高的东莞市茶山镇南社村分值达到7.48分，而分值最低的肇庆市德庆县悦城镇罗洪村仅有3.44分；（2）就整体情况而言，基础设施现状较好的村落有6个，较差的有9个，一般的村落则有30个，呈现出"哑铃型"分布特征；（3）传统村落基础设施的各子系统中能源、通信、环卫、给水设施相对完善，道路、排水设施次之，而综合防灾设施相对匮乏。

经评定为基础设施较好的传统村落，往往各子系统都建设得较为完善，同时不仅基础设施的供给水平较高，其也具有较高的历史文化价值以及良好的维护与传承。东莞市茶山镇南社村，始建于宋朝，是全国重点文物保护单位和中国历史文化名村，经过多年的旅游开发建设，其给水、排水、环卫等设施均处于较高的供给水平，尤其在消防设施的建设上，不仅构建了完整的消防系统，还成立了村级消防站，极大地保障了村落的消防安全。同时在专业人士的指导下，南社村的基础设施建设秉承了"做旧如旧"的理念，保持了村落原有的尺度与材质，存留了较高的历史价值。此外，南社村还在基础设施的建设中融入了"生态性"的理念，结合其村落原有的池塘构建了"池塘生态污水处理设施"，不仅解决了村落的排污问题，还丰富了村落的景观构成。

综合评价基础设施为一般的传统村落，其基础设施往往在某一子设施系统方面稍显薄弱，或者在工程技术条件、历史文化价值以及发展存续条件中受某一条件的制约而总体情况不佳。广州市海珠区小洲村是典型的岭南广府水乡村落，其极具特色的水街、石桥以及

图7-3
东莞市茶山镇南社村村貌
（资料来源：http://blog.tianshui.com.cn/?uid-47418-action-viewspace-itemid-123889）

图7-4
东莞市南社村生态污水处理设施
（资料来源：笔者自摄）

（b）消防水源

（a）义务消防站

（c）消防设施

图7-5
东莞市南社村完善的消防设施
（资料来源：笔者自摄）

图7-6
小洲村极具岭南水乡特色的水街
（资料来源：http://mama0502.lofter.com/post/
bd4ef_46107a）

图7-7
广州市小洲村防雨防潮的蚝壳屋
（资料来源：http://www.moko.cc/post/402821.
html）

图7-8
遭到建设性破坏的广州市小洲村
（资料来源：http://raymond.l.blog.163.com/blog/static/31082467201001140130772/）

通过水系的营建来达到消灾减灾的防灾系统均具有极高的特色营造价值，然而由于其良好的地理区位，持续上涨的地价促使其变成了具有水乡特色的"高级城中村"，大量无序的建设活动造成了"建设性的破坏"，不仅使得其历史文化价值逐渐丧失，更加剧了小洲村基础设施的负荷，使其出现了基础设施供给不足的情况。综合评价小洲村的基础设施，虽然具有较高的特色营造价值，但原真性的丧失以及由于过度使用而造成的工程技术条件的不足拉低了其总体得分，小洲村的基础设施总体情况处于一般的水准。

经评价为基础设施较差的古村落，其通常在多个子设施系统以及工程技术条件、历史文化价值与发展存续条件多个方面均存在较大的问题，这类传统村落多表现为基础设施的历史文化价值本就不高，又由于村落的"空心化"或"过度开发"而造成基础设施的持续性衰败与建设性破坏，结果导致村落的基础设施整体处于濒临"瘫痪"的境地。广州市增城市正果镇新围村，属于第三批传统村落，村落的村民以外出打工为主，整体空心化较为严重，使得村落整体的基础设施建设相对滞后，缺乏排污、防灾、环卫设施的建设，缺乏专业人士的指导，政府拨款支持下的乡村基础设施建设又往往流于形式化，虽构建了生态性污水处理设施，但由于缺乏水量的预测以及维护，其处理能力严重不足，沦为"摆设"，遭到废弃。与此同时，新围村的历史特色主要体现在其公共建筑上，在基础设施的营建方面并无显著的价值，村民的大量外流又使得原有的基础设施无人使用，更无人维护，从而慢慢地老化、衰败，属于急需进行基础设施改善的村落。

图7-9
因效果不佳遭到弃用的污水处理设施
（资料来源：笔者自摄）

图7-10
广州市增城区新围村的水污染
（资料来源：笔者自摄）

图7-11
广州市增城区新围村随处乱置易引起火灾的柴薪
（资料来源：笔者自摄）

图7-12
广州市增城区新围村外露的给水管网
（资料来源：笔者自摄）

7.5 小结

传统村落有别于城镇与一般农村，带有明显的乡土性与历史文化遗产属性，既有的针对城镇或农村地区的基础设施评价体系具有明显的不适用性。缺乏对传统村落基础设施现状的合理判断，其改善难免陷入针对性不强、"用力过猛"造成建设性破坏的窘境，从而与传统村落的现实条件和需求脱节，为传统村落基础设施的传承与发展带来极大的挑战。因此，建立合宜的传统村落基础设施综合评价体系尤为重要。本书以"适用性"、"地域性"以及"活态性"作为传统村落基础设施评判的价值理念，以是否满足使用要求，是否具有重要价值以及能否满足持续利用为主要评价内容，通过对七个基础设施子系统的工程技术条件、历史文化价值与发展存续条件的评价，初步构建了传统村落基础设施的综合评价体系，希冀能够通过对基础设施现状的科学评价，为后续基础设施的改善提供必要的参考与依据。

经以珠三角地区传统村落为对象的实证分析，该地区传统村落多属于基础设施情况一般的等级，即在各个子系统中有部分系统稍显薄弱或者在基础设施的工程技术条件、历史文化价值与发展存续条件方面未能协调发展。其次，在珠三角地区传统村落基础设施的各个子系统中与城镇关联度较高的能源设施、通信设施、环卫设施的建设相对完善，而涉及历史价值的给水设施、道路设施、排水设施与综合防灾设施则相对薄弱，尤其在防灾设施方面，多数的村落都未能构建适宜传统村落的综合防灾体系。最后，广州市增城市正果镇新围村等9个基础设施水平较差的传统村落，其基础设施已经处于濒临"瘫痪"的境地，急需外部资本的进入以及专业人士的指导，以实现其基础设施的改善。

08

传统村落基础设施保护与发展的思考

- 基于适应性特征的周边环境的整体性保护
- 基于生态性特征的生态适宜性技术的运用
- 基于地域性特征的乡土地域主义保护实践
- 小结

基于对传统村落基础设施基本特征、经验、问题的阐述分析，可以看出基础设施不仅是传统村落物质空间的重要组成部分，承担了村民重要的生产及生活功能，而且其与传统村落所处的自然地理环境以及地域文化连接紧密。传统村落基础设施"地理环境的适应性、因地制宜的生态性以及源自乡土的地域性"特征使得其与城镇的基础设施迥异。因此，在传统村落基础设施的保护实践中，须正确处理好其与地理环境适应性、生态性以及地域性的依赖关系，方能保护与传承其既有的乡土文化本质。

8.1 基于适应性特征的周边环境的整体性保护

由于传统村落大多与自然地理环境联系紧密并保持良好的适应性特征，传统村落的基础设施也深深地体现了地理环境与气候条件的烙印，生动地反映了村民与自然的和谐关系。村落周边的生态环境从广义来看是"生态基础设施"，不仅是作为传统村落的自然生态本底，也是与村民密切联系的重要生产及生活来源，是传统村落得以存续的前提与基础，实质上与传统村落一起构成了融合性的聚落文化与自然遗产，集中体现一种人与自然和谐相处的聚落精髓和集体记忆。由此，传统村落基础设施的历史遗存往往与其地理环境不可分割，而整体性的保护——尽可能保护村落与周边环境的关系，是保护乡土聚落的重要措施（陈志华，2003）[1]，以突显出传统村落的地域文化价值。

然而长期以来，人们对我国传统村落与周边环境关系认识仍十分不足，许多传统村落周边的生态环境由此遭受到不断蚕食与破坏的威胁，为传统村落的整体性保护带来极大的挑战。尤其是位于快速城市化地区的传统村落，其所处的周边生态自然环境日益受到工业化与城镇建设的影响。大量的人工建设活动严重改变了村落周边的地形地貌与和谐自然环境，原先村落所依附的水系格局、农田等生态环境消失殆尽，部分传统村落沦落为城市化地区生态环境巨变中的"文化孤岛"。而多数传统村落的保护实践也仅注意到了对聚落物质性空间和历史建筑的个体保护，缺乏对周边环境整体和系统的分析。传统村落也由此失去环境的真实性和完整性（单霁翔，2008）[2]，陷入"皮之不存，毛将焉附"的保护窘境。因此，正确认识传统村落与周边环境的融合关系是其整体性保护的重要前提与基础。

传统村落不是孤立存在的物质营建工艺，它受到自然环境的影响，又反作用于其中，并和周围环境一同构成了复杂的生态系统。传统村落的保护不但要保护其有形外观，同时要注意它们所依赖的结构性生态环境，将保护概念延伸至以村落为中心的生态系统的整体保护。例如，北京市斋堂川地区很多传统村落出于保护周边自然环境的考虑，延续着"近山不砍柴"的习俗，其中爨底下村是典型的例子，村民时至今日仍遵守着"后山（指龙脖

---

1   陈志华. 乡土建筑保护十议[C]// 张复合主编，建筑史论文集（17）. 北京：清华大学出版社，2003：165.
2   单霁翔. 乡土建筑遗产保护理念与方法研究（上）[J]. 城市规划，2008，32（12）：33–39.

子）不取土，南山不砍柴"这一不成文的规定，这一做法使周边的山体具有良好的涵水性，防止水土流失，预防泥石流的发生，有效地维持了村子周围自然植被的原始状态，保护了自然生态和地质结构（图8-1）[1]。贵州省黔东南的岜沙村更是长期有保护自然的原始理念，将保护周边生态环境融入聚落文化和生活。树木崇拜是岜沙苗族的世代信仰，于是岜沙人世代恪守"禁止乱砍滥伐"的村规民约，男女老幼都有自觉护林惜木的习惯，毁林开土整田被视为与全族人作对，因而长久以来其耕地面积扩展不大（至2000年人均耕地面积也仅0.78亩）（图8-2）[2、3]。

南方水乡地区很多传统村落巧用地理环境进行防洪排涝，与周边环境结合紧密。由于水乡地区的防洪堤坝通常很难完全抵御洪水，甚至部分村落没有堤坝的防御，这时防洪的重任只能依靠村落自身选址解决。传统村落一般选址在地势较高的台地上，利用较高的地势来防洪，部分村落选址于基塘密布地区，利用水塘滞蓄雨洪。例如，广东肇庆市槎塘村就依据以上选址原则，充分依附周边水塘、地势高差以及村落布局特点设计排水沟渠，以达到防洪的目的（图8-3、图8-4）。

而在保护实践中，多数传统村落的周边生态环境普遍得不到应有的重视。例如，杭州市桐庐县江南镇深澳村昔日生态环境良好，溪流水可供村民生活、洗刷之用。但近年来，由于取水方式的改变，人们对周边生态环境愈加不予重视。水源源头遭到了破坏，导致目前流至深澳村的水只是上端田野里渗透下来的水，水流非常小，曾经由鹅卵石筑建的堤坝也被混凝土堵住，深澳村世代依赖的自然环境受到质的侵害[4]，深澳村赖以为傲的部分澳口也已遭到废弃，让人惋惜（图8-5）。

1　袁树森.爨底下村的古代防洪设施[EB/OL].　[2012-07-21] http://www.ydhwh.com/culture/move.asp?id=246
2　杨军昌，申鹏，孙钦荣.岜沙苗族社区的环境与人文[J]，贵州文史丛刊，2001，（2）：35-40.
3　范生姣.岜沙苗族的民俗文化[J]，湖北民族学院学报（哲学社会科学版），2005，（4）：17-29.
4　李政.深澳村理水探究[D].：杭州：中国美术学院，2012.

图8-3
肇庆市槎塘村基塘保存良好（提倡）
（资料来源：百度地图）

图8-4
肇庆市槎塘村利用高差排水（提倡）
（资料来源：杨东辉. 基于防洪排涝的珠三角传统村落水系空间形态研究[D]. 哈尔滨：哈尔滨工业大学，2015）

图8-5
深澳村被掩埋的水源源头（反对）
（资料来源：李政. 深澳村理水探究[D]. 杭州：中国美术学院，2012年）

图8-6
小洲村疏于管理而干涸的河道（不提倡）
（资料来源：笔者自摄）

　　南方水乡地区的道路交通主要体现在与河流水系的密切联系上，道路交通建设更多地体现在与水系的和谐融合，以街巷为骨架，以水系为血脉，水网和街巷配合默契相依相存，形成了极具特色的"水街"网络系统，"小桥、流水、人家"一定程度上成为南方水乡地区传统村落的标志性特征。同时，种类丰富的船只既补充了陆路交通，还为水乡空间增添了情趣，成为水乡地区特有的一道亮丽风景线。然而随着时代的发展与社会变迁，原始的船只运输已逐渐被公路交通取代，水网河道的交通运输功能逐渐消退，很多曾用于船只通过的河道已因缺乏管理而逐渐堵塞。例如，广州市海珠区小洲村中的河涌疏于管理，不少河道逐渐干涸，垃圾日益侵占，使得昔日的岭南水乡景观风光不再（图8-6）。

8.2 基于生态性特征的生态适宜性技术的运用

属于农耕社会、代表农业文明的传统村落，其基础设施天然地与农业社会的生产及生活联系在一起。"生活经验替代法规成为建造的依据"（李浈，2012）[1]，生动地反映了基础设施低廉的建设成本、简单易行的建造技术并对环境影响较小的生态适宜性技艺等特征。正如国际《乡土建筑遗产宪章》对乡土建筑的表述："看上去非正式，以实用为目的，同时富有情趣和美感"，显示出一种原生自然、符合环境的相对"随意"的建造形式。因而，传统村落的基础设施不仅会受到自然环境的强烈影响，而且多数村落并不需要那些在城镇才建造的"一劳永逸"的设施，往往在日常生活中需要经常性地维护与更替。当传统村落周边自然环境发生巨变，或缺乏日常连续性的使用维护时，其基础设施的有效性与可持续性便大打折扣。由此，传统村落基础设施更易于受自然环境的影响而"老化"和失效，需要通过不间断的"动态"维护来维持其功能的正常使用。

誉称"小都江堰"的贵州省安顺市鲍家屯村水利工程，则是充分利用当地的自然条件，由横坝、竖坝和龙口等组成，把大坝河分成二条河流及蜿蜒曲折的渠道，并采用"鱼嘴分水"、二级分水坝以及高低"龙口"等堤坝分流技术，方便地实现水流去向与流量的调节分配，不仅使不同高程的耕地均能得到充分的自流灌溉，还有效解决了村民的生活用水、污水净化和水力利用、防灾等问题。鲍家屯村水利设施结构简单实用，功能完备，以"最少的工程设施、极低的维护成本"以及持续沿用数百年的历史，诠释着乡土生态与可持续发展的用水理念，是中国古代乡村水利与农业文明的杰出典范（张卫东等，2007；吴庆洲，2010）（图8-7）[2,3]。然而很多村落并不考虑村落实际情况，盲目建设在城镇才建造的"一劳永逸"的堤坝，造价高昂并不符合村落经济上的廉价可行，事实上除非特别需要，否则出于对传统村落生态性保护，并不提倡修建大型堤坝。事实上，许多发达国家已在为曾经缺乏生态适宜性考量而修建的大型堤坝买单，正逐步将人工堤坝拆除以恢复河流的自我维护，还原村落的生态性。

因此，保持生态适宜性技艺

图8-7
贵州省安顺市鲍家屯村水利工程（提倡）
（资料来源：http://programme.rthk.org.hk/rthk/tv/index.php?c=tv&m=timetabled）

---

1 李浈. 试论乡土建筑保护实践中低技术的方略[J]. 建筑史，2012，（29）：167-175.
2 张卫东，庞亚斌. 600年鲍屯水利探究[J]. 中国水利，2007，（12）：51-55.
3 吴庆洲. 贵州小都江堰——安顺鲍屯水利[J]. 南方建筑，2010，（4）：78-82.

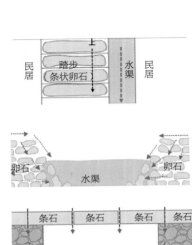

用条石铺设踏步，旁边是排水渠，利用地势高差排水。

排水沟两侧的岸堤用卵石修建，卵石之间的缝隙便于水的流动。

为了避免对水流的阻碍，道路之间搭建条石，同时条石之间的缝隙便于雨水下渗。

为了避免对水流的阻碍，道路之间搭建简易木条，时出现在局部，同时便于水的下渗。

珠三角传统村落多样化透水性道路铺装方式（提倡）
（资料来源：杨东辉. 基于防洪排涝的珠三角传统村落水系空间形态研究[D]. 哈尔滨：哈尔滨工业大学，2015）

踏步铺设光滑的卵石，缝隙可以减缓水流，避免对村落的冲刷，促进雨水在下流过程的中的下渗。

与持续的简单维护是传统村落基础设施得以保护与传承的内在要求。这就使得我们在传统村落基础设施的保护实践中，不能简单地沿用城镇标准力图建造"一劳永逸"、造价高昂或强调"高新技术"的设施，也不应机械套用所谓的"通用"技术准则，而更应采用贴切村落实际、注重经济上的廉价可行、能够为村落所用的生态适宜性技艺，并遵循最小干预原则，尽量采用传统做法与工艺，防止"用力过猛"与过度修缮，以保持传统村落的原有特色。

例如，珠三角传统村落一般采用渗水性较强的下垫面排水设计，无论道路平面铺装、竖向设计及铺装、院落等均体现了对自然水循环的保护，没有人为地去阻断雨水的下渗。路面铺装直接在土壤上铺设石板、鹅卵石等材质，保证雨水经过路面上的缝隙渗透到土壤，保证了雨水自然循环的完整性。雨水在落地的同时最大限度地渗透到土壤中，减轻了排水沟渠的泄洪压力（图8-8）[1]。但随着村民对传统道路进行的拓宽、改造等建造活动，往往罔

1　杨东辉. 基于防洪排涝的珠三角传统村落水系空间形态研究[D]. 哈尔滨：哈尔滨工业大学，2015.

图8-9
贵州省黔东南岜沙村改造而成的水泥道路（不提倡）
（资料来源：笔者自摄）

顾既有的生态道路格局，这不仅大大降低了道路的渗水性，更破坏了原有的街巷空间尺度与传统风貌（图8-9）。

8.3 基于地域性特征的乡土地域主义保护实践

传统村落基础设施的地域主义特征，需要我们从本质上理解乡土建筑是一种"源自于地方生活的自发性建造"（卢健松，2009）[1]。在传统村落保护实践中，我们应摒弃基于城镇的思维模式与价值取向，不能简单嫁接城镇地区的建造经验，从而与乡土村落的现实条件和需求脱节，导致背离了乡土聚落的地域主义精髓。

云南省腾冲县和顺传统聚落的洗衣亭乡土建筑就是"源自于地方生活的自发性建造"的典型代表。作为和顺乡土聚落景观标志，洗衣亭充分体现了乡土公共建筑营造中对地方生活经验的理解以及对生态环境适应性的尊重。作为体现洗衣亭乡土营造"精华"的洗衣

1　卢健松. 自发性建造视野下建筑的地域性[J]. 建筑学报，2009（S2）：49-54.

图8-10
体现村民生活经验的云南省腾冲县和顺洗衣亭（提倡）
（资料来源：笔者自摄）

图8-11
利用地方材料与地域文化相融的洗衣台（提倡）
（资料来源：笔者自摄）

台，其条石搭建看似随意简单，但其构筑形式蕴含了丰富的生活智慧。洗衣台条石多垂直或平行于河岸搭接在立于河塘中的柱桩之上。精妙的是，条石的长宽及单元拼接非常符合洗涤活动的人体尺度，特别是条石的拼接组合与高低变化，充分体现了其适应河床水位变化的多种可能，为不同季节村民使用洗衣台提供了多种选择性。同时，洗衣台的条石材料多是地方盛产的特色火山石，火山石凹凸不平的表面与孔隙可起到类似"搓衣板"的作用，加大洗衣搓揉效果，也具有较好的防滑作用（图8-10、图8-11）。

　　由此，一方面，我们应时刻保持对传统村落周边环境以及本土化材料的尊重，传统乡土建造材料大都直接或间接来源于自然，其本身携带了大量地域历史文化讯息，且多是可循环使用或可再生的，即使废弃也不会对环境造成过量负担（江文婷等，2011）[1]；而当继续使用地方传统材料可能会对生态环境造成负面影响时（如树木、木材等），我们应因地制宜地挖掘替代性材料，合理改变或改良建造形式与传统工艺，赋予替代材料一定的表达方式以维持乡土聚落原有的外观、质地等风貌。而另一方面，"对乡土建筑遗产的重视与成功保护取决于社区的参与和支持"（《乡土建筑遗产宪章》），在乡土聚落，多数的传统建造经验与营建技艺是依赖村民的非正式途径得以传承，尊重村民与地方民众作为乡土聚落保护的主体性地位，是传统村落得以保护与传承的重要基础。因此，如何与村民及地方社区保持畅通的沟通交流，调动村民的积极性与主体参与性，扭转目前村民参与严重不足、地方保护人才大量流失、地域文化传承面临断裂的危机，并对基础设施进行持续的利用与维护等等，对于传统村落的保护与发展都有着重要的意义。

　　笔者在各地调研过程中发现许多传统村落为了实现快速、低成本的旅游开发多使用水泥的现代材料，修建一些尺度过大，千篇一律，具有城市化景观而非地方特色的停车场与广场。这些场所毫无特色，与传统村落的小尺度、地方景观格格不入。例如，山西省阳泉

1　江文婷，胡振宇. 中国传统村落的生态经验解析——以楠溪江中游古村落为例[J]. 住宅科技，2011，（10）：42-45.

图8-12
以城市视角修建的停车场（阳泉市郊区平坦镇官沟村停车场）（反对）
（资料来源：笔者自摄）

图8-13
生硬及了无生趣的桥梁设施（铜仁市印江县永义乡团龙村）（不提倡）
（资料来源：笔者自摄）

市官沟村在村口建设了为旅游服务的"城市型停车场"，偌大的停车场平日异常空旷，与传统村落格格不入（图8-12）；贵州省铜仁市印江县永义乡团龙村部分新修建的桥梁，直接采用现代水泥浇筑，脱离了地域文化背景，显得尤为突兀（图8-13）。

在近年来的传统村落保护实践中，随着乡土建筑意识的逐步重视，村民参与的能动性和主动性也在不断提升，涌现了与地域乡土环境十分合宜的保护案例。例如，福建省宁德市屏南县双溪镇北村村，通过村民自主团体"农民专业合作社"，邀请建筑师参与指导，以当地村民自主体系主导的模式，利用乡土材料、采用乡土技艺恢复修建了村中的廊桥（图8-14）。"闽中桥梁甲天下"，木拱廊桥作为当地传统聚落的重要交通功能载体和山水意境的场所精神标识，设计团队主动吸收村民意愿，对项目的选址、周边环境关联等都根据村民的不同意见来协调，不仅恢复了其作为传统聚落的重要交通功能载体，也恢复了其作为村庄山水意境场所的精神标识[1]。而贵州省的黔东南苗族侗族自治州从江县往洞乡增冲村，尽管多年来多次对村内外交通设施进行翻修，但仍保留了以鼓楼、活水鱼塘为中心的传统广场。这一广场与公共建筑一起作为整个村落的活动中心，是村民日常活动、聚会闲聊的场所，至今仍时常举行村落活动，极具侗族特色。

多数传统村落在建村之初多位于山水之间，拥有丰富的石料、木材资源。多数传统村落的街巷道路、溪渠、小桥、堤岸、渡口、水井、池塘、防灾设施等的营造大多"源自于生活、取材于本土"，将地方性材料的运用体现得淋漓尽致。如湖北省宣恩县沙道沟镇两河口村，位于国家级自然保护区——七姊妹山的缓冲地带，当地生态良好，青山绿水，周边环境多乔木竹林，该村建筑多年来均为吊脚楼。在充分运用周边木材的同时，也适应山地地区山多田少、气候多雨湿润，既满足山地农耕生活又能防御山上蛇虫野兽，且通风良好。

1　赵辰与福建屏南北村复兴[EB/OL]. [2015-07-30]. http://www.wtoutiao.com/p/l42evL.html.

图8-14
修复后的后坑桥（宁德市屏南县双溪镇北村）（提倡）
（资料来源：http://www.wtoutiao.com/p/l42evL.html）

图8-15
与传统聚落渐行渐远的"穿衣戴帽"工程（柳州市三江侗族自治县独峒乡林略屯）（反对）
（资料来源：http://blog.sina.com.cn/s/blog_544acc3d0100ffge.html）

而贵州绝大多数地区具有喀斯特地貌，地质构造为优良的碳酸岩盐。这些碳酸岩盐由于容易采集为利于修建的薄片状结构，而且同时耐风化和风吹雨淋，成为建筑的天然绝佳材料。在贵州的许多喀斯特地区，传统民居多由石头砌成，以石板房的形式体现。同时，其他日常生活用具以及寨墙、古堡、寨内通道等都用石头构建。

此外，也有许多传统村落在不断发展的过程中摒弃了传统的建筑形式，村落建设开始向千篇一律的城市化景观发展。例如，多年来饱受火灾之痛的侗乡村落，大火后许多村落的灾民都选择新建防火的砖房，而非传统的木质建筑。尽管也有部分建筑选择在砖混结构外以"穿衣戴帽"的形式贴上木质墙皮（图8-15），但终究无法恢复传统侗寨、苗寨的壮观景象。新建的房屋以砖混结构为主、木房为辅，许多砖混结构代替了木楼，在这种防火建筑诞生的同时，曾经的具有地域特色的传统村落也由此成为传说。

传统村落基础设施的地域性特征不仅体现在对乡土传统营造的应用上，还体现在地域文化的传承上。不仅表现出对山水地形等自然环境条件及建造材料的尊重与依赖，也是乡村本土的人文风俗、民族传统、生活习惯、村规民约等的集中体现。在贵州省黔东南苗族侗族自治州黎平县肇兴乡肇兴村，至今还保留着侗族传统的做芦笙、吹芦笙的习俗。笔者在该村的调研过程中正值村落即将举办吹芦笙比赛，各个村寨的芦笙表演队齐聚鼓楼广场进行排演。当芦笙队开始吹奏时，声音震天，场面十分壮观。但也有大量的村落没能坚持将传统的地域文化传承下来，放弃了自身的人文风俗。如贵州省安顺市黄果树风景名胜区黄果树镇石头寨村石头寨组，作为一个布依族村寨，曾经因为每家每户都制作布依族传统的蜡染，被誉为蜡染之乡。但近年来随着商业的开发，"蜡染一条街"已演变为"烧烤一条街"，昔日的蜡染之乡布满了十分雷同的餐馆、农家旅社，使得地域传统文化的保护受到较大的威胁。

8.4　小结

在传统村落基础设施的保护实践中，须正确处理好其与地理环境适应性、生态性以及地域性的依赖关系，方能保护与传承其既有的乡土文化本质。但长期以来由于人们对我国传统村落的基础设施的特征仍认识不足，导致许多传统村落周边生态环境遭受到不断的蚕食与破坏威胁，传统村落也陷入"皮之不存，毛将焉附"的孤立窘境；而且在目前大量的传统村落保护实践中，经常会出现简单嫁接和套用城镇标准或适用多地的通用做法，与地域性较强的乡土聚落的现实条件和需求脱节，以至于背离了乡土聚落的地域性精髓，为传统村落的保护与传承带来极大的挑战。

目前，在传统村落的保护热潮中，工作重点仍然局限在物质环境方面的"美化"：美化的方法就是热衷于"整容"，而不是保护和修补，导致毛病百出，浪费严重，破坏了传统村落的历史文化价值和传统风貌。传统村落保护发展，应达成文化共同体保护修复重建、生产生活方式传承、物质载体保护三方面的共识。在人力、财力和智力都严重不足的现实条件下，应分清缓急、突出重点、精准投入。应重点抢救濒危遗存、提升防灾能力、改善基础设施和公共服务，而不能仅仅为了提升村落的"颜值"投入大量的精力财力，不科学地"整治改造"；避免浪费十分有限的资源，更重要的是不能耽误文化遗产的抢救，不能因此而损害村落的核心价值[1]。

1　李华东. 传统村落：别为"颜值"付出太多[EB/OL]. 中国传统村落保护与发展中心微信，2016-07-02.